21 世纪高等学校精品规划教材

Web 程序设计及应用

刘　兵　史瑞芳　等编著

中国水利水电出版社
www.waterpub.com.cn

内 容 提 要

本书以 Web 程序设计开发的实际应用为目的，以开发所需要的关键技术为主线，全面系统地介绍了 Web 程序设计的基本理论和开发方法。全书共分为 10 章，主要内容包括：Web 程序设计的基本思想和开发环境的建立、Web 程序设计的客户端语言（HTML、CSS、JavaScript）、Web 服务器控件的使用方法、ASP.NET 内建组件对象、ASP.NET 数据访问及显示、Web 程序设计中的一些典型应用（如组件、Web 服务、Web 引用）等。

本书结构合理，逻辑性强，写作特色鲜明。每个章节、每个知识点都有精心设计的典型案例程序说明其用法，各章节之间的联系紧凑、自然。为了方便教学，本书每章都配有大量的习题、案例程序和电子教案（可以从中国水利水电出版社网站及万水书苑免费下载，网址为：http://www.wsbookshow.com 和 http://www.waterpub.com.cn/softdown/）。

本书可作为高等学校计算机专业及电子信息类等相关专业的教材，也可供没有接触过Web 程序设计但自身有一定程序设计能力的读者自学使用，还可以作为 ASP.NET 程序设计的培训教材。

图书在版编目（ＣＩＰ）数据

Web程序设计及应用 / 刘兵等编著. -- 北京 ：中国
水利水电出版社，2014.6
　21世纪高等学校精品规划教材
　ISBN 978-7-5170-2112-4

Ⅰ．①W… Ⅱ．①刘… Ⅲ．①网页制作工具－程序设
计－高等学校－教材 Ⅳ．①TP393.092

中国版本图书馆CIP数据核字(2014)第123421号

策划编辑：雷顺加　　责任编辑：张玉玲　　封面设计：李 佳

书　　　名	21 世纪高等学校精品规划教材 Web 程序设计及应用
作　　　者	刘 兵　史瑞芳　等编著
出 版 发 行	中国水利水电出版社 （北京市海淀区玉渊潭南路 1 号 D 座　100038） 网址：www.waterpub.com.cn E-mail: mchannel@263.net（万水） 　　　　sales@waterpub.com.cn 电话：（010）68367658（发行部）、82562819（万水）
经　　　售	北京科水图书销售中心（零售） 电话：（010）88383994、63202643、68545874 全国各地新华书店和相关出版物销售网点
排　　　版	北京万水电子信息有限公司
印　　　刷	三河市铭浩彩色印装有限公司
规　　　格	184mm×260mm　16 开本　17.25 印张　438 千字
版　　　次	2014 年 6 月第 1 版　2014 年 6 月第 1 次印刷
印　　　数	0001—3000 册
定　　　价	35.00 元

前　言

没有哪一项技术像今天的 Internet 一样对人们的工作、生活的影响之大、程度之深，使得人们不能不重视它，而这一切起着巨大推动作用的就是 WWW 的出现，因此 Web 程序设计开发就成为各类应用程序中最重要的组成部分。网站开发平台和动态网页开发所使用的语言有很多种，本书着重介绍微软.NET 框架中的 ASP.NET 和客户端的相关语言。

本书系统讲解了 Web 程序设计的方法，注重 Web 基础知识，并以实用性为指导原则，力求使读者学习完本书后能够成为一名合格的 Web 程序员。本书由浅入深，每个知识点都结合实例讲解，让读者对 Web 实际应用开发中的常用知识做到心中有数，培养动手能力。

全书共分为 9 章，主要内容包括：Web 程序设计的基本思想、开发环境的建立、Web 程序设计的客户端语言（HTML、CSS、JavaScript）、Web 服务器控件的使用方法、ASP.NET 内建组件对象、ASP.NET 数据访问及显示、Web 程序设计中的典型应用（如组件、Web 服务、Web 引用）等。

本书统稿定稿工作由刘兵完成，史瑞芳编写第 1 章和第 2 章，刘冬编写第 3 章、第 8 章和第 9 章，刘兵编写第 4～7 章。感谢武汉轻工大学电气信息学院的谢兆鸿教授认真审阅了本书；感谢在程序代码编写、文字校对、图表编辑上做了大量工作的江小丽、蒋丽华、张琳、左爱群、张柱华、贾瑜、易逯、刘欣、管庶安、李禹生、丰洪才等老师。

在本书编写过程中，作者参考了网站上发表的相关技术文章，在此对这些技术文章的作者表示感谢，同时也欢迎广大读者对书中的疏漏及不妥之处进行指正，作者邮箱：lbliubing@sina.com。

作　者
2014 年 4 月

目　　录

第 1 章　Web 程序设计概述

本章介绍 Web 程序设计的基本概念及其工作环境，同时说明 Web 程序设计的方式。通过对本章的学习，读者应该掌握：

● Web 的基本概念

● Web 程序设计的方式

● ASP.NET 软件开发环境

1.1　Web 的基本概念

Internet 现在已经成为世界上最大的信息宝库，包含从教育、科技、政策、法规到艺术、娱乐、商业等各个方面的信息。然而，在 Internet 上的信息资源既没有统一的目录，也没有统一的组织和系统，这些信息分布在 Internet 位于世界各地的计算机系统中，以文件、数据库、公告板、目录文档和超文本文档等形式存储，而且每天还有许多人在利用 Internet 对外发布信息，以便让别人有偿或无偿地使用这些信息。因此，Internet 上的信息资源几乎每时每刻都处在增加和更新过程中。

这样带来的问题是在 Internet 这个世界上最大的网络化信息资源宝库中进行信息检索时常常感到无从下手。人们为了充分利用 Internet 上的信息资源，迫切需要一种更加方便、快捷的信息浏览和查询工具，在这种情况下，万维网（World Wide Web，缩写为 WWW，有人称它为 Web）诞生了。WWW 是一种"网"状的结构，形如"蜘蛛网"，通过 Internet 将位于世界各地的相关信息资源有机地整合在一起，采用"超文本"（Hypertext）方式为用户提供世界范围的多媒体（Multimedia）信息服务。人们可以通过 Internet 从世界任何地方查看希望得到的文本、影视和音像等信息。WWW 的出现被认为是 Internet 发展史上一个重要的里程碑，对 Internet 的发展起到了巨大的推动作用，也为 Internet 的进一步普及铺平了道路。

1.1.1　Web 概述

WWW 服务的基础是 Web 页面，每个服务站点都包括若干个相互关联的页面，每个 Web 页面既可显示文本、图形、图像和声音等多媒体信息，又可提供一种特殊的链接点。这种链接点可以指向一种资源，也可以是另一个 Web 页面、文件或 Web 站点，这样使全球范围内的 WWW 服务连成一体，这就是所谓的超文本和超链接技术。用户只要用鼠标在 Web 页面上单击这些超链接，就可以获得相应的多媒体信息服务。

在每个 WWW 站点上都有一个主页，是进入该站点的起始页，也就是第一页，相当于这个站点的窗口。一般是通过主页来查找该站点的主要信息服务资源，因此 Web 站点的主页都设计得很精美，很有特色。

WWW 提供的信息形象、丰富，支持多媒体信息服务，还支持最新的虚拟现实技术，仿真三维场景。用WWW服务还可集成电子邮件、文件传输等许多Internet服务形式，大大方便了用户的使用，同时也使上网变成了一件十分轻松的事情，而且也正在改变着人们现在的生活方式。WWW 的核心是 Web 服务器，它提供各种形式的信息或服务，用户采用 Web 浏览器软件来浏览和使用这些信息或服务。

由于 WWW 的流行，许多上网的新用户接触的都是 WWW 服务，因而把 WWW 服务与 Internet混为一谈，甚至产生WWW就是Internet的误解。其实WWW只是Internet的一部分，Internet 还拥有许多种类的服务资源。

1.1.2　Web 浏览器的工作原理

WWW 基于客户机/服务器模式，Web 浏览器将请求发送到 Web 服务器，服务器响应这种请求，将其所请求的页面或文档传送给 Web 浏览器，浏览器再将获得的信息显现在浏览器窗口，这就是所谓的下载页面过程，Web 浏览就是一个从服务器下载页面的过程。图 1-1 所示是 Web 浏览器从 Web 服务器获得 Web 页面的过程。

图 1-1　Web 浏览器从 Web 服务器获得 Web 页面的过程

用户输入不同的 URL，可以打开特定的 Web 服务器的相应文档，下载到浏览器上，浏览器解释 HTML 所描述的动画、声音、文本、图形、图像以及需要进一步链接的 URL，展现给用户的是极其丰富的超文本信息。

Web 浏览器最基本的功能是解释 HTML 文档，而不是能处理各种类型的文件，当遇到不能处理的某种类型文件时，就检查是否有打开这类文件的程序，常见的打开程序有 JPEG 查看器、MPEG 播放器、声音播放器、动画和图像查看器等，这样无论在 Web 站点上浏览什么类型的文件，浏览器几乎都能呈现出来。

1.1.3　统一资源定位器 URL

统一资源定位器（Uniform Resource Locator）是文件名的扩展。在单机系统中，如果要找某一个文件，需要知道该文件所在的路径和文件名；而在 Internet 上要找一个文件，除了要知道以上内容之外，还需要知道该文件存放在哪个网络的哪台主机中才行。与单机系统不一样的是，在单机系统中所有的文件都由统一的操作系统来管理，因而不必给出访问该文件的方法；而在 Internet 上，主机的操作系统都不一样，因此必须指定访问该文件的方法。一个 URL 包括了以上所有的信息，格式为：

protocol:// machine.name[:port]/directory/filename

- protocol：是访问该资源所采用的协议，即访问该资源的方法，主要有：
  - ➤ HTTP：超文本传输协议，该资源是 HTML 文件。
  - ➤ FTP：文件传输协议，用 FTP 访问该资源。
  - ➤ MAILTO：采用简单邮件传输协议 SMTP 提供电子邮件服务。
- machine.name：是存放资源主机的 IP 地址，通常以域名形式出现，如 www.whpu.edu.cn。
- port：是服务器在其主机上所使用的端口号。一般情况下端口号不需要指定，因为通常这些端口号都有一个默认值 80，只有当服务器所使用的端口号不是默认的端口号时才需要指定。
- directory 和 filename：是指该资源的路径和文件名。

例如一个典型的 URL 为：http://www.whpu.edu.cn/，从这个网址中可以看出，采用的是超文本传输协议（HTTP），主机域名是 www.whpu.edu.cn。但这个网址并没有指出该主机上哪个目录的哪个文件，以及端口号是多少。其实，在 HTTP 协议中，如果不在 URL 中写出端口号，则端口号使用默认值，而目录为 WWW 服务器根目录，文件为根目录上的默认主页文件，这个默认的主页文件可以在 Web 服务器上进行设置。

与单机系统绝对路径、相对路径的概念类似，统一资源定位器也有绝对 URL 和相对 URL 之分。绝对 URL 和相对 URL 是相对于最近访问的 URL 而言的。例如一个浏览器打开 http://www.whpu.edu.cn/default.asp 的文件，如果想看同一个目录下的另一个文件 introduce.html，可以直接使用 introduce.html，这时 introduce.html 就是一个相对 URL，它的绝对 URL 为 http://www.whpu.edu.cn/introduce.html。当绝对 URL 中的部分内容省略时，其对应的相对 URL 所表示的含义如下：

- 当协议（例如 http://）被省略时，就认为与当前页面的协议相同。
- 当主机域名被省略时，就认为是当前主机域名。
- 当目录路径被省略时，就认为是当前目录。
- 当文件名被省略时，就认为是默认文件。

1.1.4　超文本与超媒体

超文本的概念是特德·尼尔逊于 1969 年左右提出的。以后每两年国际上举行一次有关超文本的学术会议，每次会议都有上百篇有关超文本的学术论文发表，但是谁也没有想到要把超文本技术应用于计算机网络。物理学家蒂姆则机敏地抓住了这个概念，提出了一种超文本的数据结构，并把这种技术应用于描述和检索信息，实现了高效率的存取，从而发明了 WWW 这种信息浏览服务方式。

　　WWW 中的超文本实际上是一种解决菜单与信息分离的机制，把可选菜单项嵌入文本中的概念称为"超文本"。在超文本系统中，用户既可以阅读显示的信息，也可以在信息中选择某个超级链接条目，即用鼠标在超级链接条目上单击一下就能连接到与之相关的文件，并在浏览器上呈现这些文件的页面。超级链接可以是一些单词、短语(一般用下划线或不同颜色标明)和图标。这样，用户在查阅资料时就不必像传统方式那样完全根据菜单从头查到尾，而是在操作过程中随机地跳转，最终找到所需的资料。例如，当进入"IIS 5.1 文档"Web 页以后，便显示如图 1-2 所示的界面，用鼠标单击"安装 IIS"栏目，便会显示如图 1-3 所示的界面。

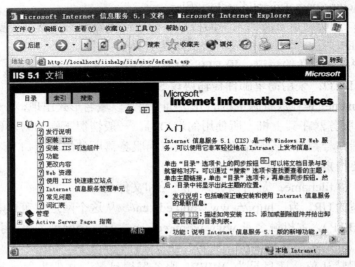

图 1-2　IIS 5.1 文档

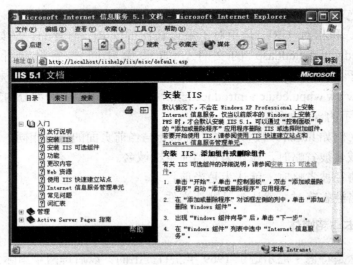

图 1-3　安装 IIS

　　超文本技术采用指针连接的网状交叉索引方式，对不同来源的信息加以链接。也就是说，一个超文本文件含有多个指针，而指针可以指向任何形式的文件。正是这些指针指向的"纵横交错"，使得分布在本地和远程服务器上的文本文件能够连接在一起。

超媒体是超文本的自然扩展，是超文本与多媒体的组合。在超媒体中，链接的除了文本文件以外，还有音像和动画等。Internet 的浏览服务不仅仅采用了超文本机制，而且还把声音和图像也作为浏览系统的一部分。这样一来，用户利用浏览器访问 Internet 各个站点的信息时，除了可以阅读文本资料之外，还能看到生动的画面，听到悦耳的声音，这正是超媒体机制实现的结晶。当一个超文本系统包含了针对非文本信息的索引项（也称为"信息链接"）时，该系统便称为"超媒体系统"，不过人们并不严格区分超文本和超媒体。事实上在 Internet 上通过 WWW 进行的浏览基本上都是超媒体的。但是人们通常还是把它称为"超文本系统"。

1.1.5　超文本标记语言 HTML

超媒体方式的关键除了超文本和超媒体思想的形成之外，还在于这种思想实现机制的提出，富于想象力的物理学家蒂姆在计算机网络中找到超文本超媒体思想的实现机制。他开发了一种全新的文档语言——超文本标记语言（HTML，HyperText Markup Language），使用户能够将文档中的词和图像与其他文档链接起来，不论这些文档存放在何处，只需用鼠标单击超链接，就可以将 Internet 上与之相关联的文档查找出来并显示在浏览器上。HTML 是一种专用的编程语言，用于编制要通过 WWW 显示的超文本文件页面。HTML 对文件显示的具体格式进行了详细的规定和描述。例如，规定了文件的标题、副标题、段落等如何显示，如何链接某个超文本文件，如何在超文本文件中嵌入图像、声音和动画等。

HTML 采用标准的 7 位 ASCII 码文件形式，通过一系列格式化方法表示各种超链接和信息，用 HTML 编写的文档全部都采用.htm 或.html 作为后缀。

当 WWW 浏览器读取到 HTML 文件时，就以超文本方式显示给用户。例如，下面的HTML 语句建立了一个链接"专题分类查询信息"，并将该链接与计算机 www.whpu.edu.cn 中的文件 index.html 相连：

<a href=http://www.whpu.edu.cn/index.html>专题分类查询信息</a>

由于 HTML 是一种简单、易学的语言，并且支持多国语言，所以用户很容易掌握并建立WWW 网页，这也是 WWW 能迅速普及的一个重要原因。

1.1.6　超文本传输协议

超文本传输协议 HTTP（HyperText Transfer Protocol）从 1990 年开始应用于 WWW，它可以简单地被看成是客户端浏览器和 Web 服务器之间的会话。由于通过该协议在网络上查询的信息中包含了用户可以实现进一步查询的链接，因此用户可以只关心要检索的信息，而无需考虑这些信息存储在什么地方。

为了从服务器上把用户需要的信息发送回来，HTTP 定义了简单事务处理程序，由以下 4个步骤组成：

（1）客户机与服务器建立连接。

（2）客户机向服务器递交请求，在请求中指明所要求的特定文件。

（3）如果请求被接受，那么服务器便发回一个应答。在应答中至少应当包括状态编号和该文件内容。

（4）客户机与服务器断开连接。

HTTP 协议提供了一种简单算法，使得服务器能迅速为客户机做出应答。为此 HTTP 协议应当是一个无状态协议，即从一个请求到另一个请求不保留任何有关连接的信息。另外，每次连接 HTTP 只完成一个请求，在一次请求完成以后，服务器与客户机之间的连接便断开。

1.1.7   主页

主页（Home Page）就是用户在访问 Internet 上的某个站点时第一个显示在浏览器中的页面，也称为 WWW 的"初始页"。在 Internet 上，用户经常需要了解一个机构或一个企业的基本情况，有时需要了解全部情况，有时只想查询某个部门的情况。这样，一些单位为了便于用户查询，树立形象，往往在网上建立站点，发布主页，在主页上显示本单位的各种信息和图像，列出一些常用的信息链接。

从信息查询的角度来看，主页就是用户通过 WWW 连接访问超文本等各类信息资源的根；从信息提供的角度来看，由于各个开发 WWW 服务器的机构在组织 WWW 信息时是以信息页为单位的，这些信息页被组织成树状结构以便检索，那个代表"树根"信息页的超文本就是该 WWW 服务器的初始页（主页）。

1.2   Web 程序设计的方式

1.2.1   网页基础知识

要开发一个网站，首先要了解组成网站的最基本元素——网页。本节就来了解一下网页的基础知识，包括网页和服务器的交互过程、静态和动态网页以及脚本语言。

1. 网页和服务器的交互

通过互联网浏览网页时，用户会自动与网页服务器建立连接。用户提交信息资源的过程称为向服务器发出请求。通过服务器解释信息资源来定位对应的页面，并传送回代码来创建页面，这个过程称为对浏览器的响应。浏览器接受来自于网页服务器的代码，并将它编译成可视页面。在这样的交互过程中，浏览器称为"客户机"或"客户端"，整个交互的过程称为"客户机/服务器"的通信过程。

"客户机/服务器"概括了任务的分布来描述网页的工作方式。服务器（Web 服务器）存储、解释和分布数据，客户机（浏览器）访问服务器以得到这些数据。客户机和服务器使用 HTTP 协议通过 Internet 进行交互。HTTP 协议又叫超文本传输协议，是一个客户机和服务器端请求和应答的标准。浏览网页时，浏览器通过 HTTP 协议与服务器交换信息。

2. 静态页面

早期的网站发布的是静态网页，主要由 HTML 语言组成，没有其他可以执行的程序代码。静态页面一经制成，内容就不会再改变，不管何时何人访问，显示的都是一样的页面内容，如果要修改有关内容，就必须修改源代码，然后重新上传到服务器上。静态页面虽然包含文字和图片，但这些内容却需要在服务器端以手工的方式来变换，因此很难把它们描述为 Web 程序。程序代码 w1-1.htm 是使用 HTML 语言编写的一个简单静态网页代码。

程序代码 w1-1.htm

```
<html>
  <head>
    <title>静态页面测试</title>
  </head>
```

```
  <body>
    <h1>静态页面</h1>
    <p>静态页面一般用 HTML 语言编写</p>
  </body>
</html>
```

代码说明：该程序包含一个标题和一句文字。其中标题包含在标记<h1>和</h1>之间，文字包含在标记<p>和</p>之间。图 1-4 所示为该静态网页文件被浏览器解析后的结果。

图 1-4　静态网页

HTML 是互联网的描述语言，基本的 HTML 语言包含由 HTML 标记格式化的文本和图像内容。文本是 HTML 要显示的内容，标记则告诉浏览器如何显示这些内容，它定义了不同层次的标题、段落、链接、斜体格式化、横向线等。HTML 文件的后缀可以是.htm，也可以是.html。

3．动态页面

动态页面不仅含有 HTML 标记，而且含有可以执行的程序代码，动态页面能够根据不同的输入和请求动态生成返回的页面，例如常见的 BBS、留言板、聊天室等就是用动态页面来实现的。动态页面的使用非常灵活，功能强大。

真正意义上包含动态页面的 Web 程序直到 HTML 2.0 中 HTML 表单引入时才开始出现。在一个 HTML 表单中，所有的控制都放置在<form>和</form>标记中。当用户在客户端单击"提交"按钮后，网页上的所有内容就以字符串的形式发送到服务器端，服务器端的处理程序根据事先设置好的标准来响应客户的请求。w1-2.htm 是一个由 HTML 表单构成的动态页面的代码。

程序代码 w1-2.htm

```
<html>
    <head>
        <title>动态页面</title>
    </head>
    <body>
        <form>
            用户名：<input id="Text1" type="text"/><br/> <br/>
                密码：<input id="Password1" type="password"/><br/> <br/>
                <input type="submit" value="登    录" /> 
                <input id="Reset1" type="reset" value="重新输入"/> 
                <input id="Button1" type="button" value="注    册"/>
        </form>
    </body>
</html>
```

代码说明：该程序由 HTML 表单组成，包括文本框、密码框、提交按钮、复位按钮等，这些内容和标记均被包含在表单标记之间。该网页运行效果如图 1-5 所示。

图 1-5   动态页面

现在，尽管动态 ASP.NET 页面已经比较流行，但 HTML 表单仍然是这些页面的基本组成元素，所不同的是构成 ASP.NET 页面的 HTML 表单控件运行在服务器端，所以读者必须要掌握最基本的 HTML 表单，以便能够更好地使用 ASP.NET 平台进行程序开发。

4. 脚本语言

在网页的发展过程中出现了很多优秀的脚本语言，如 ASP、JSP、PHP 等。脚本语言确实简化了 Web 程序的开发，但其使用起来也有很大的缺点。首先，它的代码和 HTML 标记杂乱地堆砌在一起，显得很混乱，非常不方便开发和维护，所以当 ASP.NET 的代码和 HTML 标记分离后，使用以往一些脚本语言的 Web 开发人员都有一种耳目一新的感觉；其次，脚本语言的编程思想不符合当前流行的面向对象编程思想。基于以上原因，脚本语言必将会被其他更高级的语言（如 ASP.NET 和 Java 等）所代替。

1.2.2   .NET Framework 的概念

随着 Internet 的发展，基于 B/S 架构的 Web 数据库应用程序日趋普及。基于 ASP.NET 的 Web 数据库开发平台是目前最流行的 Web 开发技术之一。ASP.NET 是微软.NET Framework 的重要组成部分。ASP.NET 为开发动态 Web 应用程序提供了基础结构。ASP.NET 作为 Microsoft Active Server Page（ASP）的后继产品，是开发 Web 应用系统的理想平台。

.NET Framework 是一个开发和运行环境，它使得不同的编程语言（如 C#和 VB.NET 等）和运行库能够无缝地协同工作，简化开发和部署各种网络集成应用程序或独立应用程序，如 Windows 窗体应用程序、ASP.NET Web 应用程序、WPF 应用程序、移动应用程序、Office 应用程序。.NET Framework 基本结构如图 1-6 所示。

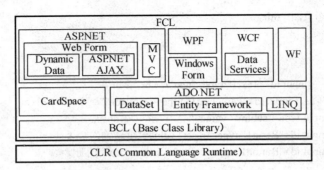

图 1-6   .NET Framework 基本结构

1. 公共语言运行库

公共语言运行库（Common Language Runtime，CLR）又称为公共语言运行环境，是.NET

Framework 的基础。运行库作为执行时管理代码的代理，提供了内存管理、线程管理和远程处理等核心服务，并且还强制实施严格的类型安全检查，以提高代码准确性。

在运行库的控制下执行的代码称为托管代码。托管代码使用基于公共语言运行库的语言编译器开发生成，具有许多优点：跨语言集成、跨语言异常处理、增强的安全性、版本控制和部署支持、简化的组件交互模型、调试和分析服务等。

在运行库之外运行的代码称为非托管代码。COM 组件、ActiveX 接口和 Win32 API 函数都是非托管代码的示例。使用非托管代码方式可以提供最大限度的编程灵活性，但不具备托管代码方式所提供的管理功能。

2．.NET Framework 类库

.NET Framework 类库（.NET Framework Class Library，FCL）是一个与公共语言运行库紧密集成、综合性的、面向对象的类型集合。使用该类库，可以高效开发各种应用程序，包括控制台应用程序、Windows GUI 应用程序（Windows 窗体）、ASP.NET Web 应用程序、XML Web Services、Windows 服务等。

.NET Framework 类库包括类、接口和值类型。类库提供对系统功能的访问，以加速和优化开发过程。.NET Framework 类型符合公共语言规范（Common Language Specification，CLS），因而可在任何符合 CLS 的编程语言中使用，实现各语言之间的交互操作。

.NET Framework 类库由基础类库（Base Class Library，BCL）和各种应用程序框架类库组成。基础类库主要提供以下功能：

- 表示基础数据类型和异常。
- 封装数据结构。
- 执行 I/O。
- 访问关于加载类型的信息。
- 调用.NET Framework 安全检查。

各种应用程序框架类库提供构建相应应用程序的功能：

- 数据访问（ADO.NET）。
- Windows 窗体（Windows Form）。
- Web 窗体（ASP.NET）。

3．.NET Framework 的功能特点

.NET Framework 提供了基于 Windows 的应用程序所需的基本架构，开发人员可以基于.NET Framework 快速建立各种应用程序解决方案。.NET Framework 具有以下功能特点：

（1）支持各种标准互联网协议和规范。

.NET Framework 使用标准的 Internet 协议和规范（如 TCP/IP、SOAP、XML 和 HTTP 等）支持实现信息、人员、系统和设备互连的应用程序解决方案。

（2）支持不同的编程语言。

.NET Framework 支持多种不同的编程语言，因此开发人员可以选择他们所需的语言。公共语言运行库提供内置的语言互操作性支持，公共语言运行库通过指定和强制公共类型系统以及提供元数据为语言互操作性提供必要的基础。

（3）支持用不同语言开发的编程库。

.NET Framework 提供了一致的编程模型，可使用预打包的功能单元（库），从而能够更快、更方便、更低成本地开发应用程序。

（4）支持不同的平台。

.NET Framework 可用于各种 Windows 平台，从而允许使用不同平台的人员、系统和设备联网，例如使用 Windows XP/Vista/Windows 7 等台式机平台或 Windows CE 之类的设备平台的人员可以连接到使用 Windows Server 2003/2008 的服务器系统。

4．.NET Framework 环境

操作系统/硬件、公共语言运行库、类库以及应用程序（托管应用程序、托管 Web 应用程序、非托管应用程序）之间的关系如图 1-7 所示。

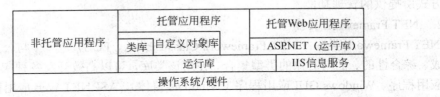

图 1-7　.NET Framework 环境

5．.NET Framework 的主要版本

目前，.NET Framework 主要包含以下版本：1.0、1.1、2.0、3.0、3.5、4.0，支持带最新 Service Pack 的桌面 Windows 操作系统。与之相对应，.NET Compact Framework 可用作所有 Microsoft 智能设备（包括 Pocket PC 设备、Pocket PC Phone Edition、Smartphone 设备以及其他安装有 Windows Embedded CE 的设备）中的操作系统组件。

其中，1.0、1.1、2.0 和 4.0 版是彼此完全独立的，即对于其中任何一个版本都可以独立存在于某台计算机上，无论计算机上是否存在其他版本。当 1.0、1.1 和 2.0 版位于同一台计算机上时，每个版本都有自己的公共语言运行库、类库和编译器等。应用程序开发人员可以选择面向特定的版本开发和部署应用程序。各版本之间的关系如图 1-8 所示。

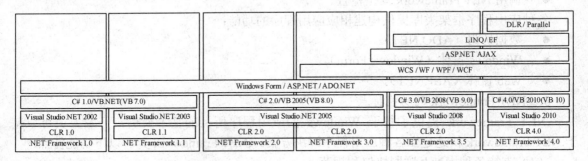

图 1-8　.NET Framework 各版本之间的关系

1.2.3 ASP.NET 应用程序

ASP.NET 应用程序是一系列资源和配置的组合，这些资源和配置只在同一个应用程序内共享，而其他应用程序则不能享用这些资源和配置。就技术而言，每个 ASP.NET 应用程序都运行在一个单独的应用程序域，应用程序域是内存中的独立区域，这样可以确保在同一台服务器上的应用程序不会相互干扰，不至于因为其中一个应用程序发生错误就影响到其他应用程序的正常进行。同样，应用程序域限制一个应用程序中的 Web 页面访问其他应用程序的存储信息。每个应用程序单独运行，具有自己的存储、应用和会话数据。

　　ASP.NET 应用程序的标准定义是：文件、页面、处理器、模块和可执行代码的组合，并且能够从服务器上的一个虚拟目录中被引用。换句话说，虚拟目录是界定应用程序的基本组织结构。

　　1．ASP.NET 页面与服务器交互

　　ASP.NET 页面作为代码在服务器上运行，在用户单击按钮（或页面中的其他控件交互）时提交页面到服务器。每次页面都会回发，以便可以再次运行其服务器代码，然后向用户发送其自身的新版本。传递 Web 页面的具体过程如下：

　　（1）用户请求页面。使用 HTTP GET 方法请求页面，页面第一次运行，执行初步处理（如果已通过编程让它执行初步处理）。

　　（2）页面将标记动态呈现到浏览器。

　　（3）用户输入信息或从可用选项中进行选择，然后单击按钮。如果用户单击链接而不是按钮，页面可能仅仅定位到另一页，而第一页不会被进一步处理。

　　（4）页面发送到 Web 服务器。浏览器执行 HTTP POST 方法，该方法在 ASP.NET 中称为"回发"。更明确地说，页面发送回其自身。例如，如果用户正在使用 Default.aspx 页面，则单击该页上的某个按钮可以将该页的信息内容发送回服务器，发送的目标则是 Default.aspx。

　　（5）在 Web 服务器上，该页再次运行，并且可在页面上使用用户输入或选择的信息。

　　（6）页面执行通过编程所要实现的操作。

　　（7）页面将其自身发送回浏览器。

　　只要用户在该页面中工作，此循环就会继续。用户每次单击按钮时，页面中的信息会发送到 Web 服务器，然后该页面再次运行。每个循环称为一次"往返行程"。由于页面处理发生在 Web 服务器上，因此页面可以执行的每个操作都需要一次到服务器的往返行程。

　　2．ASP.NET Web 窗体

　　在 ASP.NET 中，发送到客户端浏览器中的网页是经过.NET 框架中的基类动态生成的。这个基类就是 Web 页面框架中的 Page 类，而实例化的 Page 类就是一个 Web 窗体，也就是 Web Forms。因此，一个 ASP.NET 页面就是一个 Web 窗体。而作为窗体对象，就具有属性、方法和事件，可以作为容器容纳其他控件。

　　Web 窗体是一个后缀名为.aspx 的文本文件，可以使用任何文本编辑器打开和编写它。ASP.NET 是编译的运行机制，为了简化开发人员的工作，一个.aspx 页面不需要手工编译，而是在页面被调用时由公共语言运行时自行决定是否要被编译。

　　Web 窗体可以使用一般的 HTML 窗体控件，但 ASP.NET 也提供了自己的可以在服务器上运行的 Web 窗体控件。

　　3．后台隐藏代码页

　　后台隐藏代码页与早期脚本语言将代码和 HTML 标记混合在一起编写不同，它是将业务逻辑的处理代码都存放在.cs 文件中，而当 ASP.NET 网页运行时，ASP.NET 类生成时会先处理.cs 文件中的代码，再处理.aspx 页面中的代码，这种过程称为代码分离。

　　代码分离的优点是，在.aspx 页面中，开发人员可以将页面直接作为样式来设计，即美工人员可以设计.aspx 页面，而.cs 文件由编程人员来完成业务逻辑的处理。同时，将 ASP.NET 中的页面样式代码和逻辑处理代码分离能够让维护变得简单，并且代码看上去非常整洁明了。

　　4．ASP.NET 4.0 的新特性

　　ASP.NET 4.0 与之前的 ASP.NET 3.5 相比，增加了许多重要特性，这里进行简单介绍。

（1）ASP.NET MVC 2.0。

在 ASP.NET 4.0 中，把 ASP.NET MVC 2.0 版本集成到了 Visual Studio 2010 开发环境中作为一个项目模板出现。MVC（Model View Controller）模式是一种结构设计模式，一般根据应用程序功能的不同会分为三个主要部分：模型、视图和控制器，可以帮助开发者创建输入逻辑、业务逻辑和 UI 逻辑分离的应用程序，同时可在这些元素之间提供松散耦合。它提供了 ASP.NET Web 窗体模式之外的另一种开发模式，是一个可测试性非常高的轻型框架，与基于 Web 窗体的应用程序一样，它集成了现有的 ASP.NET 功能。

（2）ASP.NET AJAX 4.0。

在 ASP.NET 4.0 中，ASP.NET AJAX 4.0 的出现让 ASP.NET 在 AJAX 上的运用得到了很大的提高。使用 ASP.NET AJAX 4.0 功能，可创建既提供丰富的用户体验又提供响应迅速的常见用户界面 UI 元素的网页。ASP.NET AJAX 4.0 包含客户端脚本库，这些库融合了跨浏览器的技术和动态 HTML 技术。可以将客户端脚本库用作生成 AJAX 的应用程序框架。该库是独立于 .NET Framework 4.0 和 Visual Studio 2010 发行的，可以通过访问 Microsoft AJAX 网站来下载最新版本。

（3）ASP.NET WebForms 4.0。

ASP.NET 4.0 中 Web 窗体的重大变化解决了该框架的一些主要缺点：

- 加强对视图状态（ViewState）的控制。
- 支持最近引入的浏览器和设备。
- 支持对 Web 窗体使用 ASP.NET 路由。
- 加强对生成的 ID 的控制。
- 支持数据源控件的筛选。

（4）ASP.NET Web Deployment。

Visual Studio 2010 开发环境中的网页设计器已经经过改进，提高了 CSS 的兼容性，增加了对 HTML 和 ASP.NET 标记代码段的支持，并提供了重新设计的 JScript 智能感知功能。

1.3 ASP.NET 软件开发环境

1.3.1 Internet 信息服务（IIS）

1. IIS 概述

IIS（Internet Information Server）是 Microsoft 提供的 Internet 信息服务系统，允许在公共 Intranet 或 Internet 的 Web 服务器上发布信息。IIS 通过使用超文本传输协议（HTTP）传输信息，还可配置 IIS 以提供 FTP（文件传输）服务和 SMTP（简单邮件传输协议）服务。当安装了以 Windows Server 2003 为操作系统的服务器后，其所内置的 IIS 默认安装到该服务器上；如果是 Windows XP 操作系统，则不默认安装 IIS 服务，需要用户自行安装。在 Windows 2003 中 IIS 的版本为新一代的 IIS 6.0，其网络安全性、可编程性和管理方面做出了相当大的改进，并能支持更多的 Internet 标准，这些可以帮助用户轻松创建和管理站点，并制作易于升级、灵活性更高的 Web 应用程序。

IIS 支持 HTTP（Hypertext Transfer Protocol，超文本传输协议）、FTP（File Transfer Protocol，文件传输协议）和 SMTP 协议，通过使用 CGI 和 ISAPI，IIS 可以得到高度的扩展。

IIS 6.0 相比 IIS 5.0 有了重大的提高和改进，具有很多优秀的特性：

（1）应用程序池。IIS 6.0 可以将单个 Web 应用程序或多个站点分隔到一个独立的进程（称为应用程序池）中。应用程序池以独立进程的方式极大地提高了 Web 服务器的安全性和稳定性，该进程与操作系统内核直接通信。当在服务器上提供更多的活动空间时，此功能将增加吞吐量和应用程序的容量，从而有效降低硬件需求。这些独立的应用程序池将阻止某个应用程序或站点破坏服务器上的 XML Web 服务或其他 Web 应用程序。

（2）IIS 6.0 还提供状态监视功能，以发现、恢复和防止 Web 应用程序故障。在 Windows Server 2003 上，Microsoft ASP.NET 本地使用新的 IIS 进程模型。这些高级应用程序状态和检测功能也可用于现有的在 IIS 4.0 和 IIS 5.0 下运行的应用程序，其中大多数应用程序不需要任何修改。

（3）集成的.NET 框架。

Microsoft .NET 框架是用于生成、部署和运行 Web 应用程序、智能客户应用程序和 XML Web 服务的 Microsoft .NET 连接的软件和技术的编程模型，这些应用程序和服务使用标准协议（如 SOAP、XML 和 HTTP）在网络上以编程的方式公开它们的功能。

（4）IIS 6.0 具有连接并发数、网络流量等监控，可以使不同网站完全独立开，不会因为某一个网站的问题而影响到其他网站。

（5）IIS 6.0 提供了更好的安全性。通过将运行用户和系统用户分离的方式，IIS 服务运行权限和 Web 应用程序权限分开，保证 Web 应用的足够安全。这些是其他 Web 服务器所欠缺的。

2．IIS 的安装

在安装 Windows Server 2003 时，如果用户选择了安装 IIS，系统会自动创建一个 HTTP 站点和一个 FTP 站点供使用。IIS 预设的 Web 站点和 FTP 站点发布目录也被称为主目录，该主目录的路经是\Inetpub\wwwroot，FTP 站点的主目录路径是\Inetpub\ftproot。对于 Web 站点来说，如果本地网络中带有诸如 DNS 命名解决系统，那么其他访问者只需在浏览器地址下拉列表框中简单地输入计算机名即可访问站点；但是，如果本地网络中没有带诸如 DNS 命名解决系统，那么访问者必须在地址下拉列表框中输入计算机的 IP 地址才能访问。

如果用户在安装 Windows Server 2003 或 Windows XP 时没有选择安装 IIS，但又需要创建 Internet 信息服务器，则可使用控制面板中的"添加/删除程序"向导来安装此组件，过程如下：

（1）依次选择"开始→设置→控制面板→添加/删除程序"，打开"添加/删除程序"窗口。

（2）单击"添加/删除 Windows 组件"按钮，弹出"Windows 组件向导"对话框，如图 1-9 所示。

（3）在"组件"列表框中选中"Internet 信息服务（IIS）"复选项，单击"详细信息"按钮，弹出"Internet 信息服务（IIS）"对话框，如图 1-10 所示。

（4）在"Internet 信息服务（IIS）的子组件"列表框中选中"World Wide Web 服务器"，然后单击"确定"按钮。

（5）安装程序开始复制文件，当文件复制完毕后即可使用 IIS。

3．创建 Web 站点

IIS 安装好之后，会自动创建一个默认的 Web 站点，供用户快速发布内容。用户也可以自行创建 Web 站点，以扩大和丰富 Web 服务器上的信息。对于 Web 服务器来说，还可以利用服务器扩展功能来增强 Web 站点的功能。

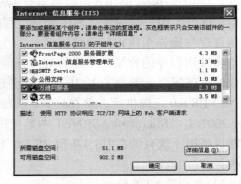

图 1-9   Windows 组件向导   图 1-10   Internet 信息服务（IIS）

（1）设置主目录。

主目录是公司 Web 发布树的顶点，也是站点访问者的起点，并且包含一个主页和指向其他网页的链接。如果要通过主目录发布信息，则将信息文件置于主目录中或将其组织到主目录的子目录中。主目录及其子目录中的所有文件自动对站点访问者开放。如果访问者知道所需访问文件的正确路径和文件名，即使主页中没有指向这些文件的链接，访问者也可查看该文件。因此，请将那些只需访问者查看的文件保存在主目录或子目录中。

每个 Web 站点必须有一个主目录，对 Web 站点的访问实际上是对站点主目录的访问。主目录之所以能被其他访问者访问，是因为它被映射到站点的域名。例如，如果站点的 Internet 域名是 www.whpu.edu.cn，而主目录是 D:\Website\WPHU，则客户浏览器使用统一资源定位 http://www.whpu.edu.cn/可访问 D:\Website\LWH 目录中的文件。

IIS 的默认主目录为\Inetpub\Wwwroot，通过该主目录可以快速、轻松地发布信息，但是如果用户想发布的所有文件已经位于一个目录中，可以将默认主目录更改为文件目前所在的目录，而不用移动文件。主目录的设置过程如下：

1）依次选择"开始→程序→管理工具→Internet 信息服务"，打开 IIS 管理器，如图 1-11所示。

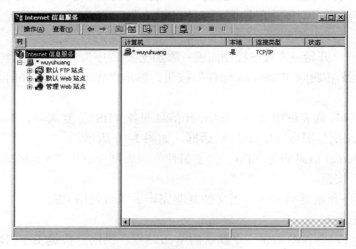

图 1-11   Internet 信息服务

2）右击"默认 Web 站点"节点并选择"属性"命令，弹出"默认 Web 站点属性"对话框，单击"主目录"选项卡，如图 1-12 所示。

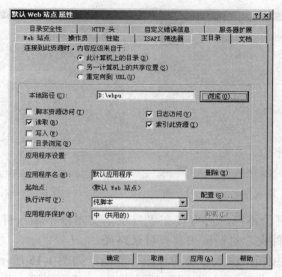

图 1-12　"主目录"选项卡

3）在"主目录"选项卡中用户通过 3 个单选按钮可以选择主目录内容来自的位置：如果要用本地计算机上的内容作为主目录的目录内容，选择"此计算机上的目录"单选按钮；如果要从网络上的其他计算机上查找目录内容作为主目录的内容，选择"另一计算机上的共享位置"单选按钮；如果要将主目录的目录内容重定向到 Internet 上的某个 Web 站点，选择"重定向到 URL"单选按钮。为了便于说明，这里选择"此计算机上的目录"单选按钮。

4）在"本地路径"文本框中输入主目录在本地计算机上的路径。如果用户不知道目录的确切路径，可单击"浏览"按钮打开"浏览文件夹"对话框进行选择。

5）通过启用和禁用复选框来设置主目录的访问权限，例如禁用"索引此资源"复选框，则不允许其他访问者对该主目录进行资源索引。

6）在"应用程序设置"选项区域中，单击"删除"按钮可删除目录中的默认应用程序，禁止客户对默认应用程序的访问。如果没有删除应用程序，可在"执行许可"下拉列表框中选择执行许可权限，包括"无"、"纯脚本"和"脚本和程序执行"；在"应用程序保护"下拉列表框中选择应用程序保护级别。

7）目录路径、权限及应用程序设置好后，单击"确定"按钮即可完成主目录的设置。

（2）创建虚拟目录。

虚拟目录是指除了主目录以外的其他站点发布目录。在客户浏览器中，虚拟目录就像位于主目录中一样，但在物理上可能并不包含在主目录中。

在默认情况下，系统会设置一些虚拟目录来存储要在 Web 上发布的文件。但是，如果站点变得太复杂或决定在网页中使用脚本或应用程序，则需要为要发布的内容创建附加目录。要创建虚拟目录，可参照下面的步骤：

1）在图 1-11 所示的 IIS 管理器中右击"默认 Web 站点"节点，在弹出的快捷菜单中选择"新建→虚拟目录"命令，弹出"虚拟目录创建向导"对话框，单击"下一步"按钮，进入"虚拟目录别名"界面，如图 1-13 所示。

2）在"别名"文本框中输入用于获得此 Web 虚拟目录访问权限的别名，如 office，单击"下一步"按钮，进入"网站内容目录"界面，如图 1-14 所示。

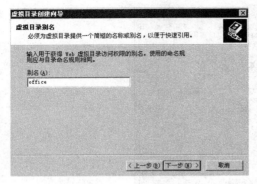

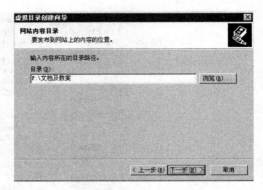

图 1-13   输入别名   图 1-14   输入目录路径

3）如果用户知道目录路径，可直接在"目录"文本框中输入目录路径，或者单击"浏览"按钮打开"浏览文件夹"对话框来选择目录路径。

4）单击"下一步"按钮，进入"访问权限"界面，如图 1-15 所示。在"允许下列权限"选项区域中，用户可以为此目录设置访问权限。例如，选择"写入"复选框，即允许访问者修改目录内容。

5）访问权限设置完成后，单击"下一步"按钮进入"您已成功完成'虚拟目录创建向导'"界面，单击"完成"按钮虚拟目录创建完成。

对于 Web 站点来说，如果需要建立多个虚拟目录，使用上面的方法就显得不太方便。这时，用户可以直接通过设置文件的 Web 共享属性来快速创建虚拟目录，具体操作步骤如下：

1）打开"我的电脑"或"资源管理器"窗口，右击要共享的文件夹，在弹出的快捷菜单中选择"属性"命令，打开文件夹属性对话框，单击"Web 共享"选项卡，如图 1-16 所示。

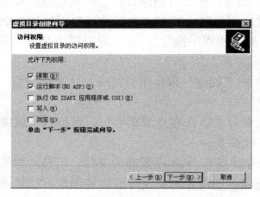
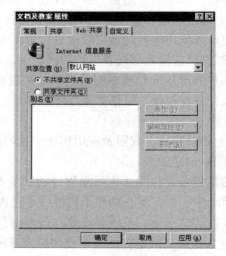

图 1-15   设置目录访问权限   图 1-16   文件夹属性对话框

2）选择"共享文件夹"单选按钮，此时会弹出"编辑别名"对话框，如图 1-17 所示。

3）在"别名"文本框中键入该目录的别名。按照默认规定，如果没有更改信息，计算机将指定该目录名为匿名。在"访问权限"选项区域中，通过启用复选框来设置虚拟目录的访问权限，例如启用"脚本资源访问"复选框，则允许访问者访问脚本资源。

4）在"应用程序权限"选项区域中，通过选择单选按钮来设置目录中的应用程序许可权限，例如选择"执行（包括脚本）（E）"单选按钮，则允许访问者执行目录中的应用程序及其脚本。

5）设置完毕后单击"确定"按钮保存设置并返回到共享文件夹属性对话框，再单击"确定"按钮。

（3）设置默认的文档。

如果用户用不带文件名（如 http://www.whpu.edu.cn/）的 URL 发送请求，则 WWW 服务将返回指定的默认文档。在每一个目录中都可以建立这样一个默认的文档，因为如果没有默认文档，用户用不带文件名的 URL 访问 Web 服务器时，WWW 服务器将返回错误。在 WWW 的"文档"选项卡（如图 1-18 所示）中，将"启用默认文档"复选项选中，此时在站点的根目录中应包含以下至少一个文件：default.htm、default.asp、iisstart.asp，否则会出错。如果在站点的根目录中包含了图 1-18 所示的两个以上的文件时，WWW 服务器按照列表的名称顺序在目录中搜索默认文档，服务器将返回发现的第一个文档。要更改搜索顺序，请在图 1-18 中选定要更改顺序的文档，然后单击 ⬆ 和 ⬇ 按钮。

另外，用户也可以自定义文件名作为默认主页文档，方法是：单击图 1-18 中的"添加"按钮，在弹出的对话框中输入自定义文件名，如 index.htm，然后单击"确定"按钮。

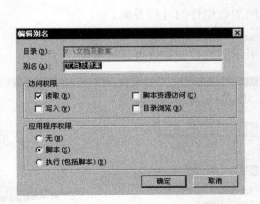

图 1-17　"编辑别名"对话框

图 1-18　设置默认的文档

1.3.2　Visual Studio 2010 开发环境

每一个正式版本的.NET 框架都有一个与之对应的高度集成的开发环境，微软称之为 Visual Studio，中文意思是可视化工作室。随同 ASP.NET 4.0 一起发布的开发工具是 Visual Studio 2010。它对基于 ASP.NET 4.0 的项目开发有很大帮助，使用 Visual Studio 2010 可以很方便地进行各种项目的创建、具体程序的设计、程序调试与跟踪、项目发布等。

1.　安装 Visual Studio 2010 开发环境

Visual Studio 2010 目前有 3 个版本：Visual Studio 2010 Professional、Visual Studio 2010

Premium 和 Visual Studio 2010 Ultimate。其中，前两种用于个人和小型开发团队，采用最新技术开发应用程序和实现有效的业务目标，第三种为体系结构、设计、开发、数据库开发、应用程序测试等多任务的团队提供集成的工具集，在应用程序生命周期的每个步骤，团队成员都可以继续协作并利用一个完整的工具集与指南。

Visual Studio 2010 Professional 的安装步骤如下：

（1）可以到 http://www.microsoft.com/visualstudio/zh-tw/products/2010-editions/professional 网站下载 Visual Studio 2010 试用版，也可以购买正版的安装程序。

（2）打开安装程序后，首先进入如图 1-19 所示的"安装向导"界面。

（3）选择"安装 Microsoft Visual Studio 2010"，即可弹出如图 1-20 所示的资源复制过程提示框。

图 1-19   安装向导界面   图 1-20   资源复制过程提示框

（4）在资源复制完毕后进入如图 1-21 所示的加载组件的过程界面。

（5）组件加载完毕后"下一步"按钮被激活，如图 1-22 所示。

（6）单击"下一步"按钮，进入如图 1-23 所示的软件安装许可认证界面。

图 1-21   加载组件的过程   图 1-22   "下一步"按钮被激活

（7）选择"我已阅读并接受许可条款"单选按钮并输入产品密钥和用户名称，单击"下一步"按钮，进入如图 1-24 所示的安装功能和路径界面。

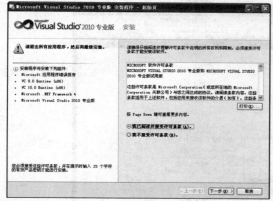

图 1-23　软件安装许可认证界面

图 1-24　安装功能和路径界面

（8）选择"完全"单选按钮并选择相应的安装路径，然后单击"安装"按钮，进入如图 1-25 所示的安装过程显示界面。

（9）单击"下一步"按钮，开始安装并显示当前安装的组件。当所有组件安装成功后，进入如图 1-26 所示的界面，显示已经成功地安装了 Visual Studio 2010，单击"完成"按钮结束安装过程。

图 1-25　安装过程显示界面

图 1-26　安装完成界面

2. 创建 Web 项目

安装完成 Visual Studio 2010 开发环境之后，即可使用这一强大的工具创建一个 ASP.NET 4.0 项目来让大家对 Visual Studio 2010 有一个初步的了解。

（1）选择"开始→所有程序"→Microsoft Visual Studio 2010→Microsoft Visual Studio 2010 命令，打开 Visual Studio 2010，进入如图 1-27 所示的主界面。

- 标题栏：位于主界面的顶部，用于显示页面的标题。
- 菜单栏：位于标题栏的下方，包含了实现软件所有功能的选项。
- 工具栏：位于菜单栏的下方，包含了软件常用功能的快捷按钮。
- 状态栏：位于主界面的底部，用于显示软件的状态信息。
- 起始页：主界面中工具栏和状态栏之间的显示部分，占据了主界面的绝大部分位置，显示的内容包括连接到团队服务器、新建项目和打开项目的快捷按钮；最近使用的项目列表和 Visual Studio 2010 入门、指南和新闻列表的选项卡等。

图 1-27   Visual Studio 2010 主界面

- 工具箱：位于主界面的左侧，提供了设计页面时常用的各种控件，只要简单地将控件拖动到设计页面即可方便地使用。
- 解决方案资源管理器：位于主界面的右侧最上部，用于对解决方案和项目进行统一的管理，其主要组成是各种类型的文件目录。
- 团队资源管理器：位于解决方案资源管理器的下方，是一个简化的 Visual Studio Team System 2010 环境，专用于访问 Team Foundation Server 服务。
- 服务资源管理器：位于团队资源管理器的下方，用于打开数据连接，登录服务器，浏览数据库和系统服务。

（2）单击主界面起始页中的"新建项目"快捷按钮或选择"文件→新建项目"命令，打开如图 1-28 所示的"新建项目"对话框。左侧窗格中显示"已安装模板"的树状列表，中间窗格中显示与选定模板相对应的项目类型列表，右侧窗格中是对模板的描述。打开 Viusal C# 类型节点，选择 Web 子节点这个模板，同时在右侧窗格中显示了可以创建的 Web 项目类型列表。选择"ASP.NET 空 Web 应用程序"，在"名称"文本框中输入项目名称，在"位置"文本框中输入相应的存储路径，在"解决方案名称"文本框中输入解决方案名称，单击"确定"按钮即可创建一个新的 Web 项目。

3．Web 项目管理

当创建一个新的网站项目之后，可以利用资源管理器对网站项目进行管理，通过资源管理器可以浏览当前项目所包含的所有资源（.aspx 文件、.cs 文件、图片等），可以向项目中添加新的资源，还可以修改、复制和删除已经存在的资源。解决方案资源管理器如图 1-29 所示。

4．添加新资源

在"解决方案资源管理器"中右击项目名称 WebApplication，会弹出如图 1-30 所示的快捷菜单，其中有多个添加项："添加"、"添加引用"、"添加 Web 引用"、"添加服务引用"。

"添加引用"命令用来添加对类的引用，"添加 Web 引用"命令用来添加对存在于 Web 上的公开类的引用，"添加服务引用"命令用来添加对服务的引用。

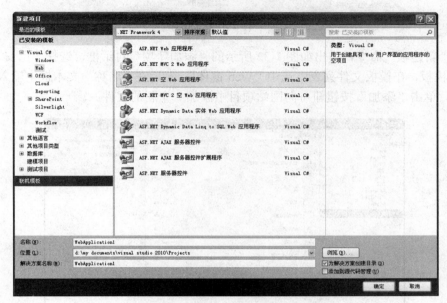

图 1-28　"新建项目"对话框

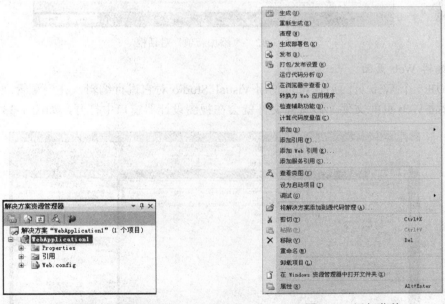

图 1-29　解决方案资源管理器　　　　　　　　图 1-30　添加菜单

选择"添加"命令，弹出如图 1-31 所示的下一级子菜单，包括"新建项"、"现有项"、"新建文件夹"和"添加 ASP.NET 文件夹"4 个命令。"新建项"命令用来添加 ASP.NET 4.0 支持的所有文件资源，"现有项"命令用来把已经存在的文件资源添加到当前项目中去，"新建文件夹"命令用来向网站项目中添加一个文件夹，"添加 ASP.NET 文件夹"命令用来向网站项目中添加一个 ASP.NET 独有的文件夹。

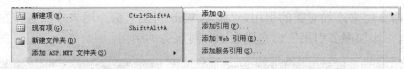

图 1-31　添加子菜单

选择"新建项"命令，弹出如图 1-32 所示的"添加新项"对话框，选择"已安装的模板"下的 Web 模板，在模板文件列表中选中"Web 窗体"，然后在"名称"文本框中输入该文件的名称，最后单击"添加"按钮即可向网站项目中添加一个新的文件。

图 1-32　"添加新项"对话框

5. 编辑 Web 页面

在添加一个 Web 页面后，可以使用 Visual Studio 对它进行编辑，在资源管理器中双击某个要编辑的 Web 页面文件，该页面文件就会在视图设计器窗口中打开，如图 1-33 所示。

图 1-33　视图设计器

用户可以通过窗口底部的"设计"、"拆分"和"源"3 个按钮来进行 3 种视图的编辑。"设计"视图用来显示设计的效果，并且可以从"工具箱"中直接把控件放置在设计视图中，"工具箱"是放置控件的容器，如图 1-34 所示；"拆分"视图同时显示"设计"视图和"源"视图；"源"视图显示设计源码，可以在该视图中直接通过编写代码来设计页面。

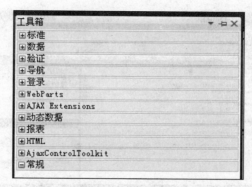

图 1-34　工具箱

6. 属性查看器

在 Web 页面设计视图下右击某一个控件或页面的任何位置,在弹出的快捷菜单中选择"属性"命令;或者在菜单栏中选择"视图→属性窗口"命令(如图 1-35 所示),弹出如图 1-36 所示的控件"属性"对话框,在其中可以编辑控件的属性,如背景色,可以在 BgColor 后面的文本框中输入对应的颜色值,或者单击 BgColor 后面的按钮弹出颜色选择器,在颜色选择器中选择相应的颜色。

图 1-35　选择"属性窗口"命令

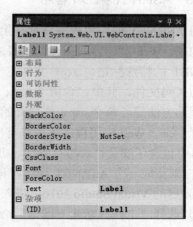

图 1-36　"属性"对话框

7. 编辑后台代码

在 Web 页面的设计视图下双击页面的任何位置即可打开隐藏的后台代码文件,在此界面中开发者可以编写与页面对应的后台逻辑代码,如图 1-37 所示。通过双击网站目录下的文件名也可以进入后台代码文件。

8. 编译和运行应用程序

选择"生成→生成网站"命令,如果生成成功,则屏幕下方的"输出"窗体中将显示相关信息,如图 1-38 所示。

图 1-37　后台隐藏的代码文件

图 1-38　输出窗体

单击工具栏中的"启动调试"按钮 ▶ 运行程序，浏览器即会显示程序的运行效果。

1.3.3　ASP.NET 第一个程序

使用 ASP.NET 的应用程序通常是由一个或多个 ASP.NET 页或者 Web 窗体代码文件和配置文件构成。Web 窗体容纳在一个后缀为.aspx 文件中，它实际上是一个 HTML 文件，其中包含一些.NET 的特殊标记。.aspx 文件定义了一个页的布局和外观，每个.aspx 文件通常都有一个对应的代码文件，其中包含用于.aspx 文件中的各个组件的应用程序逻辑，例如事件处理代码以及辅助方法等。每个.aspx 文件开始的标记（或者称为预编译指令）指定了对应代码的名称和位置。每个 Web 应用程序还可以有一个名为 Web.config 的配置文件。这个文件采用 XML 格式，其中包含了安全性、缓存管理、页编译等有关信息。下面使用 Visual Studio 开发环境结合 C#语言来完成一个 ASP.NET 程序，详细步骤如下：

（1）启动 Visual Studio 2010，进入 Visual Studio 2010 主界面。

（2）选择"文件→新建→网站"命令，弹出"新建项目"对话框。

（3）语言选择 Visual C#，位置可以自定义，这里为 E:\lb_book_1_1，单击"确定"按钮，打开如图 1-39 所示的窗口，其中之所以会显示代码和设计两个窗口，是因为选择了该窗口左下角的"拆分"按钮。

（4）从工具箱的标准控件列表中拖动一个 Button 控件和 Label 控件到页面上，如图 1-40 所示。

（5）在"属性"窗口中修改 Button1 按钮的 Text 属性为"测试"，然后双击 Hello 按钮，显示如图 1-41 所示的界面。在 Button1 按钮的单击事件中输入如下代码：

```
Label1.Text = "Hello ASP.NET World!!!";
```

表示当用户单击 Button1 后在网页上显示"Hello ASP.NET World!!!"。

图 1-39　ASP.NET 编制程序主页面

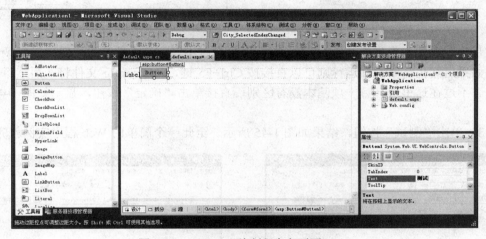

图 1-40　ASP.NET 编制程序主页面（1）

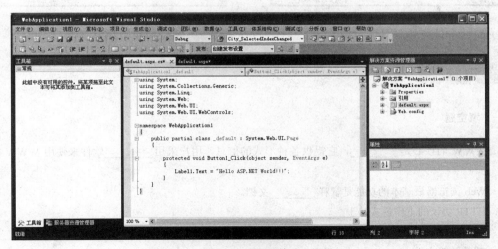

图 1-41　ASP.NET 编制程序主页面（2）

　　（6）在右侧的解决方案中右击 default.aspx 文件，弹出如图 1-42 所示的快捷菜单，单击
"设为起始页"选项。这在以后如果该网站有多个网页时，可以临时设定该网站从哪一个网页

开始执行。

（7）按 F5 键运行该 Web 程序，弹出如图 1-43 所示的对话框。

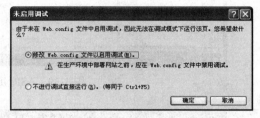

图 1-42　快捷菜单　　　　　　　　　　　　图 1-43　Web 程序未启用调试对话框

这是为了在站点中启用 web.config 文件，如果暂时不需要该文件可以选择不进行调试直接运行，如果后续也需要这样运行则可以直接按 Ctrl+F5 键，web.config 文件将在后续章节中详细介绍。不过在这里选择哪一项基本没有区别，直接单击"确定"按钮，显示如图 1-44 所示的窗口。

（8）单击"测试"按钮，结果如图 1-45 所示。至此一个简单的 Web 程序实例就完成了。

图 1-44　Web 程序运行页面（1）　　　　　　图 1-45　Web 程序运行页面（2）

 习题一

一、填空题

1．WWW 的核心是_____，它提供各种形式的信息，用户采用_____软件来使用 WWW 的这些服务。

2．Web 浏览器最基本的功能是解释_____文档。

3．HTTP 协议的工作模式基于_____、_____。

4．Web 的全称是_____，它是一种体系结构，通过它可以访问分布于 Internet 主机上的通过_____连接在一起的链接文档。

5．.NET Framework 主要包括_____库和_____库。

6．ASP.NET 网站在编译时，首先将语言代码编译成_____。

7．ASP.NET 的 Web 窗体文件名后缀为_____，该文件定义了一个页的布局和外观，通常都有一个后缀为_____对应的代码文件。

8．Visual Studio 编辑器中，用户可以通过窗口底部的_____、_____和"源" 3 个按钮来进行 3 种视图的编辑。

9．在 IIS 的 Web 服务器根目录中应包含以下至少一个文件：_____、_____、iisstart.asp，否则会出错。

二、简答题

1．分别说明什么是主页、网页和网站，它们之间的关系是什么？

2．B/S（浏览器/服务器）方式的工作原理是什么？

3．静态网页与动态网页在运行时的最大区别是什么？

第 2 章　HTML 语言

本章主要讲解 HTML 语言的基本语法和常用的 HTML 标记，通过实例让读者了解 HTML 语言的基本使用方法。通过对本章的学习，读者应该掌握：

- HTML 语言基本知识
- HTML 的常用标记
- HTML 表格标记
- HTML 框架标记
- HTML 多媒体标记

2.1　HTML 语言概述

2.1.1　HTML 语言的结构

HTML（超文本标记语言）是一种描述文档结构的标注语言，HTML 使用一些约定名字的标记对 WWW 上的各种信息进行标注，当用户浏览 WWW 上的信息时，浏览器会自动解释这些标记的含义，并按照一定的格式在浏览器上显示这些被标注的信息。HTML 的优点是跨平台性，即能在运行浏览器的计算机上显示 HTML 文件，不管其操作系统是什么，显示结果都相同。

HTML 文件是标准的 ASCII 文件，后缀名为 htm 或 html。HTML 文件看起来像是加入了许多被称为链接签（tag）或标记的特殊字符串的普通文本文件。从结构上讲，HTML 文件由元素（element）组成，组成 HTML 文件的元素有许多种，用于组织文件的内容和指导文件的输出格式。绝大多数元素都是"容器"，即有起始标记和结束标记。元素的起始标记叫做起始链接签（start tag），元素的结束标记叫做结束链接签（end tag），在起始链接签和结束链接签中间的部分是元素体。每一个元素都有名称和许多可选择的属性，元素的名称和属性都在起始链接签内进行标注。下面通过 w2-1.htm 文件来说明 HTML 文件的基本结构，其在浏览器中显示的结果如图 2-1 所示。

代码清单 w2-1.htm

```
<HTML>
  <HEAD>
     <TITLE>武汉轻工大学</TITLE>
  </HEAD>
  <BODY    bgcolor= yellow>
     <P>这是一 HTML 的测试文件</P>
  </BODY>
```

```
</HTML>
```

图 2-1　HTML 结构实例显示结果

从 w2-1.htm 文件中可以看出，HTML 文件仅由一个 HTML 元素组成，即文件以<HTML>开始，以</HTML>结尾，文件其余部分都是 HTML 的元素体。而 HTML 元素的元素体又由头元素<head>…</head>、体元素<body>…</body>和一些注释组成。头元素和体元素的元素体又由其他的元素、文本和注释组成。

在上例中第 5 行是体元素的起始链接签，标明体元素从此开始。因为所有的链接签都具有相同的结构，所以通过仔细分析这个链接签的各个部分可对链接签的写法有一定的了解。其格式为：

<起始链接签 属性名=属性值>　内容 <结束链接签>

在 HTML 中有 3 个字符具有特殊的意义："<"表示一个标签的开始，">"表示一个标签的结束，"&"表示转义序列的开始，并且以分号";"结束。

链接签名也叫元素名，需要注意：

● 　<符号和起始链接签之间不能有空格。

● 　元素名不区分大小写。

● 　一个元素可以有多个属性，属性及其属性值不区分大小写，且各个属性用空格分开。

HTML 文件中，有些元素只能出现在头元素中，而绝大多数元素只能出现在体元素中。<head>头元素中的元素表示的是该 HTML 文件的一般信息，如文件名称、是否可检索等，这些元素书写的次序是无关紧要的，只表明该 HTML 有还是没有该属性；而出现在<body>元素中的元素是次序敏感的，改变元素在 HTML 文件中的次序会改变该元素在浏览器中的显示位置。

2.1.2　构成网页的基本元素

1.　<TITLE>标记

<TITLE>标记用来给网页命名，网页的名称写在<TITLE>与</TITLE>标记之间，显示在浏览器的标题栏中。例如，在图 2-1 所示的浏览器页面中，其标题栏所显示的"武汉轻工大学"是在 HTML 文件中由<TITLE>武汉轻工大学</TITLE>所定义的。

2.　<Hn>标记

<H1>…</H1>到<H6>…</H6>标题元素有 6 种，用于表示文章中的各种题目。字体大小<H1>到<H6>是顺序减小。下面这个例子中分别使用了<H1>到<H6>的标题。其 HTML 文件如 w2-2.htm 所示，在浏览器中的显示结果如图 2-2 所示。

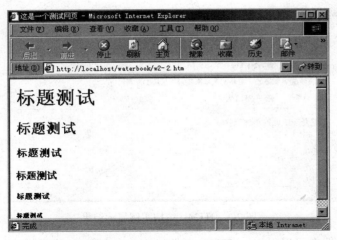

图 2-2   <Hn>标记

代码清单 w2-2.htm

```
<HTML>
  <HEAD>
    <TITLE>这是一个测试网页</TITLE>
  </HEAD>
  <BODY>
<h1>标题测试</h1>
<h2>标题测试</h2>
<h3>标题测试</h3>
<h4>标题测试</h4>
<h5>标题测试</h5>
<h6>标题测试</h6>
  </BODY>
</HTML>
```

3. 预格式化文本标记<pre>

HTML 的输出是基于窗口的，因此 HTML 文件在输出时都是要进行重新排版的，即把文本上任何附加的字符（包括空格、制表符和回车符）都忽略，若确实不需要进行重新排版的内容，可以用<pre>...</pre>通知浏览器。在图 2-3 和图 2-4 中显示了有无预格式化文本标记<pre>的对比。图 2-3 和图 2-4 是 w2-3.htm 文件在浏览器中显示的结果。

代码清单 w2-3.htm

```
<HTML>
  <HEAD>
    <TITLE>这是一个测试网页</TITLE>
  </HEAD>
  <BODY>
    <pre>        <!--（图 2-4 无此标记）-->
        HTML 是一种描述文档结构的标注语言，它使用一些约定的标记对各种信息进行标注。
    </pre>        <!--（图 2-4 无此标记）-->
  </BODY>
</HTML>
```

图 2-3　有<pre>标记

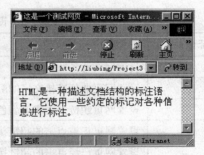
图 2-4　无<pre>标记

**4.
和<P>标记**

用于强制换行，<P>表示一个段落的开始，</P>一般可不用。

5. <B> <I> <U> <STRONG> <S> 标记

这几个标记都是用来修饰所包含的文档的。<B>标记使文本加粗，<I>标记使文本倾斜，<U>标记给文本加下划线，<S>标记给文本加删除线，<STRONG>标记使文本字体加重。下面给出一个 HTML 源文件 w2-4.htm，其在浏览器中的显示结果如图 2-5 所示。

代码清单 w2-4.htm

```
<HTML>
  <HEAD>
      <TITLE>这是一个测试网页</TITLE>
  </HEAD>
  <BODY>
      <STRONG>HTML</STRONG>是一种<EM>描述文档结构</EM>的<U>标注语言</U>，
      <B>它使用</B>一些<I>约定的标记</I>对各种信息进行<S>标注<S>。
  </BODY>
</HTML>
```

图 2-5　文档标记的修饰

6. <FONT>标记

<FONT>…</FONT>用来修改字体和颜色。其中 COLOR 属性指定文字颜色，颜色的表示可以用 6 位十六进制代码，如<FONT COLOR=#00FF00>。另外，如果用户想要设置网页的背景色和文字颜色，也可以将<BODY>标记扩充为：

```
<BODY bgcolor=#    text=#    link=#    alink=#    vlink=#    background="imageURL">
```

其中各个元素的说明如表 2-1 所示，表 2-2 列出了常用颜色的 RGB 值。

表 2-1　设置背景颜色和文字颜色

标记	说明
Bgcolor	设置网页背景颜色
Text	设置网页非超链接文字的颜色
Link	设置网页超链接文字的颜色
Alink	设置网页正被点击的超链接文字的颜色
Vlink	设置网页已经点击的超链接文字的颜色
Background	设置网页背景图案
ImageURL	设置网页背景图案的 URL 地址
#	代表颜色 RGB 值（格式为 rrggbb）。它是用十六进制的红-绿-蓝（red-green-blue，RGB）值来表示。各种常见颜色的 RGB 值如表 2-2 所示

表 2-2　常见颜色的 RGB 值

颜色	RGB	颜色	RGB
黑色（Black）	000000	橄榄色（Olive）	808000
红色（Red）	FF0000	深表色（Teal）	008080
绿色（Green）	00FF00	灰色（Gray）	808080
蓝色（Blue）	0000FF	深蓝色（Navy）	000080
白色（White）	FFFFFF	浅绿色（Lime）	00FF00
黄色（Yellow）	FFFF00	紫红色（Fuchsia）	FF00FF
银色（Silver）	C0C0C0	紫色（Purple）	800080
浅色（Aqua）	00FFFF	茶色（Maroon）	800000

例如要将网页背景颜色设置为蓝色，其 HTML 语言如下：

```
<body   bgcolor=#0000ff>
```

2.2　超文本链接指针

超文本链接指针是 HTML 语言最吸引人的优点之一，可以这样说，如果没有超文本链接指针就没有万维网。使用超文本链接指针可以使顺序存放的文件具有随机访问的能力，这更加符合人类的跳跃思维方式。超文本链接指针是指把并不关联的两段文字或两个文件联系起来。

2.2.1　链接到其他站点

在 HTML 文件中用链接指针指向一个目标，其语法格式为：

```
<a href = "..."> zzz </a>
```

其中 zzz 可以是文字或图片并显示在网页中，当用户单击它时，浏览器就会显示由 href 属性中的统一资源定位器（URL）所指向的目标，实际上这个 zzz 在 HTML 文件中充当的是指针角色，默认显示为蓝色且带有下划线，也可以通过 CSS 样式表改变显示样式。另外，href 中的 h 表示超文本，而 ref 表示"访问"或"引用"的意思。例如：

```
<a href = "http://www.whpu.edu.cn/">武汉轻工大学</a>
```

用户在浏览器中用鼠标单击"武汉轻工大学"，浏览器就会转到 http://www.whpu.edu.cn/ 网页，即可看到武汉轻工大学的主页内容。在这个例子中，充当指针的是"武汉轻工大学"。

在编写 HTML 文件时，需要知道目标的 URL。那么如何才能得到目标的 URL 呢？对于本地主机内的文件，其 URL 地址可以根据该文件的实际情况决定；对于 Internet 上的资源，在用浏览器查看时，其 URL 地址会在浏览器的状态栏中显示出来，把其抄下来写到新制作的 HTML 文件中即可。

在编写 HTML 文件时，对能确定关系的一组资源（如在同一个目录中）应采用相对 URL，这不仅简化 HTML 文件，而且便于维护。例如，当需要将某个目录整个移到另外一个地方或把某一主机的资源移到另一台主机时，用相对 URL 写的 HTML 文件对其中的 URL 不需要进行任何更改（只要它们的相对关系没有改变）。但如果用绝对 URL 编写 HTML 文件，就不得不修改每个链接指针中的 URL，这是一件很乏味也很容易出错的工作。对于各个资源之间没有固定的关系，例如某个 HTML 文件是介绍各大学情况的，所指向的目标分布在全球的主机中，这时就只能使用绝对 URL 了。

2.2.2　同一个文件中的链接

上面提到的超链接指针可以使读者在整个 Internet 上方便地转到另外一个资源上，这种链接方式称为远程链接。但如果编写了一个很长的 HTML 文件，从头到尾地浏览很浪费时间，能不能在同一文件的不同部分之间也建立起超链接，使用户方便地在上下文之间跳转呢？

答案是肯定的，超链接可以指向同一文件这种链接方式叫做本地链接。上一节中一个超文本链接指针包括两个部分：一个指向目标的链接指针，另一个是被指向的目标。对于一个完整的文件，可以用 URL 来唯一地标识，但对于同一文件的不同部分，可以先标识出这些不同部分，使用的语法如下：

```
<A NAME="KKK">...</A>
```

NAME 属性将放置该标记或书签的地方标记为 KKK，KKK 是一个全文唯一的标记串。在这种情况下，<A>和</A>之间的内容是可有可无的。这样，就把放置标记的地方做了一个叫做 KKK 的标记（如果对 Microsoft Word 熟悉的话，这就相当于在 Word 中定义"书签"）。做好标记后，可以用下面的语法指向：

```
<a href = "#KKK">转向下一处 </a>
```

这时就可以单击"转向下一处"这段文字，浏览器就从当前位置转到标记名为 KKK 的部分开始显示此 HTML 文件的内容了。

2.2.3　图像超链接

1. 在 HTML 文件中显示图像

在浏览器上显示的图像必须有特定的格式，目前使用的浏览器通常支持 GIF 和 JPEG 格式的图像。在 HTML 网页中加图像是通过<IMG>标记实现的，该标记有如下几个较为重要的属性：

- SRC：指明图形的 URL 地址。
- HEIGHT：决定图形的高度。
- WIDTH：决定图形的宽度。

- BORDER：决定边框线的宽度，0 表示无边框。
- ALT：指明图像显示的备用文本。

下面通过 w2-5.htm 文件来说明<IMG>标记的使用。要显示图像的文件名为 center1.gif，其所在的目录是当前目录下的 IMAGES 子目录，其 HTML 源文件为 w2-5.htm，其在浏览器中的显示结果如图 2-6 所示。

代码清单 w2-5.htm

```
<HTML>
   <HEAD>
      <TITLE>测试页</TITLE>
   </HEAD>
   <BODY>
      <IMG alt="校庆" src="images/center1.gif" >
      <IMG alt="校庆" src="images/center1.gif"    border=8>
      <IMG alt="校庆" src="images/center1.gif"    height=150 width=150>
   </BODY>
</HTML>
```

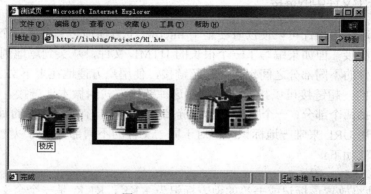

图 2-6   HTML 文件举例

在图 2-6 中，第一个图是通过上面 HTML 文件的第 6 行调用 center1.gif 图像文件显示出来的。

如果在同一文件中需要反复使用一个相同的图像文件时，最好在<IMG>标记中使用相对路径名，而不使用绝对路径名或 URL，因为使用相对路径名时，浏览器只需将图像文件下载一次，再次使用这个图像时，只要再重新显示一次即可。如果使用的是绝对路径名，每次显示图像时都要下载一次图像文件，这样会大大降低图像的显示速度。在这个例子中，使用的是相对路径，表示所调用的图片是当前目录下 images 子目录下的 center1.gif 文件。

<IMG>标记中还可以对显示的图像添加边框。如图 2-6 中间的图所示，其边框的像素值为 8，其 HTML 写法为：

```
<IMG alt="校庆" src="images/center1.gif"    border=8>
```

<IMG>标记中还提供了两个属性：HEIGHT 和 WIDTH，二者均取像素值，用来确定一个图像的高度和宽度。如果对一个图像设置的 HEIGHT 和 WIDTH 值与原来的取值不一致，在浏览器上所看到的图像大小就会发生相应的变化。例如：

```
<IMG alt="校庆" src="images/center1.gif"    height=150 width=150>
```

这个 HTML 脚本会把图像按高度为 150 个像素、宽度为 150 个像素的大小在浏览器中显示，显示结果如图 2-6 最右边的图所示。

在网页制作中可以利用上述功能提高图像的传输速度。由于小的图像占用的磁盘空间比较少，在网上传输的时间比较短，所以可以创建一个比较小的图像，然后再在 Web 上按比例放大，达到所希望的尺寸。但有一点要记住，放大倍数太大可能会使图像显得有些斑驳模糊。在图像制作时既要考虑到传输速度，又要兼顾图像的显示效果。

显然图像可以使网页变得绚丽多彩、富有吸引力，但也会带来传输速度降低的问题。有些浏览者为了提高网页下载速度，也许会关掉浏览器中载入图像的命令。这样在客户浏览器上就不能显示出图片，为了使浏览文本的用户能够了解页面上图片的内容，可以使用<IMG>标记中的 ALT 属性对加入的图像进行文字说明。当浏览器不能显示该图像时，可以将 ALT 引导的文字显示在屏幕上，从而替代看不到的图像。例如：

```
<IMG alt="校庆" src="images/center1.gif" >
```

<IMG…ALT=…>语句被执行后，如果浏览器支持这种图像类型（如 center1.gif），则浏览器会把图像显示在屏幕上，ALT 引导的内容被忽略；如果浏览器不支持图像，ALT 引导的内容会出现在屏幕上，以弥补无法显示的图像。

2. 在 HTML 文件中利用图像建立超链接

如果在链接标记<A>和</A>中间放置一个<IMG>标记，这个图像将会成为一个可击点，产生一个链接。例如：

```
<A HREF="default.asp"> <IMG SRC="images/center1.gif" ALIGN=LEFT> </A>
```

当用户单击这个图像后，浏览器就会显示 default.asp 这个文件的内容。

2.3　框架与表单

2.3.1　框架结构的使用

框架能够将页面分成多个独立的浏览器窗口，每个窗口可以显示不同的 Web 页面，并可以不断更换显示的对象。使用框架结构，可以使屏幕的信息量增大，使 Web 网页更加吸引读者。框架结构的 HTML 语法如下：

```
<FRAMESET>
    <NOFRAMES>…</NOFRAMES>
    <FRAME SRC="URL">
    …
</FRAMESET>
```

其中<noframes>…</noframes>是当浏览器不支持框架结构时在浏览器窗口中所显示的网页内容，一般用来指向一个普通版本的 HTML 文件，以便使用不支持分框浏览器的用户阅读。

框架结构由<frameset>标记指定，并且<frameset>标记可以嵌套，框架结构中各部分显示内容使用<frame>指定。框架结构可以将窗口横向分成几个部分，也可以纵向分成几个部分，还可以混合分框。

框架结构标记可以嵌套，用以实现大框架中的小框架。其主要有两个属性：ROWS 和 COLS，这两个属性可以将浏览器页面分为 N 行 M 列，当然也可以各自独立使用。下面通过 w2-6.htm 说明框架结构的使用方法，其运行结果如图 2-7 所示。

代码清单 w2-6.htm

```
<html>
    <head>
        <title>武汉轻工大学</title>
        <frameset cols="*,140" >
        <frameset rows="*,80" >
            <frame src="http://www.whpu.edu.cn" name="f1">
            <frame src="http://www.baidu.com" name="f2" scrolling="no">
        </frameset>
        <frameset rows="*,80"   >
            <frame src="http://www.qq.com/" name="f3">
            <frame src="http://www.sohu.com/" name="f4" >
        </frameset>
        </frameset>
    </head>
</html>
```

图 2-7 框架结构示意图

w2-6.htm 源文件中的第 4 行表示把浏览器窗口分成两列，如果浏览器窗口的大小为 640*480 像素，那么框架中右面一列的宽度为 140 像素，前面一列的宽度为 640-140=500 像素。其中"*"表示除了明确的值以外剩下的值。

w2-6.htm 源文件中的第 5 行表示把浏览器窗口的第一列分成两行，下面一行的高度为 80 像素，上面一行的高度为 480-80=400 像素。第 9 行与前述相同。

w2-6.htm 源文件中第 6、7、10 和 11 行使用的是<frame>标记，该标记有以下主要属性：

- SRC：指定框架单元的 URL 源，如第 6 行中指出的是当前主机当前目录下的 a.htm 文件，即在此框中显示 a.htm 的内容。
- NAME：为该框架单元起个标识名，主要用来为将来改变框架内容提供入口。
- SCROLLING：设置框架是否使用滚动条，有 YES、NO 和 AUTO 三个值，分别表示强制使用滚动条、禁止使用滚动条和自动判断使用滚动条。

2.3.2 表单的应用

到目前为止所介绍的 HTML 文件的制作方法对于 Internet 网络用户来说都是单方向的，也就是说，读者只能通过浏览器查看网上的信息。但是在大多数网站上都能看到其网页上有文本框、按钮、下拉框等能与用户交互的标记元素。例如，当想在网上查找某种信息时，可以在搜索引擎的文本框中输入该信息的关键字，然后单击"搜索"按钮，搜索引擎就会把与该关键字相关的信息罗列出来。这就使得读者与 Web 服务器之间能够进行交流，通常把这种查询方式叫做交互。这种方式可以使 Internet 网络用户能够在很短的时间内查到所需要的信息，提高浏览效率。这一交互方式是由 HTML 和驻留在 Web 服务器上的程序共同完成的，驻留在 Web 服务器上的程序有许多种，编写这些程序，除了需要熟悉 HTML 以外，还需要熟悉 Web 服务器所驻留主机的操作系统以及操作系统所支持的某种语言。下面主要介绍用 HTML 如何编写客户端表单，为用户提供输入信息的界面。

1. 什么是表单

表单就是为 Internet 网络用户在浏览器上建立一个与 Web 服务器进行交互的接口，使 Internet 网络用户可以在这个接口中输入信息，然后使用提交按钮将 Internet 网络用户的输入信息数据传送给 Web 服务器。表单在网页中主要负责数据采集功能。一个表单有 3 个基本组成部分：

- 表单标签：这里面包含了处理表单数据所用 CGI 程序的 URL 以及数据提交到服务器的方法。
- 表单域：包含文本框、密码框、隐藏域、多行文本框、复选框、单选按钮、下拉选择框和文件上传框等。
- 表单按钮：包括提交按钮、复位按钮和一般按钮，用于将数据传送到服务器上的 CGI 脚本或者取消输入，还可以用表单按钮来控制其他定义了处理脚本的处理工作。

通过图 2-8 所示的表单来介绍一组新的标记：FORM、INPUT、SELECT、TEXTAREA 等。在学习了这几个标记的使用之后，便可以使用 HTML 制作表单。

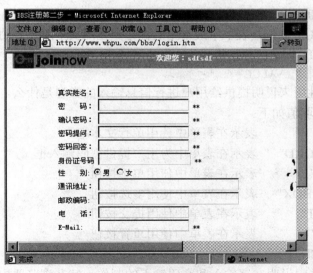

图 2-8　表单示例

2. 表单的标记

在 HTML 中使用标记 FORM 来提供表单的功能，由表单开始标记<FORM>和表单结束标记</FORM>组成，表单中可以设置文本框、按钮或下拉菜单等标记。表单的 HTML 格式如下：

```
< FORM   ACTION = "..."   METHOD="..." >
    ...
</FORM>
```

在表单的开始标记中带有两个重要属性：ACTION 和 METHOD。

（1）ACTION 属性。

ACTION 属性用来指出当 FORM 提交后需要执行的驻留在 Web 服务器上的程序名（包括路径）是什么。一旦 Internet 网络用户提交输入信息后服务器便激活这个程序，完成某种任务。例如：

```
<FORM ACTION = "login.asp"    METHOD = " POST" > ...   </FORM>
```

当用户单击"提交"按钮后，Web 服务器上的 login.asp 将接收用户输入的信息，以处理这些用户信息。

（2）METHOD 属性。

METHOD 属性用来说明从客户端浏览器将 Internet 网络用户输入的信息传送给 Web 服务器时所使用的方式，这种方式有两种：POST 和 GET，默认方式是 GET。这两者的区别是：在使用 POST 时，在表单中所有由用户输入的数据都按一定的规律放入报文中；在使用 GET 时，将 FORM 的输入信息作为字符串附加在 ACTION 所设定的 URL 的后面，中间用"?"隔开，即在客户端浏览器的地址栏中可以直接看见用户所输入的数据内容。

在<FORM>与</FORM>之间，可以使用除<FORM>以外的任何 HTML 标识，这将使 FORM 变得非常灵活。只使用<FORM>这一个标记是很难完成 Internet 网络用户输入信息的，在 FORM 的开始与结束标记之间，除了可以使用以前讲的标识外，还有 3 个特殊标识：INPUT（在浏览器的窗口中定义一个可供用户输入的单行窗口、单选或多选按钮）、SELECT（在浏览器的窗口中定义一个可以滚动的菜单，用户在菜单内进行选择）、TEXTAREA（在浏览器的窗口中定义一个域，用户可以在这个域内输入多行文本）。

3．HTML 中的 INPUT 标记

HTML 中的 INPUT 标记是表单中最常用的标记。在网页上所见到的文本框、按钮等都由这个标记引出。INPUT 标记的标准格式为：

```
<INPUT   TYPE= "..."   VALUE = "...">
```

其中 TYPE 属性用来说明提供给用户进行信息输入的类型是什么。例如是文本框、单选按钮或多选按钮，其取值如下：

TYPE = "TEXT"　　　　　表示在表单中使用单行文本框

　　　= "PASSWORD"　　表示在表单中为用户提供密码输入框

　　　= "RADIO"　　　　表示在表单中使用单选按钮

　　　= "CHECKBOX"　　表示在表单中使用多选按钮

　　　= "SUBMIT"　　　表示在表单中使用提交按钮

　　　= "RESET"　　　　表示在表单中使用重置按钮

（1）文字输入和密码输入。

w2-7.htm 源文件中说明文字输入和密码输入的制作，其在浏览器中显示的结果如图 2-9 所示。

代码清单 w2-7.htm

```
<HTML>
  <HEAD>
```

```
            <TITLE>这是个测试页</TITLE>
        </HEAD>
        <BODY>
            <FORM ACTION="REG.ASP" METHOD="POST">
                请输入您的真实姓名: <INPUT TYPE="TEXT"  NAME="姓名"><BR>
                您的主页的网址: <INPUT TYPE="TEXT" NAME="网址"  VALUE="HTTP:// "><BR>
                密码: <INPUT TYPE="PASSWORD"  NAME="密码"><BR>
                    <INPUT TYPE="SUBMIT" VALUE="发送">
                <INPUT TYPE="RESET" VALUE="重设">
            </FORM>
        </BODY>
    </HTML>
```

图 2-9 文字输入和密码输入的例子

从这个例子可以看出,第 6 行至第 11 行使用了制作表单的标记<FORM>…</FORM>说明。第 7 行是单行文本框标记,并设置属性 NAME="姓名",这个属性定义了文本框在这个表单中的名字叫"姓名",以便和其他的本文框区别开来。当用户在这个文本框中输入信息并送到 Web 服务器后(这个例子可以看出是由服务器端的 REG.ASP 来接收输入信息)就激活了 REG.ASP 程序,在该程序中要获得这个文本框输入的内容就要用到"姓名"这个名字。在第 8 行同样定义了一个文本框,但其设置了属性 VALUE="http://",表示该文本框的默认值为 HTTP://,在图 2-9 所示的浏览器窗口中的显示结果在第 2 行。第 9 行是密码输入框,其与文本框是有区别的。文本框是用户输入什么值则在文本框中就显示什么值,而密码输入框则是不管用户输入什么值都以"*"来显示。

另外有时还想控制用户输入数据的长度,这时在 INPUT 标记中要用到一个最大长度的属性。例如,一般中国人的名字最多为四个汉字即 8 个字节,所以在控制用户输入姓名时限制其最大长度为 8,则可把上例中的第 7 行改成:

请输入您的真实姓名: <input type=text name=姓名 maxlength=8>

(2)复选框(Checkbox)和单选按钮(Radio Button)。

进行 Internet 网络用户个人基本信息输入时,"性别"一项不是输入而是进行选择,因为一个人要么是"男"要么是"女",两者选其一,这种形式的选择框叫做单选按钮,即在几个选择中仅能选中一个。另外有一种选择框叫"复选框",即允许用户选中多个。下面是单选按钮和复选框的格式。

单选框: <input type=radio value="…" checked>

多选框: <input type= checkbox value="…" checked>

其中 CHECKED 属性表示在初始情况下该选框是否被选中。w2-8.htm 说明单选按钮和复选框的使用方法，其在浏览器中的显示结果如图 2-10 所示。

代码清单 w2-8.htm

```
<HTML>
    <HEAD>
                <TITLE>这是个测试页</TITLE>
    </HEAD>
    <BODY>
                <FORM ACTION="REG1.ASP" METHOD="POST">
                    选择一种你喜爱的水果:
                    <br><INPUT type="radio" name="水果" value="香蕉">香蕉
                    <br><INPUT type="radio" name="水果" checked value="草莓">草莓
                    <br><INPUT type="radio" name="水果" value="橘子">橘子
                    <br>选择你所喜爱的运动:
                    <br><INPUT type="checkbox"    name="ra1" checked value="足球">足球
                    <br><INPUT type="checkbox"    name="ra2" checked value="篮球">篮球
                    <br><INPUT type="checkbox"    name="ra3" value="排球">排球
                    <br><INPUT TYPE=SUBMIT VALUE="发送">
                    <INPUT TYPE=RESET VALUE="重设">
                </FORM>
    </BODY>
</HTML>
```

图 2-10　单选按钮和复选框实例

（3）按钮的制作。

在上面几个例子中都有两个按钮：一个是"发送"按钮，另一个"重置"按钮。其实"发送"按钮真正的含义叫"提交"，即当 Internet 网络用户用鼠标单击这个按钮后，用户所输入的信息便提交给一个驻留在 Web 服务器上的程序，让服务器进行处理，其语法格式如下：

`<INPUT TYPE="SUBMIT" VALUE="发送">`

提交按钮在 FORM 中是必不可少的，前几个例子只是说明 INPUT 语句中类型的使用，作为 FORM 语句并不完整，每个 FORM 中都应有且仅有一个提交按钮。当设置"提交"按钮标记时，如果缺省其 VALUE 属性，则浏览器窗口中的按钮控件上会出现 SUBMIT 字样，这个属性也可以自行设定来改变按钮上的提示，例如：VALUE="提交"。

另一种在浏览器中常用的按钮叫"重置"按钮，当 Internet 网络用户用鼠标单击这个按钮后，网络用户所输入的信息全部被清除，让网络用户重新输入信息，其语法格式如下：

```
<input type   = "reset" value="重新输入">
```

　　该标记设置中，如果缺省 VALUE 属性，则浏览器窗口中的按钮上会出现 RESET 字样，这个属性也可以自行设定来改变按钮上的提示，例如：VALUE="重新输入"。

　　4. HTML 中的 SELECT 标记

　　在制作 HTML 文件时，使用<FORM>…</FORM>标记可以在浏览器窗口中设置下拉菜单或带有滚动条的菜单，Internet 网络用户可以在菜单中选中一个或多个选项。图 2-11 所示为一个下拉菜单，其 HTML 源文件为 w2-9.htm。

　　代码清单 w2-9.htm

```
<HTML>
  <HEAD>
     <TITLE>武汉轻工大学</TITLE>
  </HEAD>
  <BODY>
     请从下面课程中选择几门选择课:
     <FORM action="h1.asp" method=POST id=form1 name=form1>
        <SELECT   name=x1   multiple>
           <OPTION value="network">网络技术
           <OPTION value="database">数据库
           <OPTION value="Music">音乐
           <OPTION value="CCNA">CCNA
           <OPTION value="Web">Web 程序设计
        </SELECT>
     </FORM>
  </BODY>
</HTML>
```

图 2-11　设置下拉菜单

　　从这个例子可以看出，下拉菜单的标准格式如下：

```
<SELECT...>
   <OPTION   value="选项值一">选项一
   <OPTION   value="选项值二">选项二
   <OPTION   value="选项值三">选项三
</SELECT>
```

　　SELECT 标记中有几个常用的属性：NAME、SIZE 和 MULTIPLE。NAME 属性是当 Internet 网络用户将表单提交时作为输入信息的名字；SIZE 属性控制在浏览器窗口中这个菜单选项的显示条数；MULTIPLE 属性允许读者一次选择多个选项，如果缺省 MULTIPLE，用户一次只能选择一项，类似于单选，当有 MULTIPLE 属性时就是多选。

在 SELECT 的开始和结束标记之间，有几个 OPTION 标记就有几个选项，选项的具体内容写在每个 OPTION 之后。OPTION 带有 SELECTED 属性，若在 SELECT 标记中设定 MULTIPLE 属性，则可以在多个 OPTION 标记中带有 SELECTED 属性，表示这些选项已经预选。

2.4　HTML 中的表格

制作的网页在浏览器中浏览时，刚开始总会感觉到网页的内容在排版上控制不好，总是不能按照设计的意愿去把一些文字或图片放到指定的位置，这时就可以考虑采用表格来控制。表格是组织数据的有效手段，利用所见即所得的网页编辑器进行表格的自动生成可以避免手工制表的烦琐，但如果要更好地控制表格的表现形式，熟悉与掌握表格的 HTML 标准是十分必要的。

图 2-12 所示是一个表格显示的例子。从这个例子可以看出一个表格有一个标题（Caption），用来表明表格的主要内容，并且一般位于表的上方中央；表格中由行和列分割成的单元叫做"表元"（Cell），而表元又被分为表头（用 TH 标记来表示）和表数据（用 TD 标记来表示）；表格中分割表示的行列线称为"框线"（Border）。

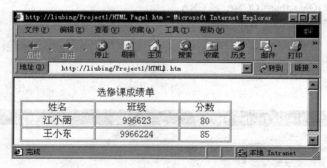

图 2-12　表格示例

2.4.1　表格的标记

一个表格的基本框架如下：

```
<TABLE WIDTH=75% BORDER=1 CELLSPACING=1 CELLPADDING=1>
    <CAPTION></CAPTION>
    <TR>
        <TD></TD>
        <TD></TD>
        <TD></TD>
    </TR>
    <TR>
        <TD></TD>
        <TD></TD>
        <TD></TD>
    </TR>
```

```
      <TR>
        <TD></TD>
        <TD></TD>
        <TD></TD>
      </TR>
</TABLE>
```

1. TABLE 标记

一个表格至少有一个 TABLE 标记，用来决定一个表格的开始和结束，而且 TABLE 标记可以嵌套。TABLE 标记有以下 5 种常用属性：

- BORDER：指定围绕表格的框的宽度（只能用像素）。
- CELLSPACING：指定框线的宽度。
- CELLPADDING：用于设置表元内容与边框线之间的间距。
- ALIGN：用来控制表格本身在页面上的水平对齐方式，取值可为 LEFT（左对齐）、CENTER（居中对齐）、RIGHT（右对齐）。
- WIDTH：用来设置表格的宽度，可以像素为单位，也可用占浏览器窗口的百分比来定义。

2. CAPTION 标记

CAPTION 标记用来设置表格标题。CAPTION 标记必须紧接在 TABLE 开始标记之后放在第一个 TR 标记之前。通过该标记所定义的表格标题一般显示在表格的上方，而且其水平方向是居中对齐。另外，如果需要对表格的标题突出显示，可以在 CAPTION 标记之间加入其他对字体进行加重显示的标记，例如：

```
<TABLE WIDTH=75% BORDER=1 CELLSPACING=1 CELLPADDING=1>
    <CAPTION>
        <H2>表格标题强调</H2>
</CAPTION>
    <TR>
        …
    </TR>
</TABLE>
```

3. TR 标记

TR 标记用来定义表格的一行。TR 标记中有两个属性：一个是 ALIGN 属性，用来设置表格行中的每个表元在水平方向的对齐方式，其取值可以是 LEFT（左对齐）、CENTER（居中对齐）、RIGHT（右对齐）；另一个是 VLIGN 属性，用来设置表格行中的每个表元在垂直方向的对齐方式，其取值可以是 TOP（向上对齐）、CENTER（居中对齐）、BOTTOM（向下对齐）。例如，要使表格行中各单元的内容水平方向右对齐、垂直方向居中对齐，可使用如下源代码：

```
<TR   ALIGN=RIGHT VALIGH=TOP>
```

4. TD 标记

TD 标记用来表示一个表行中的各个单元。TD 标记内几乎可以包含所有的 HTML 标记，甚至还可以嵌套表格。该标记与 TD 标记同样具有 ALIGN 和 VALIGN 属性，如果在 TH 标记和 TD 标记中都设置了 ALIGN 和 VALIGN 属性，而且所设置的属性值不相同，这时以 TD 标记所设置的属性值为准。另外，TD 标记还有两个属性：一个是 WIDTH 属性，用来设置表元的宽度；另一个是 HEIGHT 属性，用来设置表元的高度。这两个属性的取值单位都是像素。

在同一行中将多个表元设置为不同高度，或者在同一列中将多个表元设置为不同宽度，都有可能导致不可预料的结果。

2.4.2 表格使用实例

在 w2-10.htm 文件（其页面效果如图 2-13 所示）中，制作一个登记表格来说明如何制作一个比较复杂的表格。在表格中经常会出现跨多行、多列的表元合并，这就要利用 TD 标记的另外两个属性，即 COLSPAN 和 ROWSPAN 属性。例如：

<TD　COLSPAN=3 > 登记照</TD>　　　　表示这个表项标题将横跨 3 个表元的位置
<TD　ROWSPAN=3 > 登记照</TD >　　　表示这个表项标题将纵跨 3 个表元的位置

另外每个表元还可以设置其背景颜色，例如：

<TD　COLSPAN=3　BGCOLOR=yellow> 登记照</TD>

还可以在表格中插入超链接或在表格中插入图片，如果能对这个例子举一反三，那么仅需要制作一个无框线的表格就可以把各种数据按照设计者所希望的形式在页面中进行布置。

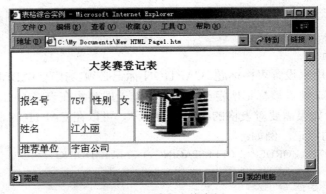

图 2-13　综合表格实例

代码清单 w2-10.htm

```
<HTML>
    <HEAD>
        <TITLE>表格综合实例</TITLE>
    </HEAD>
    <BODY>
        <P>
        <TABLE border=1 cellPadding=1 cellSpacing=1 width="75%">
        <caption>
        <h3>大奖赛登记表</h3>
        </caption>
            <TR>
                <TD bgcolor=LightGoldenrodYellow>报名号</TD>
                <TD>757</TD>
                <TD bgcolor=LightYellow>性别</TD>
                <TD>女</TD>
                <TDrowspan=2>
                    <IMG SRC="image\center.gif">
                </TD>
```

```
        </TR>
        <TR>
            <TD bgcolor=FloralWhite>姓名</TD>
            <TD    colspan=3>
            <A href="http://www.jljiangli.com.cn">江小丽</A></TD>
        </TR>
        <TR>
            <TD bgcolor=Cornsilk>推荐单位</TD>
            <TD colspan=4>宇宙公司</TD>
        </TR>
            </TABLE>
        </P>
    </BODY>
</HTML>
```

2.5　其他标记

2.5.1　列表

列表是 HTML 文档内容的一种重要表现形式，特别适合罗列有关信息内容，具有清晰明了、易于查阅、操作性强等特点。列表分为有序列表、无序列表和自定义列表 3 种，而且列表可以嵌套，显示时按层次缩进。

1. 无序列表

无序列表是一个项目的列表，此列项目使用粗体圆点（典型的小黑圆圈）进行标记。无序列表使用<ul></ul> 标签开始和结束，列表项使用<li></li>标签开始和结束。<li>标记的 type 属性可以设定的值有：

- disc：默认值，实心圆。
- circle：空心圆。
- square：实心方块。
- none：不使用项目符号。

列表项内部可以使用段落、换行符、图片、链接、其他列表等。w2-11.htm 是无序列表的使用方法，其在浏览器中的运行结果如图 2-14 所示。

代码清单 w2-11.htm

```
<html>
<head>
    <title>无序列表</title>
</head>
<body>
    <h4>无序列表测试</h4>
        <ul type="disc">
            <li>爱好：
                <ul type="circle">
                    <li type="circle">羽毛球</li>
                    <li >足球</li>
```

```
                <li >乒乓球</li>
              </ul>
          </li>
          <li>所上课程:
              <ul type="square">
                  <li>计算机网络技术</li>
                  <li>Web 程序设计</li>
                  <li>互联网数据库</li>
              </ul>
          </li>
      </ul>
  </body>
  </html>
```

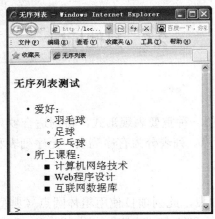

图 2-14   无序列表

2. 有序列表

有序列表是一列项目,是在列表项左边加上数字符号或其他有序的标号,如 a,b,c,…或
i,ii,iii,…,并且可以设定从何处开始计数,由浏览器自动给予编号。有序列表使用<ol></ol>标
签开始和结束,列表项使用<li></li>标签开始和结束。w2-12.htm 是有序列表的使用方法,其
在浏览器中的运行结果如图 2-15 所示。

代码清单 w2-12.htm

```
<html>
<head>
    <title>有序列表</title>
</head>
<body>
    <h4>有序列表测试</h4>
        <ol type=a>
          <li>爱好:
              <ol start=3>
                  <li >羽毛球</li>
                  <li >足球</li>
                  <li >乒乓球</li>
```

```
                    </ol>
                </li>
            <li>所上课程：
                <ol    type=i >
                    <li >计算机网络技术</li>
                    <li >Web 程序设计</li>
                    <li >互联网数据库</li>
                </ol>
            </li>
        </ol>
    </body>
</html>
```

3. 自定义列表

自定义列表不仅是一列项目，而且是项目及其注释的组合。自定义列表以 <dl> 标签开始。每个自定义列表项以 <dt>开始，每个自定义列表项的定义以 <dd> 开始。

w2-13.htm 是自定义列表的使用方法，其在浏览器中的运行结果如图 2-16 所示。

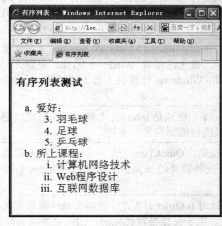

图 2-15　有序列表

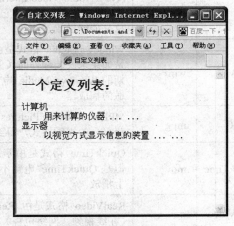

图 2-16　自定义列表

代码清单 w2-13.htm

```
<html>
    <head>
        <title>自定义列表</title>
    </head>
    <body>
        <h2>一个定义列表：</h2>
        <dl>
            <dt>计算机</dt>
            <dd>用来计算的仪器 ......</dd>
            <dt>显示器</dt>
            <dd>以视觉方式显示信息的装置 ......</dd>
        </dl>
    </body>
</html>
```

2.5.2 多媒体标记

多媒体（Multimedia）是指图片、声音、音乐、动画和视频。根据使用的 HTML 元素，这些多媒体数据可"内联地"或通过安装插件的方式进行播放。在 Internet 上，绝大多数网页中都嵌入了多媒体元素，现代浏览器也已经支持多种多媒体格式。在本节中，将了解到不同的多媒体格式，以及如何在网页中使用这些多媒体。

多媒体元素（如视频和音频）存储于媒体文件中，而确定是哪一种媒体类型则通过文件扩展名来定义。文件扩展名.htm 或.html 是 HTML 页面；.xml 扩展名是指 XML 文件；.css 扩展名是指样式表；图片格式则通过.gif 或.jpg 来识别。同样，每一种多媒体元素也拥有其独特意义的不同扩展名，并且其内容格式也不一样，例如.swf、.wmv、.mp3 和.mp4。常见的视频格式及说明如表 2-3 所示，常见的音频格式及说明如表 2-4 所示。

表 2-3 常见的视频格式及说明

格式	文件后缀	说明
AVI	.avi	AVI（Audio Video Interleave）格式是由微软开发的。所有运行 Windows 的计算机都支持 AVI 格式。它是 Internet 上很常见的格式，但非 Windows 计算机并不总是能够播放
WMV	.wmv	Windows Media 格式是由微软开发的。Windows Media 在 Internet 上很常见，但是如果未安装额外的（免费）组件，就无法播放 Windows Media 电影。一些后期的 Windows Media 电影在所有非 Windows 计算机上都无法播放，因为没有合适的播放器
MPEG	.mpg	MPEG（Moving Pictures Expert Group）格式是 Internet 上最流行的格式，是一种跨平台的视频格式，得到了所有最流行的浏览器的支持
QuickTime	.mov	QuickTime 格式是由苹果公司开发的。QuickTime 是 Internet 上常见的格式，但是 QuickTime 电影不能在没有安装额外的（免费）组件的 Windows 计算机上播放
RealVideo	.rm	RealVideo 格式是由 Real Media 针对 Internet 开发的。该格式允许低带宽条件下（在线视频、网络电视）的视频流。由于是低带宽优先的，因此质量常会降低
Flash	.swf	Flash（Shockwave）格式是由 Macromedia 开发的。Shockwave 格式需要额外的组件来播放，但是该组件会预装到 Firefox 或 IE 之类的浏览器上
Mpeg-4	.mp4	Mpeg-4（with H.264 video compression）是一种针对 Internet 的新格式。事实上，YouTube 推荐使用 MP4。YouTube 接受多种格式，然后全部转换为.flv 或 .mp4 以供分发。越来越多的视频发布者转到 MP4，将其作为 Flash 播放器和 HTML5 的 Internet 共享格式

表 2-4 常见的音频格式及说明

格式	文件后缀	说明
MIDI	.mid	MIDI（Musical Instrument Digital Interface）是一种针对电子音乐设备（如合成器和声卡）的格式。MIDI 文件不含有声音，但包含可被电子产品（如声卡）播放的数字音乐指令
RealAudio	.rm	RealAudio 格式是由 Real Media 针对 Internet 开发的。该格式也支持视频，允许低带宽条件下的音频流（在线音乐、网络音乐）。由于是低带宽优先的，因此质量常会降低

格式	文件后缀	说明
Wave	.wav	Wave（waveform）格式是由 IBM 和微软开发的。所有运行 Windows 的计算机和所有网络浏览器（除了 Google Chrome）都支持它
WMA	.wma	WMA 格式（Windows Media Audio）质量优于 MP3，兼容大多数播放器，但除了 iPod。WMA 文件可作为连续的数据流来传输，这使它对于网络电台或在线音乐很实用
MP3	.mp3	MP3 文件实际上是 MPEG 文件的声音部分。MPEG 格式最初是由运动图像专家组开发的，MP3 是其中最受欢迎的针对音乐的声音格式，期待未来的软件系统都支持它

插件（Plug-Ins）应用程序是一种通过浏览器启动插件来播放音频的程序。应用程序可通过使用<embed> 元素来启动。使用插件允许用户控制播放器的某些设置。大多数插件允许手动或通过编程来控制音量设置和播放功能，例如回放、暂停、停止和播放。

1．<bgsound> 元素

<bgsound> 元素只有 Internet Explorer 支持，该元素的作用是为网页提供背景音乐，其设置代码如下：

```
<bgsound src="音乐文件地址" loop=循环数  autostart="true | false">
```

src 属性设定音乐文件地址；loop 属性是用来指出是否自动反复播放，例如 loop=2 表示重复两次，infinite 表示重复多次；autostart 属性用来设置音乐文件播放结束后的处理方式，如果为 true 则自动播放音乐，否则结束不播放，默认值是 false。例如：

```
<bgsound src="cq.mp3" loop=3>
```

2．<embed>元素

<embed>元素用以插入各种多媒体，包括声音、音乐、影像等，格式可以是 MIDI、WAV、AIFF、AU 等，Netscape 及新版的 IE 都支持该标记。其主要属性有：

- width：指定播放影音文件的宽度。
- height：指定播放影音文件的高度。
- src：设定音乐文件的路径。
- autostart："true/false"是否要音乐文件传送完就自动播放，true 是要，false 是不要，默认为 false。
- loop："true/false/number"，用来设定音乐或影像播放重复次数，LOOP=6 表示重复 6 次，true 表示无限次播放，false 播放一次即停止。
- startime："分:秒"，设定乐曲的开始播放时间，如 20 秒后播放写为 startime =00:20。
- volumn="0-100"：设定音量的大小，如果没设定则用系统的音量。
- hidden="true/false"：隐藏控制面板。
- controls="console/smallconsole"：设定控制面板的样子。
- pluginspage：指定播放插件下载 URL。
- showControls：播放器是否可见。

 习题二

一、选择题

1．下面（　　）是静态网页文件的扩展名。

　　A．.net　　　　　　　B．.html　　　　　　C．.aspx　　　　　　D．.jsp

2．HTML 标记
表示的含义是（　　）。

　　A．分段　　　　　　　B．产生空格　　　　　C．强制换段　　　　　D．强制换行

3．HTML 表单的起始标记为（　　）。

　　A．FONT　　　　　　　B．FORM　　　　　　C．BODY　　　　　　D．HTML

4．下面的 HTML 标记<input type="password" name='N1' size='15'>的作用是（　　）。

　　A．在 Web 页面中产生一个多行文本框　　　B．在 Web 页面中产生一个单行文本框

　　C．在 Web 页面中产生一个复选框　　　　　D．在 Web 页面中产生一个口令文本框

5．<Input Type=Reset>是一个（　　）。

　　A．文本框　　　　　　　　　　　　　　　　B．重新填写的按钮

　　C．下拉菜单　　　　　　　　　　　　　　　D．提交给服务器的按钮

6．在超链接中，如果指定（　　）框架名称，连接目标将在链接文本所在的框架页内出现，当前页面被刷新。

　　A．Blank　　　　　　　B．Self　　　　　　C．Parent　　　　　　D．Top

7．以下标记中，（　　）可用于在网页中插入图像。

　　A．<IMG>标记　　　　B．
标记　　　　C．<H3>标记　　　　D．<SRC>标记

8．下面关于标记的说法不正确的是（　　）。

　　A．标记要填写在一对尖括号（<>）内

　　B．书写标记时使用英文字母的大小写或混合使用都是允许的

　　C．标记内可以包含一些属性，属性名称出现在标记的后面，并且以分号进行分隔

　　D．HTML 对属性名称的排列顺序没有特别的要求

9．一组选项中可以选择多项的表单元素是（　　）。

　　A．Checkbox　　　　　B．Radio　　　　　　C．Text　　　　　　D．Textarea

10．HTML 代码<a name ="NAME"></A>表示（　　）。

　　A．创建一个超链接　　　　　　　　　　　　B．创建一个自动发送电子邮件的链接

　　C．创建一个位于文档内部的链接点　　　　　D．创建一个指向文档内部的链接点

二、填空题

1．表格标记<Form>的 action 属性用于指定表单处理程序的 URL 地址，_____属性用于定义数据提交方式。

2．HTML 源程序文件必须使用_____或_____作为扩展名。

3．要将网页背景颜色设置为黄色，其 HTML 语言是_____。

4．HTML 中，下拉选单标签为_____，选项标签为_____，超链接标签为_____，字体标签为_____。

5．创建一个单选按钮的 HTML 代码是_____。

6．创建一个超链接到本学校主页的 HTML 代码是_____。

7．HTML 代码<tr></tr>表示_____。

8．HTML 代码<hr>表示_____。

9．HTML 显示文本加粗、倾斜和下划线（如文本）的代码是_____。

三、判断题

1．HTML 文件是文本文件。（　　）

2．HTML 标记可以描述网页的字体、大小、颜色等，但不可以描述多媒体文件。（　　）

3．HTML 标记符不区分大小写。（　　）

4．IE 浏览器是唯一的解释 HTML 超文本语言的工具。（　　）

5．HTML 的标记可以嵌套，但不可以交叉嵌套。（　　）

6．超链接标记仅能链接到另一个网页，不能链接其他文件。（　　）

7．静态网页是指静止不动的网页，因此加入了动画或视频的网页属于动态网页。（　　）

8．用 HTML 语言书写的页面只有经 Web 服务器解释后才能被浏览器正确显示。（　　）

四、程序设计题

使用 HTML 语言进行程序设计，设计结果页面如图 2-17 所示。

图 2-17　设计结果页面

第3章　层叠样式表 CSS

 学习目标

本章主要讲解 CSS 层叠样式表的基本语法结构以及如何使用 CSS 层叠样式表实现网页上特殊效果的显示，能通过 CSS 层叠样式表实现网页结构的划分。通过对本章的学习，读者应该掌握：

- 层叠样式表的基本概念
- 层叠样式表的定义与引用方式
- 层叠样式表实现主页的设计

3.1　层叠样式表概述

3.1.1　层叠样式表的引出

HTML 标签主要用于定义文档内容。通过使用像<h1>、</h1> 这样的标签来说明标题从哪开始，到哪结束，同时文档布局由浏览器来完成，而不使用任何格式化标签。

由于目前使用较为广泛的两种主要浏览器（Netscape 和 Internet Explorer）不断地将新的 HTML 标签和属性（如字体标签和颜色属性）添加到 HTML 规范中，使得文档制作的清晰性变得越来越困难。

为了解决这个问题，非盈利的标准化联盟万维网联盟（W3C）进行了 HTML 标准化的定义，并在 HTML 4.0 之外创造出样式（Style）。

样式表定义如何显示 HTML 元素，就像 HTML 的字体标签和颜色属性所起的作用那样。样式表定义也可以保存在 HTML 文件之外的后缀名为.css 的文件中，通过编辑这样一个外部的 CSS 文档，可使站点中所有页面的布局和外观全部发生改变，这特别适用于某些突发事件要求同时改变网站内所有网页的显示风格的情况。

由于允许同时控制多个 HTML 页面的样式和布局，CSS 可以称得上 Web 设计领域的一个突破。HTML 网页的开发者可以为每个 HTML 元素定义样式，并将之应用于所希望的任意多的 HTML 页面中。如果需要进行全局的更新，则只需简单地改变样式，然后网站中的所有元素均会自动地更新。

样式表允许以多种方式规定样式信息。样式可以规定在单个的 HTML 元素中、在 HTML 页的头元素中、在一个外部的 CSS 文件中，甚至可以在同一个 HTML 文档内部引用多个外部样式表。

任何支持 HTML 4.0 或更高版本的 Web 浏览器都支持大多数 CSS 样式属性。CSS 样式有许多种定义方法，可以使用 style 属性以内联方式添加到许多 HTML 元素上，还可以使用 CSS 样式嵌入到<STYLE>块中或者存储在外部级联式样式表文件中。

3.1.2 定义 CSS

CSS 规则由两个主要部分构成：选择器和声明，语法格式如下：

选择器{ 属性:属性值 [;属性:属性值] }

属性是需要设置的样式属性，每个属性有一个属性值，如果有多个属性和属性值时，可使用冒号将这些属性分隔开。例如将 h2 元素内的文字颜色定义为红色，其 CSS 语法如下：

H2 {color:red;}

如果属性值由若干个单词组成时，则需要给这些属性值添加引号，例如将段落 P 元素的字体字义为黑体或宋体，其 CSS 语法如下：

p {font-family: "黑体 宋体";}

如果要定义不止一个属性时，则需要用分号将每个声明分开。例如将 h1 元素内的文字颜色定义为黑色，文字的对齐方式使用居中对齐，其 CSS 语法如下：

```
h1{
    text-align: center;
    color: black;
}
```

上面定义的 h1 的两个 CSS 样式属性声明之间用分号隔开，一般在最后一条规则后是不需要加分号的，因为分号在英语中是一个分隔符号，不是结束符号。然而，大多数有经验的设计师会在每条声明的末尾都加上分号,这样做的好处是从现有的规则中增减声明时会尽可能地减少出错的可能性。为了增强样式定义的可读性，应该在每行只描述一个属性。

CSS 样式规则可以在 HTML 文件中<HEAD>元素内的<STYLE>块内定义。w3-1.htm 定义了一条 CSS 样式规则，该规则将应用到该文件中的所有<H1>元素，其在浏览器中的显示结果如图 3-1 所示。

图 3-1 CSS 样式定义

代码清单 w3-1.htm

```
<html>
<head>
    <title>CSS 样式测试</title>
    <style type ="text/css" >
        h1
        {
        text-align :center ;
        color :red ;
```

```
        }
    </style>
</head>
<body>
    <h1>居中，红色</h1>
    <h2>原样显示</h2>
    <h1>居中，红色</h1>
</body>
</html>
```

在此 HTML 文件中，任何出现在<H1></H1> 标记内的文本都将居中并红色显示。因此，每当文档中出现 <H1> 标记时，不再需要重复定义这些样式属性。另外，如果想修改<H1></H1> 标记内所有文本的颜色(或任何其他属性)，则只需简单地编辑一下样式规则即可。

另外，还可以对选择器进行分组，并用逗号将需要分组的选择器分开。这样，被分组的选择器就可以共享这些相同的声明。例如把 h1、h2、h3、h4 标题元素进行分组，让这几个标题元素都使用红色显示，其 CSS 定义语法如下：

```
h1,h2,h3,h4 {
    color: Red;
}
```

3.1.3 选择器种类

1. 属性选择器

属性选择器是指 CSS 样式定义选择器使用 HTML 中的已有元素，如<body>、<h1>、<a>等。w3-2.htm 是定义 body 元素的样式，Web 中的运行结果如图 3-2 所示。

图 3-2　属性选择器

代码清单 w3-2.htm

```
<html >
<head>
    <title>CSS 样式测试</title>
    <style type ="text/css" >
        body
        {
            text-align :center ;
            color :Red ;
        }
    </style>
</head>
```

```
<body>
    居中，红色
</body>
</html>
```

2. 派生选择器

派生选择器允许根据文档的上下文关系来确定某个标签的样式。通过合理地使用派生选择器，可以使 HTML 代码变得更加整洁。w3-3.htm 说明了派生选择器的使用方法，其运行结果如图 3-3 所示。

代码清单 w3-3.htm

```
<html>
    <head>
        <title>CSS 1</title>
        <style >
        u{
            color:blue;
         }
        p u{
            color:red;
            font-family:黑体,楷体;
            }
        </style>
    </head>
    <body>
        <p>段落<u>红色黑体带下划线</u>段落</p>
        <u>蓝色带下划线</u>
    </body>
</html>
```

图 3-3　派生选择器使用方法

从 w3-3.htm 的运行结果可以看出，u 元素中的样式为蓝色带下划线，而在 p 元素中的 u 元素的样式被定义为红色黑体带下划线，这样使代码更加简洁。

在这种派生选择器的定义中，规则左边的选择器一端包括两个或多个用空格分隔的选择器，选择器之间的空格是一种结合符（combinator），而这每个空格结合符可以解释为"…在…找到"、"…作为…的一部分"、"…作为…的后代"，但是要求必须从右向左读选择器。因此，p u 选择器可以解释为"作为 p 元素后代的任何 u 元素"，如果要从左向右读选择器，可以换成"包含 u 元素的所有 p 元素会把以下样式应用到该 u 元素"。

3. id 选择器

id 选择器可以为标有特定 id 的 HTML 元素指定特定的样式，id 选择器以"#"来定义。在 w3-4.htm 中定义了两个 id 选择器，第一个 id 选择器 one 定义元素的颜色为红色，第二个 id 选择器 two 定义元素的颜色为蓝色，其运行结果如图 3-4 所示。

代码清单 w3-4.htm

```
<html>
    <head>
            <title>ID 选择器</title>
            <style >
                #one{
                        color:red;
                        font-size:45px;
                        font-family:黑体,楷体;
                     }
                #two{
                        color:blue;
                        font-size:85px;
                        font-family:楷体;
                     }
            </style>
    </head>
    <body>
            <h2 id="one">CSS 测试字</h2>
            <h2 id="two">段落</p>
    </body>
</html>
```

图 3-4   id 选择器使用方法

在目前常用的布局中，id 选择器经常用于建立派生选择器，例如下面的样式定义：

```
#content   p {
            font-style: italic;
            text-align: right;
            margin-top: 0.5em;
        }
```

上面的样式只会应用于出现在 id 是 content 的元素内的段落，这个元素很可能是 div、表格单元或者其他块级元素。另外需要强调的是，标注为 content 的元素只能在文档中定义一次，但这个 id 选择器作为派生选择器可以被使用很多次。

4. 类选择器

在 CSS 中，类选择器以一个点号后面跟样式名的方式进行定义，例如：

```
.head2 {
        font-size:14pt;
        text-align:center;
        color:red;
        font-weight:bold;
        font-style:italic;
        }
```

若要以内联方式应用这种类型的样式，可以直接在内联样式的标记或链标签中添加 class 属性，例如：

```
<div class="head2">
```

在 w3-5.htm 中，定义和使用了名为 head2 的 CSS 样式，其运行结果如图 3-5 所示。

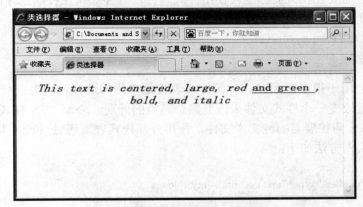

图 3-5　类选择器使用方法

代码清单 w3-5.htm

```
<HTML>
    <HEAD>
    <TITLE>类选择器</TITLE>
    <meta content="Internet Explorer 5.0" name="vs_targetSchema">
    <STYLE TYPE="text/css">
        BODY {background:#FBFBFB; font-size:9pt;}
        A:link {color:blue; text-decoration:none}
        A:active {color:red; text-decoration:none}
        A:visited {color:green; text-decoration:none}
        .head2 {font-size:14pt; text-align:center; color:red; font-weight:bold; font-style:italic;}
    </STYLE>
    <LINK REL=stylesheet Type="text/css" HREF="mystyles.css">
    </HEAD>
    <BODY>
    <DIV CLASS="head2">
        This text is centered, large, red
```

```
        <SPAN style="color:green; font-style:normal; text-decoration:underline;">
            and green
        </SPAN>
        V, bold, and italic
    </DIV>
    </BODY>
</HTML>
```

由于在<BODY>中的一个标记内定义的内联样式的优先级高于<HEAD>中定义的<STYLE>块样式，因此文本"and green"将以绿色、不加粗且带下划线的样式显示。

3.1.4 外部 CSS 样式表

w3-1.htm 到 w3-5.htm 所定义的样式表都属于内部样式表，一般仅用于单个 HTML 文档需要特殊样式的情况。另外一种方式是在 HTML 元素内使用样式声明，这种方式叫内联样式。要使用内联样式，需要在相关的标签内使用样式属性，且样式属性可以包含任何 CSS 属性。下例说明如何改变段落的颜色和左外边距：

```
<p style="color: red; margin-left: 20px">
这是一段文字！
</p>
```

当样式需要应用于很多页面时，外部样式表将是理想的选择，因为在使用外部样式表的情况下，可以通过改变一个样式文件来改变整个站点的外观。外部 CSS 样式表文档是只包含样式规则，并以.css 为扩展名的纯文本文件，使用外部样式表要通过<link> 标签在（文档的）头部进行引入，引入方法如下：

```
<head>
    <link rel="stylesheet" type="text/css" href="mystyle.css" />
</head>
```

3-6.css 定义了外部样式表，其文件内容如下：

```
H1 { text-align:center; color:red; }
.head2 { font-size:14pt; text-align:center; color:red; font-weight:bold; font-style:italic; }
```

w3-6.htm 是引用样式文件 3-6.css。

代码清单 w3-6.htm

```
<HTML>
    <HEAD>
        <TITLE>外部样式表</TITLE>
        <LINK rel="stylesheet" href="w3-6.css" type="text/css">
    </HEAD>
    <BODY>
        <H1>This text is red</H1>
    </BODY>
</HTML>
```

一个外部 CSS 样式表文件可以被多个 HTML 网页所引用，从而在整个 Web 站点内应用一致的样式，这使得改变整个网站的显示样式变得非常简单。CSS 样式表将格式设置规则与内容分开，从而大大方便了样式规则的定位和编辑。<STYLE> </STYLE>块还可以用于公开文档，以通过可扩展标记语言（XML）对该文档进行处理。

3.1.5　CSS 样式规则的优先级及单位

1．优先级

CSS 样式规则有外部样式、内部样式和行内样式。其中外部样式是把样式定义在一个外部文件中，定义的样式可以作用到整个网页文件中；内部样式是在<style>标记内定义的样式，定义的样式同样可以作用到整个网页文件中；行内样式是在某个 HTML 标记的属性定义中定义的，仅作用在该标记内。当这 3 种定义样式"层叠"在一起时，即对某个标记有这 3 种样式定义，此时样式应用规则的优先级从低到高分别是：外部样式、内部样式和行内样式。

例如，在某 Web 页的 style 块内定义的样式可修改外部 CSS 样式表中定义的 Web 站点样式。同样，单个 HTML 标记内定义的行内样式可替代所有在其他地方为元素定义的任何样式。

2．注释

注释用来说明所写代码的含义，因此对于其他用户读懂这些代码是很有帮助的。对任何编码添加注释都是非常有用的。

CSS 用 C/C++的标记进行注释，"/*"放在注释的开始处，"*/"放在结束处。w3-7.htm 说明了如何进行注释。

代码清单 w3-7.htm

```
<HEAD>
    <TITLE>CSS 例子</TITLE>
    <STYLE TYPE="text/css">
            H1 { font-size: x-large; color: red }        /*这是一个 CSS 的定义*/
            H2 { font-size: large; color: blue }
    </STYLE>
</HEAD>
```

养成注释的习惯，对编程和团队工作都非常有利。例如，当把一个格式页提交给用户使用，经过很长时间，用户又需要重新修改格式页时，可能编程者已经忘记代码的准确含义，这样注释可以帮助编程者记起定义、特殊格式页的重点及技巧的细节。

3．CSS 的单位

（1）长度单位。

一个长度单位的值由可选的正号"+"或负号"-"、一个数字、标明单位的两个字母依次组成。在一个长度的值中是没有空格的，例如 1.3　em 就不是一个有效的长度的值，但 1.3em 是有效的。

无论是相对值还是绝对值长度，CSS 都支持。相对值单位确定一个相对于另一长度属性的长度，因为它能更好地适应不同的媒体，所以是首选的。有效的相对值单位有：

● em：元素字体的高度。
● ex：x-height，字母 x 的高度。
● px：像素，相对于屏幕的分辨率。

绝对长度单位根据输出介质而定。有效的绝对值单位有：

● in：英寸，1 英寸=2.54 厘米。
● cm：厘米，1 厘米=10 毫米。
● pt：点，1 点=1/72 英寸。
● pc：帕，1 帕=12 点。

（2）百分比单位。

一个百分比单位值由可选的正号"+"或负号"-"、一个数字和百分号"%"依次组成。在一个百分比值中是不能有空格的。

百分比值是相对于其他数值。最经常使用的百分比值是相对于元素的字体大小。

（3）颜色单位。

颜色值是一个关键字或一个 RGB（R 代表 Red 红色、G 代表 Green 绿色、B 代表 Blue 蓝色）格式的数字。

Windows VGA（视频图像阵列）形成了 16 个关键字：aqua、black、blue、fuchsia、gray、green、lime、maroon、navy、olive、purple、red、silver、teal、white 和 yellow。

RGB 颜色可以有 4 种形式：

- #rrggbb：如#00cc00。
- #rgb：如#0c0。
- rgb(x,x,x)：x 是一个介于 0 和 255 之间的整数，如 rgb(0,204,0)。
- rgb(y%,y%,y%)：y 是一个介于 0.0 和 100.0 之间的整数，如 rgb(0%,80%,0%)。

3.2   CSS 样式的属性分类

CSS 包括字体、颜色和背景、文本、边框、用户界面、表和视觉效果属性。

3.2.1   背景

背景属性通过更改颜色或包含图像来控制背景。如果采用图像作为 Web 页的背景，也可指定其位置和平铺属性。

1. 背景色

可以使用 background-color 属性为元素设置背景色。这个属性接受任何合法的颜色值。w3-8.htm 说明了 background-color 属性的使用方法，其运行结果如图 3-6 所示。

代码清单 w3-8.htm

```html
<html>
    <head>
        <style type="text/css">
            body {background-color: yellow}
            h1 {background-color: #00ff00}
            h2 {background-color: transparent}
            p {background-color: rgb(250,0,255)}
            p.no2 {background-color: gray; padding: 20px;}
        </style>
    </head>
    <body>
        <h1>这是标题 1</h1>
        <h2>这是标题 2</h2>
        <p>这是段落</p>
        <p class="no2">这个段落设置了内边距。</p>
    </body>
</html>
```

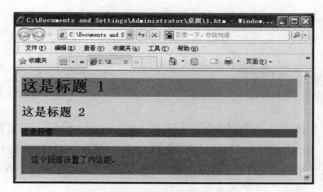

图 3-6　背景色属性使用方法

background-color 不能继承，默认值是 transparent（透明）。也就是说，如果一个元素没有指定背景色，那么背景就是透明的，这样其祖先元素的背景才能可见。

2. 背景图像

要把图像放入背景，需要使用 background-image 属性。background-image 属性的默认值是 none，表示背景上没有放置任何图像，如果要设置该属性，必须为该属性设置一个 URL 值，例如：

```
body {background-image: url(1.gif);}
```

一般情况下 background-image 属性应用到 body 元素，有时也可以应用到段落标记，也可以为行内元素设定背景图像。例如：

```
p.content {background-image: url(2.gif);}          /*段落标记内设定背景图像*/
a.plan {background-image: url(3.gif);}             /*超链接设定背景图像*/
```

w3-9.htm 是一个完整的在几种不同元素下增加背景图像的实例。

代码清单 w3-9.htm

```
<html>
    <head>
        <style type="text/css">
            body {background-image:url(1.gif);}
            p.content {background-image: url(2..gif); padding: 20px;}
            a.plan {background-image: url(3.gif);    padding: 20px;}
    </style>
    </head>
    <body>
    <p class="flower">我是一个有花纹背景的段落。
        <a href="#" class="radio">我是一个有放射性背景的链接。</a>
    </p>
        <p><b>注释：</b>为了清晰地显示出段落和链接的背景图像，我们为它们设置了少许内边距。</p>
    </body>
</html>
```

3. 背景图像的定位与重复

一般如果设定的图像尺寸小于浏览器窗口大小时，图像会被自动在水平和垂直方向上都平铺。如果要限定在某一个方向进行重复或者不重复，则需要设定 background-repeat 属性。background-repeat 属性的值有 3 个：repeat-x（图像水平方向重复）、repeat-y（图像垂直方向重复）、no-repeat（不允许图像在任何方向上重复）。默认背景图像都从一个元素的左上角开始，例如：

```
body
   {
       background-image: url(1.gif);
       background-repeat: repeat-y;         /*背景图像在浏览器窗口的垂直方向进行重复*/
   }
```

如果需要设定背景图像的位置，可通过设置 background-position 属性实现。background-position 属性的值有：top（顶端）、bottom（底部）、left（左）、right（右）和 center（居中），通常这些关键字会成对出现。另外该属性也可以使用长度值，如 100px 或 5cm，还可以使用百分数值。例如：

```
p
   {
       background-image:url(1.gif);
       background-repeat:no-repeat;
       background-position:bottom right;      /*背景图像位于浏览器窗口的底端右侧*/
   }
```

如果文档比较长，那么当文档向下滚动时，背景图像也会随之滚动。当文档滚动到超过图像的位置时，图像就会消失。如果不希望背景图像跟随滚动，可以设置 background-attachment 属性，通过这个属性可以声明图像相对于可视区是固定的（fixed），因此不会受到滚动的影响。例如：

```
body
{
    background-image:url(1.gif);
    background-repeat:no-repeat;
    background-position:bottom right;    /*背景图像位于浏览器窗口的底端右侧*/
    background-attachment:fixed          /*背景图像固定*/
}
```

w3-10.htm 给出了一个完整的背景图像定位与重复的实例，程序的运行结果如图 3-7 所示。

图 3-7　背景图像的定位与重复

代码清单 w3-10.htm

```
<html>
   <head>
       <title>背景图像定位与重复</title>
       <style >
```

```
        body{
        background-image:url(1.jpg);              /*背景图像为 1.gif*/
        background-color:green;                   /*背景色为绿色*/
        background-repeat:no-repeat;              /*背景图像不重复*/
        background-position:bottom right;         /*背景图像位于屏幕底端右侧*/
        }
    </style>
  </head>
  <body>

  </body>
</html>
```

3.2.2　CSS 文本

　　CSS 文本属性可定义文本的外观，即改变文本的颜色和字符间距、对齐文本、装饰文本、对文本进行缩进等。CSS 的文本属性如表 3-1 所示。

表 3-1　CSS 的文本属性

属性	属性含义	属性值
Text-align	水平对齐	左（left）、居中（center）、右（right）、两端对齐（justify）
Vertical-align	垂直对齐	baseline|sub|super|top|text-top|middle|bottom|text-bottom|<百分比>
word-spacing	单词间距	"正常"（normal）或"自定义"
letter-spacing	字母间距	"正常"（normal）或"自定义"
line-height	行间距	normal|<数字>|<长度>|<百分比>
text-indent	规定文本块中首行文本的缩进	<长度>|<百分比>
text-transform	文本的大小写	none|uppercase|lowercase|capitalize
text-decoration	文本装饰	none|underline|overline|line-through|blink

　　（1）Vertical-align 属性。
- baseline：使元素和上级元素的基线对齐。
- middle：纵向对齐，元素基线加上上级元素的高度。
- sub：下标。
- super：上标。
- text-top：使元素和上级元素的字体向上对齐。
- text-bottom：使元素和上级元素的字体向下对齐。

　　（2）text-transform 属性。

　　默认值 none 对文本不做任何改动，将使用源文档中的原有大小写；uppercase 和 lowercase 将文本全部转换为大写或小写字符；capitalize 只对每个单词的首字母大写。

　　（3）text-decoration 属性。

underline 会对元素加下划线；overline 会对元素加上划线；line-through 会在文本中间画

一个贯穿线；blink 会让文本闪烁。

　　w3-11.htm 使用了上面关于文本的多种属性，其运行结果如图 3-8 所示。

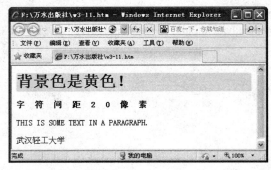

图 3-8　CSS 文本

代码清单 w3-11.htm

```
<html>
    <head>
        <style type="text/css">
            h1{background-color:yellow; }              /*文本背景色*/
            h4 {letter-spacing: 20px}                  /*文本字符间距20像素*/
            p.uppercase {text-transform: uppercase}    /*转换为大写字母*/
            a {text-decoration: none;}                 /*超链接无下划线*/
        </style>
    </head>
    <body>
        <h1>背景色是黄色！</h1>
        <h4>字符间距 20 像素</h4>
            <p class="uppercase">This is some text in a paragraph.</p>
            <a href="http://www.whpu.edu.cn">武汉轻工大学</a>
    </body>
</html>
```

3.2.3　字体

　　CSS 字体属性定义文本的字体系列、大小、加粗、风格（如斜体）和变形。若要将样式规则应用于 Web 页<BODY>节中的某个特定 HTML 元素，需要将 CLASS 或 ID 属性添加到所需 CSS 样式规则选择器的元素的开始标记中，也可将 CSS 字体属性直接添加到支持 STYLE 属性的 HTML 元素中。

　　注意：如果定义了 BODY{}样式，则该页中所有未由内联样式格式化的文本都将以该定义中的指定样式显示。

　　CSS 样式中可设置的字体属性如表 3-2 所示。

表 3-2　字体属性

属性	含义	属性值
font-family	选择字体	所有字体
font-size	选择字体大小	<绝对大小>|<相对大小>|<长度>|<百分比>

续表

属性	含义	属性值
font-weight	字体加粗	normal|bold|bolder|lighter|100|200|300|400|500|600|700|800|900
font-variant	字体变形	normal（普通）|small-caps（小型大写字母）
font-style	字体风格	normal（普通）|italic（斜体）|oblique（倾斜）

1. 字体大小（font-size）属性

（1）<绝对大小>的允许值有：xx-small、x-small、small、medium、large、x-large、xx-large。

绝对长度（使用的单位为 pt 像素和 in 英寸）需要谨慎地考虑到其适应不同浏览环境时的弱点。对于一个用户来说，绝对长度的字体很有可能会很大或很小。

（2）<相对大小>的允许值有：larger 和 smaller。

2. 字体属性

在 CSS 中，有以下两种不同类型的字体系列名称：

● 通用字体系列：拥有相似外观的字体系列组合，如 Serif 或 Monospace。

● 特定字体系列：具体的字体系列，如 Times 或 Courier。

除了各种特定的字体系列外，CSS 定义了以下 5 种通用字体系列：

● Serif：在印刷学上指衬线字体。

● Sans-serif：无衬线字体。

● Monospace：等宽字体。

● Cursive：手写字体。

● Fantasy：花哨字体。

w3-12.htm 使用了上面关于字体的多种属性，其运行结果如图 3-9 所示。

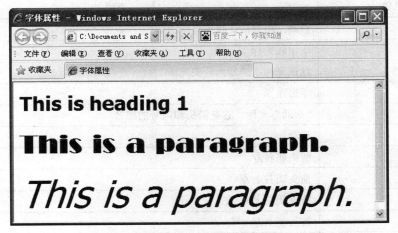

图 3-9　字体

代码清单 w3-12.htm

```
<html>
    <head>
        <title>字体属性</title>
        <style type="text/css">
            body {font-family:sans-serif;}
```

```
                        h1.Fantasy {
                                    font-family:Fantasy ;
                                    font-size:40px;
                              }
                  p.oblique {
                              font-style:oblique;
                              font-size:60px;
                        }
        </style>
    </head>
    <body>
        <h1>This is heading 1</h1>
        <h1 class="Fantasy">This is a paragraph.</h1>
        <p class="oblique">This is a paragraph.</p>
    </body>
</html>
```

3.2.4　鼠标属性

当把鼠标指针移动到不同的地方时、当鼠标指针需要执行不同的功能时、当系统处于不同的状态时，都会使鼠标指针的形状发生改变。用 CSS 来改变鼠标指针的属性，就是当鼠标指针移动到不同的元素对象上面时让鼠标指针以不同的形状、图案显示。

在 CSS 中，这种样式是通过 Cursor 属性来实现的。Cursor 属性有很多属性值，详细内容如表 3-3 所示，w3-13.htm 说明了 Cursor 属性值在浏览器中的使用方法。

表 3-3　Cursor 属性值

属性值	说明
Auto	自动，根据默认状态自行改变
Crossshair	十字线光标
Default	默认光标，通常为箭头光标
Hand	手形光标
Help	"帮助"光标，它是箭头和问号的组合
Move	移动
E-resize	箭头朝右方
Ne-resize	箭头朝右上方
Nw-resize	箭头朝左上方
n-resize	箭头朝上方
Se-resize	箭头朝右下方
Sw-resize	箭头朝左下方
s-resize	箭头朝下方
text	文本"I"型
wait	等待

代码清单 w3-13.htm

```
<html>
<head>
        <title>鼠标属性</title>
    </head>
    <body>
        <h1 style="font-family:文鼎新艺体简">鼠标效果</h1>
        <p style="font-family:行书体;font-size:16pt;color:red">
            请把鼠标移到相应的位置观看效果。</p>
        <div style="font-family:行书体；font-size:24pt；color:green；">
            <p><span style="cursor:hand">手的形状</span><br>
                <span style="cursor:move">移动</span><br>
                <span style="cursor:ne-resize">反方向</span><br>
                <span style="cursor:wait">等待</span><br>
                <span style="cursor:help">求助</span>
            </p>
        </div>
    </body>
</html>
```

3.3　CSS 框模型

3.3.1　CSS 框模型概述

CSS 框模型（Box Model）规定了使用框来处理元素内容、内边距、边框和外边距的方式，如图 3-10 所示。

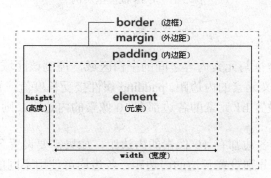

图 3-10　CSS 框模型

框模型的最里面是实际的内容，即元素 element；直接包围内容的是内边距（padding），内边距呈现了元素的背景；内边距的边缘是边框（border）；边框以外是外边距（margin），外边距默认是透明的，因此不会遮挡其后的任何元素。如果设定背景色或者图像则会应用于由内容和内边距组成的区域。

内边距、边框和外边距都是可选的，默认值是 0。可以使用通用选择器（即星号*）对所有元素进行设置，代码如下：

```
* {
    margin: 0;
    padding: 0;
}
```

在 CSS 中，width 和 height 指的是内容区域的宽度和高度。增加内边距、边框和外边距不会影响内容区域的尺寸，但是会增加元素框的总尺寸。

假设框的每个边上有 10 像素的外边距和 5 像素的内边距。如果希望这个元素框达到 100 像素，则需要将内容的宽度设置为 70 像素，框模型如图 3-11 所示，CSS 样式定义方法如下：

```
#box {
        width: 70px;
        margin: 10px;
        padding: 5px;
    }
```

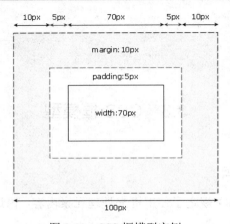

图 3-11   CSS 框模型实例

3.3.2   CSS 内边距

元素的内边距是在边框与元素内容之间的空白区域，控制该区域的属性是 padding 属性。

CSS padding 属性定义元素的内边距。padding 属性接受长度值或百分比值，但不允许使用负值。例如，如果需要设置 h1 元素的各边都有 10 像素的内边距，则代码如下：

```
h1 {padding: 10px;}
```

上面设置 h1 元素的各边都有 10 像素的内边距，如果需要设置各内边距不同时，可以按照上、右、下、左的顺序分别设置各边的内边距，各边均可使用不同的单位或百分比值，例如下面的代码：

```
h1 {padding: 5px 6px 7px 8px;}
```

指的是上内边距 5px、右内边距 6px、下内边距 7px、左内边距 8px。另外可以通过使用 padding-top、padding-right、padding-bottom、padding-left 四个单独的属性来分别设置上、右、下、左内边距，即上面的代码可以使用下面的方式进行定义：

```
h1 {
        padding-top: 5px;
        padding-right: 6px;
```

```
    padding-bottom: 7px;
    padding-left: 8px;
}
```

w3-14.htm 说明了 CSS 内边距属性在网页中的使用方法，其运行结果如图 3-12 所示。

代码清单 w3-14.htm

```
<html>
    <head>
        <title>CSS 内边距</title>
        <style type="text/css">
            td.test1 {padding: 20px}
            td.test2 {padding: 50px,40px}
        </style>
    </head>
    <body>
        <table border="1">
            <tr>
                <td class="test1">
                    这个表格单元的每个边拥有相等的内边距。
                </td>
            </tr>
        </table>
        <br />
        <table border="1">
            <tr>
                <td class="test2">
                    这个表格单元的上和下内边距是 50px，左和右内边距是 40px。
                </td>
            </tr>
        </table>
    </body>
</html>
```

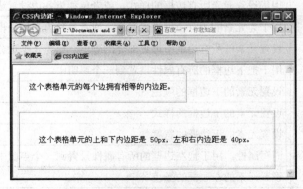

图 3-12　CSS 内边距模型

3.3.3　CSS 边框

元素的边框（border）是围绕元素内容和内边距的一条或多条线。CSS border 属性可以设置元素边框的样式、宽度和颜色。

CSS 规范指出，边框线绘制在"元素的背景之上"。这样当有些边框是"间断的"（如点线边框或虚线框）的时候，元素的背景就出现在边框的可见部分之间。

边框的样式是最重要的一个方面，这不是因为样式控制着边框的显示，而是因为如果没有边框样式，将根本没有边框。CSS 中使用 border-style 属性可以定义 10 种不同的边框样式，包括 none。例如，可以把一幅图片的边框定义为 outset 样式，代码如下：

```
a:link img {
                border-style: outset;
        }
```

边框的宽度可以通过 border-width 属性指定。为边框指定宽度有两种方法：指定长度值，如 2px 或 0.1em；使用 3 个关键字：thin、medium（默认值）和 thick。下面是设置边框宽度的代码：

```
p {
        border-style: solid; border-width: 5px;
    }
```

在 CSS 中，使用 border-color 属性来设定边框的颜色，且一次可以接受最多 4 个颜色值。该属性可以使用任何类型的颜色值，包括命名颜色（如 red）、十六进制（如#ff0000）和 RGB 值 rgb(25%,35%,45%)。下面的代码是设定颜色值的样式定义：

```
p {
        border-style: solid;
        border-color: blue rgb(25%,35%,45%) #909090 red;
    }
```

在 CSS 边框定义中，还可以对边框的 4 条边分别定义边的样式、宽度和颜色，设定的属性如表 3-4 所示。

表 3-4　CSS 边框属性

属性	描述
border	用于把针对 4 个边的属性设置在一个声明中
border-style	用于设置元素所有边框的样式，或者单独为各边设置边框样式
border-width	用于为元素的所有边框设置宽度，或者单独为各边边框设置宽度
border-color	设置元素的所有边框中可见部分的颜色，或为 4 个边分别设置颜色
border-bottom	用于把下边框的所有属性设置到一个声明中
border-bottom-color	设置元素的下边框的颜色
border-bottom-style	设置元素的下边框的样式
border-bottom-width	设置元素的下边框的宽度
border-left	简写属性，用于把左边框的所有属性设置到一个声明中
border-left-color	设置元素的左边框的颜色
border-left-style	设置元素的左边框的样式
border-left-width	设置元素的左边框的宽度
border-right	简写属性，用于把右边框的所有属性设置到一个声明中
border-right-color	设置元素的右边框的颜色

续表

属性	描述
border-right-style	设置元素的右边框的样式
border-right-width	设置元素的右边框的宽度
border-top	简写属性，用于把上边框的所有属性设置到一个声明中
border-top-color	设置元素的上边框的颜色
border-top-style	设置元素的上边框的样式
border-top-width	设置元素的上边框的宽度

w3-15.htm 说明了 CSS 边框属性在网页中的使用方法，其运行结果如图 3-13 所示。

代码清单 w3-15.htm

```
<html>
    <head>
        <title>CSS 边框属性</title>
        <style type="text/css">
        p {
            border: medium double rgb(250,0,255)
            }
        p.soliddouble {
            border-width:10px;
            border-style: solid double;
            border-top-color:green;
}
        </style>
    </head>
    <body>
        <p>文档中的一些文字</p>
        <p class="soliddouble">文档中的一些文字</p>
    </body>
</html>
```

图 3-13　CSS 边框

3.4　CSS 定位

3.4.1　定位概述

CSS 为定位和浮动提供了一些属性，利用这些属性可以建立列式布局，将布局的一部分与另一部分重叠，这种方法可以完成需要使用多个表格才能完成的任务。

定位的基本思想是允许定义元素框相对于其正常位置应该出现的位置，或者相对于父元素、另一个元素甚至浏览器窗口本身的位置。另一方面，在 CSS 中还具有浮动功能，这是以 Netscape 在 Web 发展初期增加的一个功能为基础。

在 CSS 中把所有的元素几乎都当成框进行处理。例如 div、h1 或 p 元素等这类块级元素，显示的东西为一块内容，即"块框"；像 span 和 strong 等这类行内元素，把内容显示在行中，即"行内框"。

可以使用 display 属性改变生成的框的类型。这意味着，通过将 display 属性设置为 block，可以让行内元素（如<a> 元素）表现得像块级元素一样。还可以通过把 display 设置为 none，让生成的元素根本没有框。这样的话，该框及其所有内容就不再显示，不占用文档中的空间。

在有些情况下，即使没有进行显式定义，也会创建块级元素。例如把一些文本添加到一个块级元素（如 div 元素）的开头，即使没有把这些文本定义为段落，也会被当作段落对待，代码如下：

```
<div>
    一些文本
    <p>其他一些文本</p>
</div>
```

1．CSS 定位机制

CSS 有 3 种基本的定位机制：普通流、浮动定位和绝对定位。除非特殊说明，否则所有框都在普通流中定位。也就是说，普通流中元素的位置由元素在 HTML 中的位置决定。

块级框从上到下一个接一个地排列，框之间的垂直距离是由框的垂直外边距计算出来的。

行内框在一行中水平布局。可以使用水平内边距、边框和外边距来调整各框之间的间距。由一行形成的水平框称为行框（Line Box），行框的高度总是足以容纳它包含的所有行内框的。不过，设置行高可以增加这个框的高度。

2．CSS position 属性

通过使用 position 属性，可以选择 4 种不同类型的定位，这会影响元素框生成的方式。position 属性值的含义如下：

- static：元素框正常生成。块级元素生成一个矩形框，作为文档流的一部分，行内元素则会创建一个或多个行框，置于其父元素中。
- relative：元素框偏移某个距离。元素仍保持其未定位前的形状，它原本所占的空间仍保留。
- absolute：元素框从文档流中完全删除，并相对于其包含块定位。包含块可能是文档中的另一个元素或初始包含块。元素原先在正常文档流中所占的空间会关闭，就好象元素原来不存在一样。元素定位后生成一个块级框，而不论原来它在正常流中生成何种类型的框。
- fixed：元素框的表现类似于将 position 设置为 absolute，不过其包含块是视窗本身。

3.4.2　CSS 相对定位和绝对定位

1．相对定位

相对定位是把元素框原来应出现的位置作为起始点，通过设置垂直或水平位置让这个元素"相对于"起始点进行移动。虽然该元素被移动了，但元素仍然保持其未定位前的形状，并且原来占用的位置空间仍被保留。

　　例如将 top 设置为 20px，那么框将在原位置顶部下面 20 像素的地方；如果 left 设置为 30 像素，那么会在元素左边创建 30 像素的空间，也就是将元素向右移动。设置的代码如下，其显示结果示意图如图 3-14 所示：

```
#box_relative {
            position: relative;
            left: 30px;
            top: 20px;
        }
```

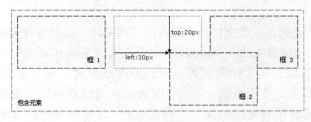

图 3-14　相对定位

　　需要特别说明的是，在使用相对定位时，无论是否进行移动，元素仍然占据原来的空间，这样移动元素会覆盖其他框。w3-16.htm 说明了 CSS 相对定位在网页中的使用方法，其运行结果如图 3-15 所示。

代码清单 w3-16.htm

```
<html>
    <head>
        <title>CSS 相对定位</title>
        <style type="text/css">
p{
            border-width:10px;
            border-style: solid double;
            border-top-color:green;
                width:150px;            /*设定框的宽度*/
                float:left;             /*左浮动*/
                margin:5px;             /*外边距四周 5 像素*/
            }
            p.abs{
            position: relative;         /*相对定位*/
                left: 30px;             /*向左移 30 像素*/
                top: 20px;              /*向下移 20 像素*/
}
        </style>
    </head>
    <body>
        <p>文档中的一些文字</p>
        <p class="abs">文档中的一些文字</p>
        <p >文档中的一些文字</p>
    </body>
```

```
</html>
```

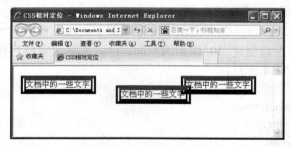

图 3-15　相对定位效果

2. 绝对定位

绝对定位是把定位元素在正常文档流中所占的空间关闭，即把设置为绝对定位的元素框从文档流中完全删除，元素定位后生成一个块级框，而不论原来它在正常流中生成何种类型的框。

绝对定位使元素的位置与文档流无关，因此不占据空间。这一点与相对定位不同，相对定位实际上被看作普通流定位模型的一部分，因为元素的位置相对于在普通流中的位置，普通流中其他元素的布局就像绝对定位的元素不存在一样。设定绝对定位方法的代码如下，其显示结果示意图如图 3-16 所示。

```
#box_relative {
                position: absolute;
                left: 30px;
                top: 20px;
    }
```

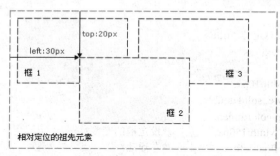

图 3-16　绝对定位

w3-17.htm 说明了 CSS 绝对定位在网页中的使用方法，其运行结果如图 3-17 所示。

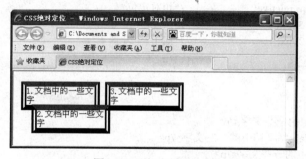

图 3-17　绝对定位效果

代码清单 w3-17.htm

```
<html>
    <head>
            <title>CSS 绝对定位</title>
            <style type="text/css">
             p{
                border-width:10px;
                border-style: solid double;
                border-top-color:green;
                        width:150px;          /*设定框的宽度*/
                float:left;                    /*左浮动*/
                margin:5px;                    /*外边距四周 5 像素*/
                }
                p.abs{
                    position: absolute;        /*绝对定位*/
                    left: 30px;                /*向左移 30 像素*/
                    top: 60px;                 /*向下移 60 像素*/
                }
            </style>
    </head>
    <body>
        <p>1. 文档中的一些文字</p>
        <p class="abs">2. 文档中的一些文字</p>
        <p >3. 文档中的一些文字</p>
    </body>
</html>
```

3.4.3　浮动

1. 概述

浮动的框可以向左或向右移动，直到它的外边缘碰到包含框或另一个浮动框的边框为止。由于浮动框不在文档的普通流中，所以文档的普通流中的块框表现得就像浮动框不存在一样。例如，把不浮动的框 1（如图 3-18 所示）向右浮动时，该框脱离文档流并且向右移动，直到该框的右边缘碰到包含框的右边缘，如图 3-19 所示。

图 3-18　不浮动框　　　　　　　　　　　　　图 3-19　右浮动框

在图 3-18 中，如果让框 1 向左浮动，则框 1 会脱离文档流并且向左移动，直到其左边缘碰到包含框的左边缘。因为框 1 不再处于文档流中，所以不占据空间，实际上覆盖住了框 2，使框 2 从视图中消失，如图 3-20 所示。

如果把所有 3 个框都向左移动，那么框 1 向左浮动直到碰到包含框，另外两个框向左浮动直到碰到前一个浮动框，如图 3-21 所示。

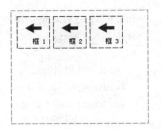

图 3-20　仅框 1 左浮动　　　　　　　　　　　图 3-21　3 个框都左浮动

如果包含框太窄，无法容纳水平排列的 3 个浮动元素，那么其他浮动块向下移动，直到有足够的空间，如图 3-22 所示；如果浮动元素的高度不同，那么当它们向下移动时可能被其他浮动元素“卡住”，如图 3-23 所示。

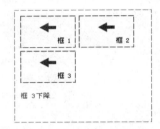

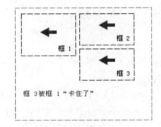

图 3-22　父框宽度不够　　　　　　　　　　　图 3-23　框下浮

2. 浮动属性

（1）float 属性。

在 CSS 中，通过 float 属性实现元素的浮动，而且可以定义是向哪个方向进行浮动。在 CSS 中，任何元素都可以浮动，并且浮动元素会生成一个块级框，而不论本身是何种元素。如果浮动非替换元素，则要指定一个明确的宽度；否则，它们会尽可能地窄。float 属性的可取值如表 3-5 所示。

表 3-5　float 属性值

值	描述
left	元素向左浮动
right	元素向右浮动
none	默认值，元素不浮动并会显示在其在文本中出现的位置
inherit	规定应该从父元素继承 float 属性的值

（2）clear 属性。

clear 属性规定元素的哪一侧不允许其他浮动元素。在 CSS 中是通过自动为清除元素（即设置了 clear 属性的元素）增加上外边距实现的。例如，图像的左侧和右侧均不允许出现浮动元素：

```
img
  {
      float:left;          /*左浮动*/
      clear:both;          /*左右两侧都不允许出现浮动元素*/
  }
```

clear 属性的可取值如表 3-6 所示。

表 3-6   clear 属性值

值	描述
left	在左侧不允许浮动元素
right	在右侧不允许浮动元素
both	在左右两侧均不允许浮动元素
none	默认值，允许浮动元素出现在两侧
inherit	规定应该从父元素继承 clear 属性的值

w3-18.htm 说明了 CSS 浮动在网页中的综合使用方法，完成的是一个主页的设计，其运行结果如图 3-24 所示。

代码清单 w3-18.htm

```
<html>
    <head>
        <title>CSS 主页</title>
        <style type="text/css">
            div.container              /*定义整个主页边框*/
            {
                width:100%;
                margin:0px;
                border:1px solid gray;
                line-height:150%;
            }
            div.header,div.footer              /*定义主页的页眉和页脚*/
            {
                padding:0.5em;
                color:white;
                background-color:gray;
                clear:left;
            }
            h1.header
            {
                padding:0;
                margin:0;
            }
            div.left                   /*定义主页内容的左边部分*/
            {
                float:left;
                width:20%;
```

```
            height:200px;
            margin:0;
            padding:0;
        }
        div.content                 /*定义主页内容的中间部分*/
        {
            float:left;
            width:60%;
            border-left:1px solid gray;
            height:200px;
            padding:0;
        }
        div.right                   /*定义主页内容的右边部分*/
        {
            float:left;
            width:20%;
            border-left:1px solid gray;
            height:200px;
            padding:0;
        }
    </style>
</head>
<body>
        <div class="container">
        <div class="header">
            <h1 class="header">武汉轻工大学数学与计算机学院</h1>
        </div>
        <div class="left">
            <p> Web 程序设计课程实验显示</p>
        </div>
        <div class="content">
            <h2>CSS 样式表的作用</h2>
            <p>http://www.whpu.edu.cn/div_css</p>
            <p>希望认真学习 CSS 样式表，制作精彩的网页！</p>
        </div>
        <div class="right">
            <p> Web 程序设计课程实验显示</p>
        </div>
        <div class="footer">
            版权：2014 艺丹小组
        </div>
        </div>
    </body>
</html>
```

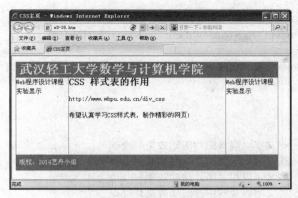

图 3-24　CSS 样式制作的主页

3. z-index 属性

z-index 属性设置一个定位元素沿 z 轴的位置，z 轴定义为垂直延伸到显示区的轴。如果为正数，则表示离用户更近；为负数，则表示离用户更远。即拥有 z-index 属性值大的元素放置顺序总是会处于较低元素 z-index 属性值的前面。

需要强调说明的是，元素可拥有负的 z-index 属性值，而且 z-index 仅能在定位元素（如position:absolute;）上起作用。z-index 属性的可取值如表 3-7 所示。例如设置图像的 z-index 属性，方法如下：

```
img
    {
        position:absolute;
        left:0px;
        top:0px;
        z-index:-1;
    }
```

表 3-7　z-index 属性值

值	描述
auto	默认值，堆叠顺序与父元素相等
number	设置元素的堆叠顺序，可取…-2,-1,0,1,2…
inherit	规定应该从父元素继承 z-index 属性的值

w3-19.htm 说明了 CSS 中 z-index 属性在网页中的使用方法，完成的是一个浮动广告的设计，其运行结果如图 3-25 所示。

代码清单 w3-19.htm

```
<html>
    <head>
        <title>制作浮动的广告图片</title>
        <script language="javascript" type="text/javascript">
        <!--
            var advInitTop=100;            //层距离顶端的初始值
            function move()
            {
```

```
                    window.document.getElementById("advLayer").style.top=
                    advInitTop+window.document.body.scrollTop;
            }
            window.onscroll=move;        //窗口的滚动事件，当页面滚动时调用 move()函数
            -->
    </script>
    </head>
    <body >
            此处多写一些文字以观赏图片滚动效果！<br>
            此处多写一些文字以观赏图片滚动效果！<br>
            此处多写一些文字以观赏图片滚动效果！<br>
            此处多写一些文字以观赏图片滚动效果！<br>
            此处多写一些文字以观赏图片滚动效果！<br>
            此处多写一些文字以观赏图片滚动效果！<br>
            此处多写一些文字以观赏图片滚动效果！<br>
            此处多写一些文字以观赏图片滚动效果！<br>
            此处多写一些文字以观赏图片滚动效果！<br>
            此处多写一些文字以观赏图片滚动效果！<br>
            此处多写一些文字以观赏图片滚动效果！<br>
            此处多写一些文字以观赏图片滚动效果！<br>
            此处多写一些文字以观赏图片滚动效果！<br>
            <div id="advLayer" style="position:absolute;left:16px;top:129px;width:180px;height:
            230px; z-index:1;">
                <img src="1.jpg" />
        </div>
    </body>
    </html>
```

图 3-25   z-index 属性的应用

 习题三

一、选择题

1. 在 HTML 中，以下（   ）是正确引用外部样式表的方法。

A．<style src="mystyle.css">

B．<link rel="stylesheet" type="text/css" href="mystyle.css">

C．<stylesheet>mystyle.css</stylesheet>

D．<h1 style="mystyle.css">

2．在 HTML 文档中，引用外部样式表的正确位置是（　　）。

　　A．文档的末尾　　　　B．文档的顶部　　　　C．<body>部分　　　　D．<head>部分

3．以下 HTML 标签中，（　　）用于定义内部样式表。

　　A．<style>　　　　　B．<script>　　　　　C．<css>　　　　　　　D．<head>

4．（　　）选项的 CSS 语法是正确的。

　　A．body:color=black　　　　　　　　　　B．{body:color=black(body}

　　C．body {color: black}　　　　　　　　　D．{body;color:black}

5．在 CSS 文件中插入注释的正确语句是（　　）。

　　A．// this is a comment　　　　　　　　　B．// this is a comment //

　　C．/* this is a comment */　　　　　　　　D．' this is a comment

6．（　　）改变某个元素的文本颜色。

　　A．text-color:　　　B．fgcolor:　　　　C．color:　　　　　　　　D．text-color=

7．（　　）显示没有下划线的超链接。

　　A．a {text-decoration:none}　　　　　　　B．a {text-decoration:no underline}

　　C．a {underline:none}　　　　　　　　　　D．a {decoration:no underline}

8．（　　）显示这样一个边框：上边框 10 像素、下边框 5 像素、左边框 20 像素、右边框 1 像素。

　　A．border-width:10px 5px 20px 1px　　　　B．border-width:10px 20px 5px 1px

　　C．border-width:5px 20px 10px 1px　　　　D．border-width:10px 1px 5px 20px

9．（　　）改变元素的左边距。

　　A．text-indent:　　　B．indent:　　　　　C．margin:　　　　　　　D．margin-left:

10．a:hover 表示超链接文字在（　　）时的状态。

　　A．鼠标按下　　　　B．鼠标经过　　　　C．鼠标放上去　　　　D．访问过后

二、阅读程序并说明运行结果

```
<html>
    <head>
  <style>
        ul{
            list-style-type:none;
            margin:0;
            padding:0;
            padding-top:6px;
            padding-bottom:6px;
        }
        li{
            display:inline;
        }
            a:link,a:visited{
```

```
                    font-weight:bold;
                    color:#FFFFFF;
                    background-color:#98bf21;
                    text-align:center;
                    padding:6px;
                    text-decoration:none;
                    text-transform:uppercase;
                    }
                a:hover,a:active{
                        background-color:#7A991A;
                    }
        </style>
            </head>
            <body>
    <ul>
                <li><a href="#home">Home</a></li>
                <li><a href="#news">News</a></li>
                <li><a href="#contact">Contact</a></li>
                <li><a href="#about">About</a></li>
            </ul>
        </body>
    </html>
```

第 4 章 JavaScript 语言

 学习目标

　　本章主要讲解 JavaScript 语言的基本结构、程序流程的控制方法、函数的定义与引用、对象的使用。通过实例让读者了解 JavaScript 的定义和在网页中的控制，并能对用户所输入的信息进行验证。通过对本章的学习，读者应该掌握：
- JavaScript 语言的基本使用方法
- JavaScript 程序的逻辑控制
- JavaScript 常用对象的使用

4.1　JavaScript 的基础知识

4.1.1　JavaScript 概述

　　脚本语言是一种简单的描述性语言，是针对 HTML 语言不能解决动态交互这个缺点而引入的，是对 HTML 语言最重要的补充，并能对 Web 页面中的元素进行控制。脚本语言的语法与一般的编程语言并没有什么不同，只是去掉了可能会引起对 Web 浏览用户造成威胁的那部分。一般来说，脚本语言是通过一个<Script>标记嵌入到 HTML 文档中，并可以被浏览器解释执行，插入的脚本语言就如同子程序一样被 HTML 元素所调用，成为 HTML 的一部分。目前比较流行的脚本语言有 Netscape 公司的 JavaScript 和 Microsoft 公司的 VBScript，本章主要讲解 JavaScript。

　　1．什么是 JavaScript

JavaScript 的前身称为 LiveScript，是 Netscape 公司为了进一步扩充其浏览器的功能而开发的一种可以嵌入在 Web 页面中的脚本语言。后来，Sun 公司开发的 Java 语言的流行促使 Netscape 公司重新设计了 LiveScript，并改名为 JavaScript。之所以叫 JavaScript，原因在于 JavaScript 作为一种嵌入 HTML 文档、基于对象的脚本设计语言，其语法和 Java 语言的极为相似。

　　JavaScript 为 Web 开发人员提供了极大的灵活性和控制手段。用户专用的内容、增强的可视化显示以及与浏览器插件的无缝集成使得 JavaScript 成为一种非常优秀的 Web 粘合剂，它可以将一个 Web 节点中的不同组成部分捆绑成为一个结合紧密的信息源。

　　JavaScript 可分为三部分：核心、客户端和服务器端。核心（core）是语言的内核，包含操作符、表达式、语句和子程序；在客户端应用的 JavaScript 是一组对象的集合，利用这些对象可以对浏览器与用户的交互进行控制；应用于服务器端的 JavaScript 也是一组对象的集合，这些对象可以应用于 Web 服务器编程。

　　JavaScript 在服务器端的应用远少于在客户端的应用，因此本书不介绍 JavaScript 在服务

器端的应用。

2. JavaScript 的基本特点

JavaScript 是一种基于对象（Object）和事件驱动（Event Driven）并具有安全性的脚本语言，并且可以增强网页的动态交互性。JavaScript 的基本特点有：

（1）JavaScript 是脚本语言。

JavaScript 是一种脚本语言，并嵌入在标准的 HTML 文档中，且采用小程序段的方式进行编程。JavaScript 的基本结构形式与 C、C++、VB、Delphi 十分类似，但又与它们不同，因为 JavaScript 不需要事先编译，只是在程序运行过程中被逐行地解释，是一种解释性语言。

（2）JavaScript 是基于对象的语言。

JavaScript 是一种基于对象的语言。基于对象的语言本身已经包含了创建完成的对象，可以直接使用这些对象。例如，可以不必创建"日期"这个对象，因为 JavaScript 语言中已经有了这个对象，可以直接使用。

（3）JavaScript 是事件驱动的语言。

在网页中进行某种操作时，就产生了一个"事件"。事件几乎可以是任何事情，单击一个按钮、拖动鼠标、打开或关闭网页、提交一个表单等均可视为"事件"。JavaScript 是事件驱动的，当事件发生时，可对事件做出响应。具体如何响应某个事件则取决于程序代码。

（4）JavaScript 是安全的语言。

JavaScript 是一种安全的语言，不允许访问本地的硬盘，不能将数据存入到服务器上，不允许对网络文档进行修改和删除，只能通过浏览器实现信息浏览或动态交互，从而具有一定的安全性。

（5）JavaScript 是与平台无关的语言。

对于一般的计算机应用程序，它们的运行与平台有关。我们知道，除非使用一个仿真器来模拟 Windows 环境，否则不可能在 Macintosh 上运行一个 Windows 版本的应用程序。

而 JavaScript 是依赖于浏览器本身的，与操作环境无关，只要是能运行浏览器的计算机并且浏览器支持 JavaScript，就可以正确执行 JavaScript 脚本程序。不论是使用 Macintosh 版本、Windows 版本还是 UNIX 版本的浏览器，JavaScript 都可以正常运行。

3. JavaScript 与 Java 的区别

虽然 JavaScript 和 Java 很相像，但两者还是存在着很大的差异。Java 可以用于设计独立的应用程序，同时还可以用于创建称为 Applet 的小应用程序。另外，现在很多浏览器只支持 Java 而不支持 JavaScript。从目前的趋势来看，支持 JavaScript 的浏览器将越来越多。

Java 应用程序是编译运行的，而 JavaScript 脚本是解释运行的。两者的开发工具不一样，而且使用这两种语言的用户也有很大的区别。JavaScript 实际上是为非程序员设计的，这使得 JavaScript 易于使用且不需要用户懂得太多的详细知识，如变量类型的声明等。JavaScript 和 Java 之间的主要区别可以概括如下：

（1）JavaScript 是基于对象的，它有自己的内置对象；而 Java 是面向对象的，并且对象必须使用类来创建。

（2）JavaScript 的代码以字符的形式嵌入 HTML 文档中；而 Java 小应用程序是由文档引用的，其代码以字节代码的形式保存在另一个独立的文档中。

（3）JavaScript 使用隐式数据类型，即变量可以不声明其类型，所以一个用于表示字符串的变量也可以用于表示数字；而 Java 采用显式数据类型，即在使用变量前必须声明变量，且一个变量只能表示一种类型的数据。

（4）JavaScript 采用动态联编，即对象的引用只有在运行时才检查；而 Java 采用静态联编，即在程序中使用的对象在编译时已经存在。

4.1.2　JavaScript 工作原理

如前所述，JavaScript 是一种解释性语言，不需要预先进行编译，而是由浏览器内置的 JavaScript 语言解释器解释执行。客户端浏览器在接收到嵌有 JavaScript 程序的 HTML 文档后，由解释器对 JavaScript 程序进行解释，然后将结果显示在浏览器中。

JavaScript 的编程工作复杂与否和 HTML 文档所提供的功能大小密切相关。为了理解 JavaScript 的工作原理，下面用一个简单的例子来说明其编程特点。

代码清单 w4-1.htm

```html
<html>
    <head>
        <title>JavaScript 测试</title>
    </head>
    <body>
            你好
            <script language=javascript >
            document.write("hello, JavaScript!")
        </script>
    </body>
</html>
```

将上面的代码保存为文件 w4-1.htm，即可用 Web 浏览器来查看。双击该文件的图标，或者在浏览器的地址栏中输入该文件的地址，可以看到如图 4-1 所示的结果。

图 4-1　一个 JavaScript 的例子

从上面的例子中可以发现，JavaScript 源代码被嵌在一个 HTML 文档中，其 Script 标记的一般格式为：

```html
<script language=javascript >
  <!--
      JavaScript 语句串 …
  -->
</script>
```

当 Web 浏览器遇到<script>标记时，就认为下面的文本是客户端脚本程序，直到遇到相应的</script>为止。language 属性表明该程序使用的是哪一种脚本语言,即是 JavaScript 还是 VBScript 脚本。需要说明的是,<script>标记可以出现在文档头部(HEAD 节)和文档体部(BODY 节)。如果是一个 JavaScript 函数定义,通常把这个自定义函数的代码放在文档头部(HEAD 节)。为了使老版本的浏览器(即 Navigator 2.0 版以前的浏览器)避开不识别的"JavaScript 语句串",用 JavaScript 编写的源代码可以用注解括起来,即使用 HTML 的注解标记<!--...-->,而 Navigator 2.x 可以识别放在注解行中的 JavaScript 源代码。

说明:<SCRIPT>标记可声明一个脚本程序,LANGUAGE 属性声明该脚本是一个用 JavaScript 语言编写的脚本。在<Script>和</Script>之间的任何内容都视为脚本语句,会被浏览器解释执行。在 JavaScript 脚本中,用"//"作为行的注释标注。

有时候为了源代码的保密和共享,并不是将整个 JavaScript 程序都包含在 HTML 文档中,而是将 JavaScript 程序单独存放在以.js 为后缀的文本文件中,然后利用<script>标记的 src 属性将程序代码包含进来。

下面通过一个实例来说明如何从外部引入 JavaScript 脚本程序。JavaScript 代码保存在文件 w.js 中,在 HTML 文档中只需用 src 属性给出.js 文件的位置。

代码清单 w4-2.htm

```html
<html>
    <head>
        <title>
            外部 JavaScript 脚本文件
        </title>
    </head>
<body>
        <script language="JavaScript" src="w.js">
        </script>
    </body>
</html>
```

其中,文件 w.js 的内容如下:

```javascript
window.alert("欢迎光临本站");
```

这个例子的执行结果如图 4-2 所示。

图 4-2   引入外部 JavaScript 脚本文件

4.2　JavaScript 语言基本结构

4.2.1　JavaScript 的数据类型

一般来说，数据类型是学习任何语言的起点。在有些语言中，在声明变量时就必须同时声明该变量的数据类型，以便让计算机知道如何为该变量分配内存空间，而在 JavaScript 中却并非如此。在 JavaScript 中，可以使用以下 5 种数据类型：

（1）数字。

JavaScript 在语言实现的时候并没有把整数和实数严格分开，两者在程序中可以自由地转换。在 JavaScript 中还有一个特别的数字量 NaN，用来指明一个变量或者函数的返回值是否为一个数字。在 JavaScript 中，整数可以表示为：

- 十进制数：即一般的十进制整数，它前面不可有前导 0，例如 75。
- 八进制数：以 0 为前导，表示八进制数，例如 075。
- 十六进制数：以 0x 为前导，表示十六进制数，例如 0x0f。

浮点数可以用一般的小数格式来表示，也可以使用科学记数法来表示。

（2）逻辑值。

逻辑值只有两个常量：rue 和 false。

（3）字符串。

字符串类型是由单引号或双引号界定的一串字符。

（4）undefined 类型。

undefined 类型专门用来指明一个已经创建但还没有赋初值的变量。

（5）对象。

对象是 JavaScript 中的重要组成部分。可以把对象看成一个已经命名的容器，可以容纳数据和对这些数据进行的操作。与其他的编程语言相比，JavaScript 具有简单的数据类型，即在声明一个变量时不必把它声明成一个固定的数据类型。变量的类型是根据它的当前值来进行改变的。如果在表达式中变量的当前类型和表达式的要求不一致，则 JavaScript 会自动完成相应的转换。

需要强调的是，所有的变量转换总是以表达式最左边的变量类型为准，其他出现在表达式中的变量均按照这个类型进行转换和运算。

以下程序段将一个数据类型强制转换为字符类型。

```
var theFrom=1;
var theTo=10;
var doWhat="Count from";
doWhat+=theFrom+"to"+theTo+".";
```

执行该代码后，变量 doWhat 的值为"Count from 1 to 10."。其中的数值数据被转换为字符串格式。当被转换字符中包括数值类型和字符串类型时，一般系统会自动将数值类型转换成字符串类型，然后再进行相应的运算，如以下程序段所示：

```
var nowWhat=0;
nowWhat+=1+"10";     //本例中的加号完成的是字符串连接
```

在本例中，"10"是一个字符串，而+=运算符起连接作用。执行该代码后，nowWhat 变量的值为"0110"。该程序的执行步骤如下：

1）查看 1 和"10"的类型。"10"为一个字符串，1 为数值类型，因此该数被强制转换为字符串"1"。

2）由于+运算符两边的值都是字符串，因此执行字符串连接操作，其结果为"110"。

3）查看+=两边的值的类型。nowWhat 包含一个数，而"110"是字符串，因此将数转换为一个字符串。

4）由于现在+=运算符两边都是字符串，因此执行字符串连接操作，其结果为"0110"。

5）将结果存放到 nowW hat 中。

当需要将字符串类型转换成数值类型时，可以使用转换函数 parseInt 和 parseFloat。parseInt 为强制转换成整型的函数，parseFloat 为强制转换成浮点型的函数。下面是一个使用函数 parseInt 进行转换的例子。

```
var nowThen=0;
nowThen+=1+parseInt("10");        //本例中+=执行加法
```

执行该代码后，字符串"10"被转换成数值 10，所以变量 nowThen 此时为整数 11。

注意：不推荐在程序中不断改变一个变量的类型。那样做的后果可能是在一段时间后连自己都看不懂原来的程序了。提倡的方法是一个变量在初始化之后其类型保持不变。

4.2.2　JavaScript 的变量

变量是用于引用计算机内存的地址，该地址可以存储脚本程序运行时可更改的数据信息。例如，可以创建一个名为 onLine 的变量来存储客户端的在线人数。程序员在使用变量时并不需要了解变量在计算机内存中的地址，只要通过变量名引用变量即可查看或更改变量的值。

1. 声明变量

JavaScript 语言是一种弱类型的程序设计语言，即变量不必事先声明其数据类型就可以使用，当变量被赋值时再确定其数据类型，并且一个变量的类型在使用时还可以被改变。尽管在 JavaScript 中不必事先声明变量，但在使用一个变量之前用 var 语句来声明变量是良好的编程习惯。例如：

```
var myVar;
```

虽然变量是由用户定义的，但 JavaScript 还是对变量的名字作出了如下一些限制：

- 变量名必须由字母或下划线"_"开头，第一个字符不能是数字或者其他非字母表字符。
- 变量不能包含空格。
- JavaScript 是区分大小写的。例如，A 和 a 是不同的名字。JavaScript 的内置语句都是小写的。
- 不能使用保留字作为变量名。保留字是已被 JavaScript 用作特定目的的字符。例如用户不能将 if 或 for 等作为变量名，因为这些字符是 JavaScript 的保留字。
- 变量在被声明的作用域内必须唯一。

例如，下面的变量声明语句都是正确的。

```
var text="This is a string";        //字符串变量
var myScore=90;                     //整数变量
var myBool=true;                    //布尔型变量
```

```
var avScore=85.213          //浮点型变量
```

注意：有时候声明一个变量但并不想赋初值，则可以赋一个特殊的表示空值的常量 null。null 常量的使用非常灵活，作为数字时，它等效于 0；作为字符串时，它又等同于一个空字符串。除了使用 var 语句声明变量外，也可以直接用赋值的方法来定义变量。例如：

```
myScore=90;
myText="This is a string";
```

总之，JavaScript 语言不太注重变量的数据类型，所有变量的类型可以在运行的时候动态改变。但是对变量的声明和进行初值的设定是一个良好的编程习惯。为了避免调试 JavaScript 脚本程序过程中出现不必要的麻烦，建议读者对使用的任何变量都事先用 var 语句声明，并尽可能赋予初值。

2. 变量作用域

变量的作用域是指变量在什么范围内起作用，变量的作用域由声明的位置决定。如果在函数中声明变量，则只有该函数中的代码可以访问或更改该变量值，此时变量具有局部作用域并被称为局部变量。如果在函数之外声明变量，则该变量可以被脚本（Script）中所有的函数所识别，称为 Script 级变量（全局变量），具有 Script 级作用域。

变量存在的时间称为存活期。Script 级变量的存活期从被声明的一刻起，直到脚本运行结束。对于局部变量，其存活期仅是函数在运行的时间，当该函数运行结束后，变量随之消失。

在执行过程时，局部变量是理想的临时存储空间。可以在不同的函数中使用同名的局部变量，这是因为每个局部变量只被声明的函数所识别。

声明变量时，局部变量和全局变量可以有相同的名称，改变其中一个的值并不会改变另一个的值。如果没有声明变量，则可能不小心改变了一个全局变量的值。

4.2.3　JavaScript 的运算符和表达式

JavaScript 拥有一般编程语言（如 C 语言）的运算符，包括算术运算符、比较运算符、连接运算符。

1. 算术运算符

用于连接运算表达式的各种算术运算符如表 4-1 所示。

表 4-1　算术运算符

运算符	定义	举例	说明
+	加法	X=A+B	
−	减法	X=A-B	
*	乘法	X=A*B	
/	除法	X=A+B	
%	取模	X=A%B	X 等于 A 除以 B 所得的余数
++	加 1	A++	A 的内容加 1
--	减 1	A--	A 的内容减 1

2. 位运算符

位运算符对两个表达式相同位置上的位进行运算。JavaScript 支持的位运算符如表 4-2 所示。

表 4-2　位运算符

运算符	定义	举例	说明
~	按位求反	X=~A	
<<	左移	X=B<<A	A 为移动次数，左边移入 0
>>	右移	X=B>>A	A 为移动次数，右边移入 0
>>>	无符号右移	X=B>>>A	A 为移动次数，右边移入符号位
&	位"与"	X=B & A	
^	位"异或"	X=B ^ A	
|	位"或"	X=B | A	

3. 复合赋值运算符

复合赋值运算符执行的是一个表达式的运算。在 JavaScript 中，合法的复合赋值运算符如表 4-3 所示。

表 4-3　复合赋值运算符

运算符	定义	举例	说明
+=	加	X+=A	X=X+A
-=	减	X-=A	X=X-A
*=	乘	X*=A	X=X*A
/=	除	X/=A	X=X/A
%=	模运算	X%=A	X=X%A
<<=	左移	X<<=A	X=X<<A
>>=	右移	X>>=A	X=X>>A
>>>=	无符号右移	X>>>=A	X=X>>>A
&=	位"与"	X&=A	X=X&A
^=	位"异或"	X^= A	X=X^A
|=	位"或"	X|=A	X=X|A

4. 比较运算符

比较运算符用于比较两个对象之间的相互关系，返回值为 True 或 False。各种比较运算符如表 4-4 所示。

表 4-4　比较运算符

运算符	定义	举例	说明
==	等于	A==B	A 等于 B 时为真
>	大于	A>B	A 大于 B 时为真
<	小于	A<B	A 小于 B 时为真

运算符	定义	举例	说明
!=	不等于	A!=B	A 不等于 B 时为真
>=	大于等于	A>=B	A 大于等于 B 时为真
<=	小于等于	A<=B	A 小于等于 B 时为真
?:	条件选择	E? A: B	条件 E 为真选 A，否则选 B

5. 逻辑运算符

逻辑运算符的返回值是 True 或 False，主要作用是连接条件表达式，表示各条件间的逻辑关系。各种逻辑运算符如表 4-5 所示。

表 4-5　逻辑运算符

运算符	定义	举例	说明
&&	逻辑"与"	A && B	A 与 B 同时为 True 时，结果为 True
!	逻辑"非"	!A	如 A 原值为 True，结果为 False
‖	逻辑"或"	A‖B	A 与 B 有一个取值为 True 时，结果为 True

6. 运算符的优先级（如表 4-6 所示）

表 4-6　运算符的优先级（由高到低）

运算符	说明
. [] ()	字段访问、数组下标、函数调用
++ -- ~ ! typeof new void delete	一元运算符、返回数据类型、对象创建、未定义值
* / %	乘法、除法、取模
+ - +	加法、减法、字符串连接
<< >> >>>	移位
<<= >>=	小于、小于等于、大于、大于等于
== !==	等于、不等于、恒等、不恒等
&	按位与
^	按位异或
|	按位或
&&	逻辑与
‖	逻辑或
?:	条件
=	赋值

7. 表达式

JavaScript 表达式可以用来计算数值，也可以用来连接字符串和进行逻辑比较。JavaScript 表达式可以分为以下 3 类：

- 算术表达式：用来计算一个数值，例如 2*4.5/3。

- 字符串表达式：可以连接两个字符串，例如"hello" + "world!"，该表达式的计算结果为"helloworld!"。
- 逻辑表达式：计算结果为一个布尔型常量（True 或 False），例如 12>24，其返回值为 False。

8. 脚本语言的注释

JavaScript 允许加一些注释，并且有两种注释方法：单行注释和多行注释。单行注释，以 "//" 开始，以同一行的最后一个字符作为结束；多行注释，以 "/*" 开始，以 "*/" 结束，符号 "*/" 可放在同一行或一个不同的行中。

下面是这两种注释方法的使用举例。

```
<Script language = "JavaScript">
    /*这是多行注释的第一行
      这是多行注释的第二行*/
    k=24*7;    //这是一个单行注释的例子
</Script>
```

4.2.4　JavaScript 程序流程控制

JavaScript 脚本语言提供了程序流程控制语句：if、switch、for、do 和 while 语句。

1. 条件语句

（1）if 语句。

if 语句是一个条件判断语句，其根据一定的条件执行相应的语句块，定义的语法格式如下：

```
if (expr)
{
    code_block1
}
else
{
    code_block2
}
```

这里，expr 是一个布尔型的值或表达式（特别强调，expr 一定要用小括号括起来），code_block1 和 code_block2 是由多个语句组成的语句块，当 expr 值为"真"时，执行 code_block1；当 expr 值为"假"时，执行 code_block2。另外需要说明的是，if 语句是可以嵌套的，即在 if 语句的模块中还可以包含其他的 if 语句。例如：

```
if (expr)
{
    code_block1
    if  (expr1) { code_block3 }
}
else
{
    code_block2
}
```

（2）switch 语句。

switch 语句是计算一个表达式，并根据该表达式的计算结果来执行一段语句，其语法格式

如下:

```
switch (表达式) {
    case 值 1:code_block1
            break;
    case 值 2:code_block2
            break;
    case 值 3:code_block3
            break;
    …
    default: code_blockn
}
```

switch 语句首先计算表达式的值，然后根据表达式所计算出来的值选择与之匹配的 case 后面的值，并执行该 case 后面的语句，直到遇到了一个 break 语句为止，如果所计算出来的值与任何一个 case 后面的值都不相符，则执行 default 后面的语句。

下面通过 w4-3.htm 来说明 switch 语句的使用方法，其在浏览器中的显示结果如图 4-3 所示。

代码清单 w4-3.htm

```
<HTML>
    <HEAD>
        <TITLE>JavaScript 条件控制语句</TITLE>
        <SCRIPT LANGUAGE=javascript>
        <!--
            document.write("switch 语句测试------");
            switch (14%3) {
                case 0: sth="您好";
                    break;
                case 1: sth="大家好";
                    break;
                default: sth="世界好";
                    break;
            }
            document.write(sth);
        -->
        </SCRIPT>
    </HEAD>
    <BODY>
    </BODY>
</HTML>
```

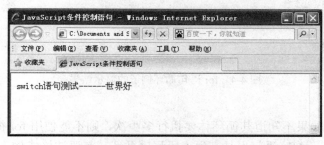

图 4-3　switch 语句测试

从图 4-3 可以看出，执行的是 default 后面的语句，因为表达式（14%3）的运行结果是 2。如果表达式改为 15%3，则浏览器中的显示结果为"switch 语句测试--您好"。另外需要强调的是，在每一个 case 语句的值后都要加冒号。

2. 循环语句

有很多时候，需要把一个语句块重复执行多次，每次执行仅改变部分参数的值，这时可以使用循环语句，直到某一个条件不成立为止。

（1）for 语句。

for 语句用来产生一段程序循环，其语法格式如下：

```
for ( init;   test;   incre)
{
    code_block;
}
```

这里 init 和 incre 是两个语句，test 是一个条件表达式。init 语句只执行一次，用来初始化循环变量；test 表达式在每次循环后都要被计算一次，如果其运算值为"假"，则循环中止并立即继续执行 for 语句之后的语句，否则执行 code_block 语句块，循环完成后执行一次 incre 语句块。使用 break 语句可以从循环中退出。for 语句一般用在已知循环次数的场合，而且 init、test、incre 三个语句之间要用分号隔开。

下面是一个使用 for 语句的例子，其中说明了该语句的功能，这段程序计算了从数字 1 到 10 的累加和，脚本代码如下（其在浏览器中的运行结果如图 4-4 所示）：

```
<SCRIPT LANGUAGE=javascript>
    var   sum=0;
    for(n=1;n<11;n++)
    {
        sum=sum+n
        document.write (n,"      SUM=",sum,"<br>");
    }
</SCRIPT>
```

图 4-4　for 语句循环例子的显示结果

（2）while 语句。

对于有些程序，如果不知道其循环体要执行多少次，则不能使用 for 循环语句。这时可以考虑使用 while 语句，while 语句也是产生一段程序循环，其语法格式如下：

```
while (expr) {
    code_block;
}
```

这里，当表达式 expr 为"真"时，code_block 循环体被执行，执行完该循环体后会再次判断表达式 expr 的运算结果是否为 True，以决定是否再次执行该循环体；如果 expr 开始时便为"假"，则语句块 code_block 将一次也不被执行。使用 break 语句可以从这个循环中退出。其实 while 语句非常好理解，只要知道"表达式为真则执行循环体"即可。

下面是一个使用 while 语句的例子，这段程序仍然是计算从数字 1 到 10 的累加和，脚本代码如下（其在浏览器中的运行结果如图 4-5 所示）：

```
<SCRIPT LANGUAGE=javascript>
<!--
    var i,sum;
    i=1;
    sum=0;
    while(i<=10){
            sum+=i;
            document.write(i,"        ",sum,"<br>") ;
            i++;
        }
//-->
</SCRIPT>
```

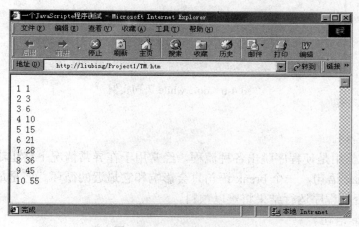

图 4-5　while 语句的实例

（3）do…while 语句。

do…while 语句与 while 语句所执行的功能完全一样，唯一的不同就是 do…while 语句不管条件是否成立，其循环体至少执行一次，然后再去判断表达式的取值是否为真。do…while 语句的语法格式如下：

```
do{
    code_block
} while (expr) ;
```

这里，无论表达式 expr 的值是否为"真"，code_block 循环体都被执行，即语句块 code_block 至少执行一次。另外，使用 break 语句可以从循环中退出。下面举一个例子来说明其条件并不成立，但其循环体却执行一次。其脚本代码如下（其在浏览器中的显示结果如图 4-6 所示）：

```
<SCRIPT LANGUAGE=javascript>
<!--
    var i,sum;
    i=1;
    sum=0;
    do{
        sum += i;
        document.write (i,"      ",sum*100,"<br>") ;
        document.write ("i 小于 10 条件不成立,但本循环体却执行一次!");
        i++;
    } while (i>10)
//-->
</SCRIPT>
```

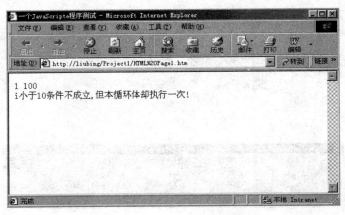

图 4-6　do…while 语句实例

3. 转移语句

（1）break 语句。

break 语句的作用是使程序跳出各种流程，经常用于在异常情况下终止流程。在循环体中可以使用多个 break 语句，一个 break 语句只会影响和它最近的循环。但是最好不要过多地使用 Break 语句，否则程序运行结果将难以预料。

（2）continue 语句。

有时，在循环体中，在某个特定的情况下，希望不再执行下面的循环体，但是又不想退出循环，这时就要使用 continue 语句。在 for 循环中，执行到 continue 语句后，程序立即跳转到迭代部分，然后到达循环条件表达式，而对于 while 循环，程序立即跳转到循环条件表达式。

4.2.5 JavaScript 中的函数

1. JavaScript 函数概述

把相关的语句组织在一起，并给它们标注相应的名称，利用这种方法把程序分块，这种形式的组合就称为函数，向函数中传递信息的方法是用参数，有些函数不需要任何参数，有些函数可以带多个参数。函数的定义方法如下：

```
function  函数名( [参数] [,参数] ){
    函数语句块
}
```

w4-4.htm 说明了 JavaScript 中函数的定义和调用方法，其在浏览器中的显示结果如图 4-7 所示。

代码清单 w4-4.htm

```
<HTML>
    <HEAD>
        <TITLE>一个 JavaScript 程序测试</TITLE>
        <SCRIPT    LANGUAGE=javascript>
        <!--
            function total (i,j) {      //声明函数 total，参数为 i 和 j
                var sum;                //定义变量 sum
                sum=i+j;                //i+j 的值赋给 sum
                return(sum);            //返回 sum 的值
            }
                document.write("调用这个函数 total(100,20)，结果为：", total(100,20) )
            -->
        </SCRIPT>
    </HEAD>
    <BODY>
    </BODY>
</HTML>
```

图 4-7　函数的定义与调用实例

在上例中，定义了一个函数 total(i,j)，该函数有两个形式参数 i 和 j，当调用这个函数时，可以给函数中的形参 i 和 j 一个具体的值，例如 total(100,20)，变量 i 的值为 100，变量 j 的值为 20。

从该例中可以看出，函数通过名称调用。函数可以有返回值，但并不是必需的。如果需要函数返回一个值时，就使用语句 return(表达式)。

2. 内部函数

在面向对象编程语言中，函数一般是作为对象的方法来定义的。而有些函数由于其应用的广泛性，可以作为独立的函数定义，还有一些函数根本无法归属于任何一个对象，这些函数是 JavaScript 脚本语言所固有的，并且没有任何对象的相关性，这些函数就称为内部函数，由于篇幅限制不能一一讲述，在此仅通过一个例子来说明。

例如内部函数 IsNaN，测试某个变量是否是数值类型。如果变量的值不是数值类型，则返回 True，否则返回 False。

下面通过一个例子来说明内部函数 IsNaN 的使用方法。用户在浏览器的输入框中输入一个值，如果输入的值不是数值类型时，则给用户一个提示，当用户输入的值是数值类型时，也同样给出一个提示。源代码如下：

```
<SCRIPT LANGUAGE=javascript>
<!--
    var str;
    str = prompt ("请你输入一个值，如 3.14" , "");
    if ( isNaN ( str ) )
    {
        document.write("唉？受不了您，有例子都输不对!!!");
    }
    else
    {
        document.write("您真棒，输入正确（数值类型）!!!");
    }
//-->
</SCRIPT>
```

在上例的执行过程中，首先要求用户输入一个数值，如图 4-8 所示。然后对用户的输入进行判断，如果输入的是数值类型，则在浏览器中显示如图 4-9 所示的结果，如果输入的是其他类型的数据，则在浏览器中显示如图 4-10 所示的结果。

图 4-8   请求用户输入一个数值的对话框

图 4-9   函数调用实例（1）

图 4-10   函数调用实例（2）

3. 用户自定义函数

在 JavaScript 中，还可以进行自定义函数，例如 w4-5.htm，其在浏览器中的显示结果如图 4-11 所示。

代码清单 w4-5.htm

```
<HTML>
    <HEAD>
        <TITLE>This is a function's test</TITLE>
        <SCRIPT LANGUAGE="JavaScript">
            function square ( i ){
                document.write ("The call passed",i,"to the square function.","<BR>")
                return i*i
            }
            document.write ("The function re-turned","<BR>")
            document.write(square(8))
        </SCRIPT>
    </HEAD>
    <BODY>
        <BR>
        All done.
    </BODY>
</HTML>
```

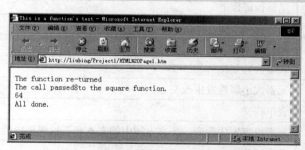

图 4-11　用户自定义函数的例子

从执行结果可以看出，一个函数定义时并不被执行，只有在引用时（函数定义后的 document.write 语句）才被激活。

4.2.6　JavaScript 中的事件

1. JavaScript 事件

JavaScript 语言是事件驱动的编程语言。事件是脚本处理响应用户动作的唯一途径，利用浏览器对用户输入的判断能力，通过建立事件与脚本的一一对应关系，把用户输入状态的改变准确地传给脚本并予以处理，然后把结果反馈给用户，这样就实现了一个周期的交互过程。

JavaScript 对事件的处理分为定义事件和编写事件脚本两个阶段，可以定义的事件类型几乎影响到 HTML 的每一个元素，如浏览器窗口、窗体文档、图形、链接等。表 4-7 列出了事件类型和它们的说明。

表 4-7　JavaScript 的事件列表

事件名称	事件说明
Abort	用户中断图形装载
Blur	元素失去焦点

事件名称	事件说明
Change	元素内容发生改变，如文本域中的文本和选择框的状态
Click	单击鼠标按键或键盘按键
Dragdrop	浏览器外的物体被拖到浏览器中
Error	元素装载发生错误
Focus	元素得到焦点
Keydown	用户按下一个键
Keypress	用户按住一个键不放
Keyup	用户将按下的键抬起
Load	元素装载
Mousemove	鼠标移动
Mouseover	鼠标移过元素上方
Mouseout	鼠标从元素上方移开
Mousedown	鼠标按键按下
Mouseup	鼠标按键抬起
Move	帧或者窗体移动
Reset	表单内容复位
Resize	元素大小属性发生改变
Submit	表单提交
Select	元素内容发生改变，如文本域中的文本和下拉选单中的选项
Unload	元素卸载

要使 JavaScript 的事件生效，必须在对应的元素标记中指明将要发生在这个元素上的事件。例如：

```
<input type="text" onBlur="kk()" onKerup="mm()">
```

在<input>标记中定义了两个事件，一个是该文本框失去焦点时执行的 onBlur 事件，另一个是当按键抬起后所发生的 Keyup 事件，即每当用户按下键盘并松开按键后就触发 mm()脚本函数，每当该文本框失去焦点（用户把输入光标移动到其他位置）时就触发 kk()脚本函数。

2. 为事件编写脚本

接下来要为这些事件编写处理函数，这些处理函数就是脚本函数。这些脚本函数包含在<Script>和</Script>标记之间。w4-6.htm 是一个脚本实例，功能是建立一个按钮，当用户单击按钮后弹出一个对话框，在对话框中显示"XX，久仰大名，请多多关照。"

代码清单 w4-6.htm

```
<HTML>
<HEAD>
        <TITLE>一个 JavaScript 程序测试</TITLE>
        <SCRIPT LANGUAGE=javascript>
        <!--
            function kkk(){
```

```
            do{
                username=prompt("请问您是何方神圣，报上名来","");
            }while (username=="")
            document.write(username,"，久仰大名，请多多关照。");
            }
        -->
        </SCRIPT>
    </HEAD>
    <BODY>
        <INPUT type="button" value=你敢碰我吗？ name=button1 onclick="kkk()">
    </BODY>
</HTML>
```

这个 HTML 页在浏览器中的显示结果如图 4-12 所示，上面仅有一个元素，即一个按钮。如果不设置任何事件，当单击该按钮后不会产生任何响应。但是现在，定义了单击按钮的 onClick 事件，并把事件的处理权交给了脚本程序 KKK()。这是实现交互的第一步。

图 4-12　脚本实例的初始界面

当用户单击按钮后，浏览器中将出现一个如图 4-13 所示的 JavaScript 对话框，框中提示用户输入姓名。这时，只要输入名称并单击"确定"按钮，就可以看到浏览器中的显示结果，如图 4-14 所示。

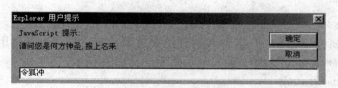

图 4-13　JavaScript 对话框

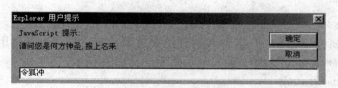

图 4-14　确认对话框后的输出

4.3　JavaScript 中的对象

4.3.1　对象的基本概念

对象是现实世界中客观存在的事物，例如人、电话、汽车等，即任何实物都可以被称为对象。而一个 JavaScript 对象是由属性和方法两个基本要素构成的。属性主要用于描述一个对象，说明其特征，例如人具有姓名、年龄等属性，电话具有颜色、大小等属性；方法是表示对象可以做的事情，例如人可以吃饭、睡觉等，汽车可以行驶、停止等。

1. 定义对象

JavaScript 中的对象是通过定义一类特殊的函数来创建的。用户首先创建构造函数，在构造函数中定义一些属性和方法，然后再通过这些构造函数来定义一些实例，即对象。使用构造函数能够创建多个对象的实例。构造函数的定义方法如下：

```
function  构造函数名(<属性表>)
{
    this.属性=属性值 1;              //定义属性
    this.属性=属性值 2;
    ...
    this.meth=FunctionName1;        //定义方法，需要定义对应的函数
    this.meth=FunctionName2;
    ...
}
```

例如定义一个矩形类，包含两个属性成员：矩形的高和宽，其定义语法如下：

```
function MyClass(x,y)
{
    this.width = x;
    this.height= y;
}
```

这里为 MyClass 对象定义了一个具有两个参数（x 和 y）的构造函数，在这个例子中，把 x 参数传递给宽度属性 width，把 y 参数传递给高度属性 height。为了使用对象，需要创建一个实例，例如可以使用 new 关键字来创建一个实例，语句如下：

```
var lb＝new MyClass(10,20);
```

然后可以引用 width 属性或 height 属性来修改这两个属性的值，例如：

```
lb.width=30;
lb.height=50;
```

2. 对象的方法

JavaScript 的一个强大功能是创建有函数属性的对象。用于创建对象的关键字 this 还可以用于当前对象的方法。给函数增加方法的过程分为两步：首先创建一个函数来定义方法，然后将这个方法加入构造函数中。

例如，要定义一个计算面积的方法 compArea，那么先定义一个函数来指明该方法是如何工作的，如下所示：

```
//类成员函数对应的函数定义
function compArea()
```

```
{
    return this.width * this.height;
}
```

下一步就是将这个函数连接为 MyClass 对象的一个方法，这可以通过在该对象的构造函数中增加下面一行来实现：

```
this.getarea = compArea;
```

这行语句指出 getarea 方法由函数 compArea 定义。用同样的方法可以增加其他的方法，然后加入到构造函数中。w4-7.htm 是前面讲到的函数和方法应用的完整例子——MyClass 对象，该段程序将会产生如图 4-15 所示的输出结果。

代码清单 w4-7.htm

```html
<html>
    <head>
        <script language="javascript">
            // 类成员函数对应的函数定义
            function compArea()
            {
                return this.width * this.height;
            }
            // 定义一个矩形类，包含两个成员变量和一个成员函数
            function MyClass(x,y)
            {
                this.width = x;
                this.height= y;
                this.getarea = compArea;
            }
        </script>
    </head>
    <body>
        <script language="javascript">
            var area=0;
            myObj = new MyClass(5,6);
            area=myObj.getarea();
            document.write("MyClass(5,6)面积是："+area);
        </script>
    </body>
</html>
```

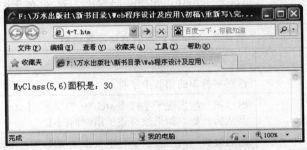

图 4-15　MyClass 对象实例程序的输出结果

事实上，在 JavaScript 中，所有的对象可以分为预定义对象和自定义对象。

3．预定义对象

预定义对象是系统（JavaScript 或浏览器）提供的已经定义好了的对象，用户可以直接使用。预定义对象又包括 JavaScript 的内置对象和浏览器对象。

（1）内置对象。

JavaScript 将一些常用的功能预先定义成对象，用户可以直接使用，这种对象就是内置对象。这些内置对象可以帮助用户在设计自己的脚本时实现一些最常用最基本的功能。例如，用户可以使用 Math 对象的 PI 属性求圆周率，即 Math.PI；使用 Math 对象的 sin()方法求一个数的正弦值，即 Math.sin()；利用 Date()对象来获取系统的当前日期和时间等。

（2）浏览器对象。

浏览器对象是浏览器提供的对象。现在，大部分浏览器可以根据系统当前的配置和所装载的页面为 JavaScript 提供一些可供使用的对象，例如 document 对象就是一个十分常用的浏览器对象。在 JavaScript 程序中可以通过访问这些浏览器对象来获得相应的服务。

4．用户自定义对象

虽然可以在 JavaScript 中通过使用预先定义的对象来完成强大的功能，但是一些高级用户还需要按照某些特定的需求创建特殊应用的对象，JavaScript 提供了创建对象的支持。

在 JavaScript 中，一种对象类型是一个用于创建对象的模板，这个模板中定义了对象的属性和方法。在 JavaScript 中一个新对象的定义方法如下：

对象的变量名 ＝new　对象类型(可选择的参数)

访问对象属性的语法如下：

对象的变量名.属性名

访问对象方法的语法如下：

对象的变量名.方法名(方法可选参数)

例如，定义一个字符串对象（即 String 对象）：

```
var gamma;
gamma = new String("This is a string");        //定义一个字符串对象，对象名为 gamma
document.write (gamma.substr(5,2));             //使用对象的方法，本例是取子串的方法
document.write (gamma.length);                  //使用对象的属性，本例是获得字符串的长度
```

4.3.2　内置对象

1．String 对象

String 对象是 JavaScript 的内置对象，被封装了一个字符串，该对象提供了许多字符串的操作方法。String 对象的唯一属性是 length，String 对象的方法如表 4-8 所示。

表 4-8　String 对象的方法及其功能

名称	功能
CharAt(n)	返回字符串的第 n 个字符
IndexOf(srchStr[,index])	返回第一次出现子字符串 srchStr 的位置，index 从某一指定处开始，而不从头开始。如果没有该子串，返回-1
LastIndexOf(srchStr[,index])	返回最后一次出现子字符串 srchStr 的位置，index 从某一指定处开始，而不从头开始

名称	功能
Link(href)	显示 href 参数指定的 URL 的超链接
SubString(n1,n2)	返回第 n1 到第 n2 字符之间的子字符串
ToLowerCase()	将字符转换成小写格式显示
ToUpperCase()	将字符转换成大写格式显示

w4-8.htm 说明了对象的属性和方法的应用，其在浏览器中的显示结果如图 4-16 所示。

代码清单 w4-8.htm

```
<HTML>
    <HEAD>
            <TITLE>一个 JavaScript 对象的属性和方法的使用</TITLE>
            <SCRIPT LANGUAGE=javascript>
            <!--
                    sth=new String("这是一个字符串对象");
                    document.write ("sth='这是一个字符串对象'","<br>");
        document.writeln ( "sth 字符串的长度为:",sth.length, "<br>");
        document.writeln ( "sth 字符串的第 4 个字符为:'",sth.charAt (4),"'<br>");
        document.writeln ( "从第 2 到第 5 个字符为:'",sth.substring (2,5),"'<br>");
        document.writeln ( sth.link("http://www.lllbbb.com"),"<br>");
            //-->
            </SCRIPT>
    </HEAD>
    <BODY>
        </BODY>
</HTML>
```

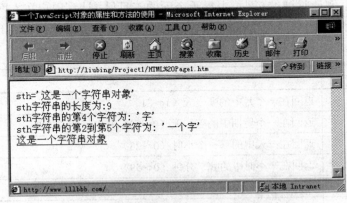

图 4-16　String 对象的属性和方法的应用实例

2.　Array 对象

数组是一个有相同类型的有序数据项的数据集合。在 JavaScript 中，Array 对象允许用户创建和操作一个数组，支持多种构造函数。数组从零开始，所建的元素拥有从 0 到 size-1 的索引。在数组创建之后，数组的各个元素都可以使用[ ]标识符进行访问。Array 对象的方法如表 4-9 所示。

表 4-9 Array 对象的部分方法

方法	说明
Concat(array2)	返回一个包含 array1 和 array2 级联的 Array 对象
Reverse( )	把一个 Array 对象中的元素在适当位置进行倒转
Pop()	从一个数组中删除最后一个元素并返回这个元素
Push()	添加一个或多个元素到某个数组的后面并返回添加的最后一个元素
Shift()	从一个数组中删除第一个元素并返回这个元素
Slice (start,end)	返回数组的一部分，从 index 到最后一个元素来创建一个新数组
Sort()	排序数组元素，将没有定义的元素排在最后
Unshift()	添加一个或多个元素到某个数组的前面并返回数组的新长度

3. Math 对象

Math 对象所提供的属性和方法在进行数学运算时非常有用，例如 sin()、cos()、abs()、PI、max()、min()等用于计算的数学函数。用法如下：

```
<SCRIPT LANGUAGE="javascript">
<!--
    document.write (Math.PI);              //取得 3.1415926
    document.write (Math.random());        //产生一个 0 到 1 之间的随机数
//-->
</SCRIPT>
```

4. Date 对象

Date 对象提供了几种获取日期和时间的方法。定义 Date 对象的方法如下：

```
var  d1= new Date();
```

该对象内置了多种方法，利用这些方法可以在网页上作出很多漂亮的效果，而且这些效果都很新奇。例如，倒计时钟、在网页上显示今天的年月日、计算用户在本网页上的逗留时间、在网页上显示一个电子表、网上考试的计时器等。Date 对象的方法如表 4-10 所示。

表 4-10 Date 对象的方法

方法	说明
GetDate()	返回在一个月中的哪一天（1～31）
GetDay()	返回在一个星期中的哪一天（0～6），其中星期天为 0
GetHours()	返回在一天中的哪一个小时（0～23）
GetMinutes()	返回在一小时中的哪一分钟（0～59）
GetSeconds()	返回在一分钟中的哪一秒（0～59）
GetYear()	返回年号
SetDate(day)	设置日期
SetHours(hours)	设置小时数
SetMinutes(mins)	设置分钟数
SetSeconds(secs)	设置秒
SetYear(year)	设置年

w4-9.htm 是一个在浏览器中显示当前日期和时间的实例，其在浏览器中的显示结果如图 4-17 所示。

代码清单 w4-9.htm

```html
<html>
    <head>
        <script language="javascript">
        var timeStr, dateStr;
        var begintime = new Date();
        function timeclock()
        {
            now= new Date();
            hours= now.getHours();
            minutes= now.getMinutes();
            seconds= now.getSeconds();
            timeStr= "" + hours;
            timeStr+= ((minutes < 10) ? ":0" : ":") + minutes;
            timeStr+= ((seconds < 10) ? ":0" : ":") + seconds;
            document.myclock.time.value = timeStr;
            // 日期
            day= now.getDate();
            month= now.getMonth()+1;
            month= ((month < 10) ? "0" : "")+ month;
            year= now.getYear();
            dateStr= "" + month;
            dateStr+= ((day < 10) ? "/0" : "/") + day;
            dateStr+= "/" + year;
            document.myclock.date.value = dateStr;
            Timer= setTimeout("timeclock()",1000);
        }
        function staytime()
        {
            endtime = new Date();
            minutes = (endtime.getMinutes() - begintime.getMinutes());
            seconds = (endtime.getSeconds() - begintime.getSeconds());
            time = (seconds + (minutes * 60));
            time = (time);
            alert('您在本页共停留了 ' + time+" 秒钟");
        }
        </script>
    </head>
    <body onload="timeclock()" onUnload="staytime();">
        <form name="myclock">
            时间：<input type="text" name="time" size="10" value=""><br>
            日期：<input type="text" name="date" size="10" value="">
        </form>
    </body>
</html>
```

图 4-17　Date 对象的方法使用实例

4.3.3　浏览器和 HTML 对象

使用脚本语言离不开 HTML 对象模型，否则脚本语言只能作为一种退化的编程语言，并不能在 Web 应用中发挥强大作用。脚本语言和 HTML 对象模型结合在一起才使 Web 更具有吸引力。

1.　HTML 对象模型

HTML 对象模型定义了表示网页及其元素的对象。这种技术形成了支持动态 HTML 的基础。对象模型以事件、属性和方法定义了一组对象，可以用来创建应用或为应用编写脚本。这些对象都按一定的层次组织，这个对象模型是一个由对象组成的层次结构，如图 4-18 所示。

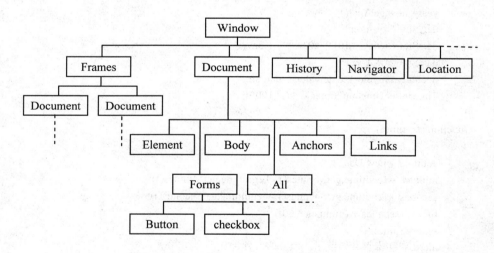

图 4-18　HTML 对象模型

顶层是 Window 对象，代表浏览器的窗口。对于其他的对象，如实际存在的当前文档（Document）、超链接（Links）、文档的锚点（Anchors）以及其他被显示文档的地址都可以作为窗体对象的属性被访问。Window 对象包括了对其他 6 个对象的引用：Document、History、Location、Navigator、Screen 和 Event。例如：

```
window.document.write("hello, world!")
```

第二层对象可以是框架结构（Frames）或者文档对象（Document）。其中框架结构的每一个 Frame 对象中都包含一个文档对象，而文档对象可以包括以下对象：

- History：文档的历史记录（曾经访问过该文档的 URL 地址记录清单）。
- Location：当前文档所在的位置（URL 地址、文件名以及与当前文档位置有关的其他属性）。
- Navigator：返回浏览器被使用的信息。

动态 HTML 对象模型中的对象具有一般对象化编程语言的特性，有属性、方法和事件。例如，Document 对象有它自己的属性，并且有些属性本身也是对象。除了 HTML 元素（文本和图像）以外，每个文档都包含一些可编程的对象（如锚点、超链接和窗体）。借助这些对象可以访问当前文档的超链接和锚点。

2. Window 对象

Window 对象封装了当前浏览器的环境信息。一个 Window 对象中可能包含几个 Frame（框架）对象。每个 Frame 对象在它所在的框架区域内作为一个根基，相当于整个窗口的 Window 对象。下面详细介绍 Window 对象的属性、方法和事件。

（1）Window 对象的属性。

广义的 Window 对象包括浏览器的每一个窗口、每一个框架（Frame）或活动框架（IFrame）。Window 对象的属性如表 4-11 所示。

表 4-11　Window 对象的属性

属性	说明
frames	表示当前窗口中所有 frame 对象的数组
status	表示浏览器的状态行信息，通过该属性可以返回或者设置将在浏览器状态栏中显示的内容。例如可以在浏览器状态栏中显示浏览当天的日期：Status=DataFormat（Date）
defaultstatus	表示浏览器默认的状态行信息，该属性可以返回或者设置将在浏览状态栏中显示的默认内容
history	表示当前窗口的历史记录，这可以应用在网页导航中
closed	表示当前窗口是否关闭的逻辑值
document	表示当前窗口中显示的当前文档对象
location	表示当前窗口中显示的当前 URL 的信息
name	表示当前窗口对象的名字
opener	表示打开当前窗口的父窗口
parent	表示包含当前窗口的父窗口
top	表示一系列嵌套的浏览器中最顶层的窗口，即代表最顶层窗口的一个对象，可以通过这个对象访问当前窗口的属性和方法
self	是 Window 对象的一个只读属性，属性返回当前窗口的一个对象，可以通过这个对象访问当前窗口的属性和方法
length	表示当前窗口中的帧个数

（2）Window 对象的方法。

- Alert：使用 Alert 方法可以弹出一个警告框，其中显示一条信息，并且有一个"确定"按钮。用法：window.alert("这次你可真走运!")，其在浏览器中的显示结果如图 4-19 所示。

图 4-19　Alert 警告框

● **Confirm**：使用 Confirm 方法可以弹出一个对话框，其中显示一条信息，并显示"确定"和"取消"两个按钮，且能返回一个逻辑布尔量的值，可以被脚本程序使用，示例代码如下：

```
<SCRIPT LANGUAGE= "JavaScript">
<!--
   Res = window.confirm("您有勇气确认吗？");
   if (Res) {document.write("您真勇敢!")}
   else {document.write("您太年轻，还需要锻炼!")}
//-->
</Script>
```

这个例子中首先请用户进行选择，如图 4-20 所示，如果用户单击"确定"按钮，则显示如图 4-21 所示的浏览器窗口；如果用户单击"取消"按钮，则显示如图 4-22 所示的浏览器窗口。

图 4-20　Confirm 对话框

图 4-21　Confirm 实例（1）

图 4-22　Confirm 实例（2）

● **Prompt**：用 Prompt 方法可以弹出一个信息框，其中显示一条信息，并且有一个文本输入框、一个"确定"按钮和一个"取消"按钮。如果单击"确定"按钮，则文本框中输入的内容将被返回，可以被脚本程序使用。这个方法有两个参数：第一个是要在对话框中显示的信息；第二个是文本输入框内默认显示的内容。例如 Str=window.prompt("有胆子报上名来!","")，其在浏览器中的显示结果如图 4-23 所示。在 Prompt 对话框中，如果单击"确定"按钮，将向变量 Str 返回当前文本输入框内的字符串；如果单击"取消"按钮，将不执行任何操作。

图 4-23　Prompt 对话框

- Open：这个方法可以建立一个新的窗口，它可以使用许多参数。第一个参数是要在新窗口中打开文件的 URL 地址，这个参数是必需的；第二个参数是 Target，即打开文件窗口的名字；随后的参数都是对新窗口属性的描述。例如要打开一个没有工具条、定位框和目录框的窗口，这个窗口中显示 Search.htm，可以使用语句 window.open ("h2.htm","kkk","tooibar=no location=no")。

- Close：这个方法用来关闭一个窗口。例如 window.close ()，这行代码将关闭当前窗口。

- SetTimeout：这也是 Window 对象的一个方法，用来设置一个计时器，该计时器以毫秒为单位，当所设置的时间到时会自动地调用一个函数。SetTimeout 方法可以使用 3 个参数：第一个参数用来指定设定时间到后调用函数的名称；第二个参数用来设定计时器的时间间隔；第三个参数用来指定函数使用的脚本语言类型（JavaScript 或 VBScript）。w4-10.htm 是一个使用 SetTimeout 方法的例子，其在文本框中显示一个电子表。实例在浏览器中的显示结果如图 4-24 所示。timerID=window.setTimeout ("change()",interval)这行代码可以创建一个计时器，每一秒钟调用 change()子函数一次，这个函数使用的脚本是 JavaScript 脚本。在设置计时器的同时创建了一个计时器对象，它的句柄是 timerID，以后可以对这个对象进行操作。

代码清单 w4-10.htm

```html
<HTML>
  <HEAD>
    <TITLE>一个 JavaScript 计时器的应用</TITLE>
    <SCRIPT LANGUAGE = JavaScript>
    <!--
        var flag;
        interval=1000;
        function change()   {
            var today = new Date();
            ext1.value = today.getHours() + ":" + today.getMinutes() + ":" + today.getSeconds();
            timerID=window.setTimeout("change()",interval);
        }
    //-->
    </SCRIPT>
  </HEAD>
  <BODY onload="change()">
    <INPUT id=text1 name=text1>
  </BODY>
</HTML>
```

图 4-24   脚本计时器的应用

● ClearTimeout：这个方法用来清除一个计时器，使用方法如下：

Window.clearTimeout timerID

这行代码可以清除名字为 timerID 的计时器对象。

（3）Window 对象的事件。

在脚本模型中，对象都有自己的事件。大多数对象的事件都是相同的，它们都是浏览器中的一些事件，如 onBlur、onDblclick、onFocus、onKeydown、onKeyup、onMousemove、onMouseover、onSelectstart、onClick、onDragstart、onHelponkeypress、onMousedown、onMousout、onMouseup 等。可以为这些对象事件编写事件处理程序，当事件被激活时，事件处理程序被执行。

Window 对象包含上面讲到的大多数对象的事件，这里不一一详细介绍，只介绍两个Window 对象特有的事件：OnLoad 事件和 OnUnload 事件。

● OnLoad：Window 对象的 OnLoad 事件在分析完 HTML 文件的所有代码内容后被激活。可以使用这个对象事件在网页加载时执行一定的任务。例如，可以在网页被加载时同时加载一个广告页，脚本程序代码为 w4-11.htm。

代码清单 w4-11.htm

```
<HTML>
    <HEAD>
        <TITLE>一个 JavaScript 程序测试</TITLE>
        <SCRIPT LANGUAGE=javascript>
        <!--
            function kkk(){
                window.open("H1.htm", "", " toolbar=no,menubao=no")
            }
            //-->
    </SCRIPT>
    </HEAD>
    <BODY onLoad = "kkk()">
        <A href="http://www.whpu.com/e1.htm">test</A>
    </BODY>
</HTML>
```

● OnUnload：在窗口被卸载时，也就是离开当前浏览窗口时，事件内容被激活。也可以在网页被卸载时同时加载一个广告页，脚本程序代码如下：

```
<SCRIPT LANGUAGE=javascript>
<!--
    function kkk(){
    window.open("H1.htm", "", " toolbar=no,menubao=no")
```

```
        }
//-->
</SCRIPT>
```

在\<body\>标记中，加上事件的触发：\<BODY onUnload="kkk()"\>。

3. Document 对象

Document 对象是指在浏览器窗口中显示的 HTML 文档。Document 对象的属性，简单的如文档的背景、文档字体的颜色等，复杂的如各种链接和锚的结合体、Form、ActiveX 控件等。

Document 对象提供了一些强有力的方法，使得可以在文档中直接传送 HTML 语句。Document 对象作为 Window 对象包含下的一个对象，可以利用 Window.document 访问当前文档的属性和方法，如果当前窗体中包含框架对象，则可以使用表达式 Window.frames(n).document 来访问框架对象中显示的 Document 对象，式中的 n 表示框架对象在当前窗口中的索引号。

（1）Document 对象的属性。

Document 对象的属性如表 4-12 所示，这些属性的使用方法如 w4-12.htm 所示，其在浏览器中的运行结果如图 4-25 所示。

表 4-12　Document 对象的属性

属性	说明
title	表示文档的标题
bgColor	表示文档的背景色
fgColor	表示文档的前景色
alinkColor	表示激活链接的颜色
linkColor	表示链接的颜色，例如 window.document.linkcolor="red"
vlinkColor	表示已经浏览过的链接的颜色
URL	表示文档对应的 URL
domain	表示提供文档的服务器域
lastModified	表示文档最后修改的时间
cookie	表示与文档相关的 cookie
all	表示文档中所有 HTML 标记符的数组。当前窗口中的文档对象的第一个 HTML 标记是 Document.all(0)。可以使用 all 属性对象的属性和方法，例如 Document.all.length 将返回文档中 HTML 标记的个数
applets	表示文档中所有 applets 的信息，每一个 applet 都是这个数组中的一个元素
anchors	表示文档中所有（带 NAME 属性的超链接）（锚）的数组
forms	表示文档中所有的表单信息，每一个表单都是这个数组的一个元素
images	表示文档中所有的图像信息，每一个图像都是这个数组的一个元素
links	表示文档中所有的超链接信息，每一个超链接都是这个数组的一个元素
referrer	表示链接到当前文档的 URL
embeds	表示文档中所有的嵌入对象的信息，每一个嵌入对象都是这个数组的一个元素

代码清单 w4-12.htm

```
<HTML>
    <HEAD>
            <title>document 对象属性</title>
    </HEAD>
    <body>
        <a href="http://www.cnu.edu.cn">超级链接 1</A>     <!--形成超级链接-->
        <a href="http://www.pku.edu.cn">超级链接 2</A>
        <img src="1.gif" height="100" width="120" />     <!--链接图像-->
        <form action ="login.aspx">
            <input type="button"    value="单击这里显示当前日期和时间" onclick="dateinfo()" />
        </form>
        <script language ="JavaScript" type ="text/javascript">                  // JavaScript 脚本标注
         document.write("当前文档的标题："+document.title+"<BR>");
         document.write("当前文档的 URL："+document.URL+"<BR>");
         document.write("当前文档的背景色："+document.bgColor+"<BR>");
         document.write("当前文档的最后修改日期："+document.lastModified);
         document.write("当前文档中包含"+document.links.length+"个超级链接"+"<BR>");
         //输出超级链接的个数
         document.write("当前文档中包含"+document.images.length+"个图像"+"<BR>");
         //输出图像的个数
         document.write("当前文档中包含"+document.forms.length+"个表单"+"<BR>");
         //输出表单的个数
         document.write("当前文档中未被访问的超级链接的颜色是"+document.linkColor+"<BR>");
         document.write("当前文档中已被访问的超级链接的颜色是"+document.vlinkColor);
        </script>
    </body>
</HTML>
```

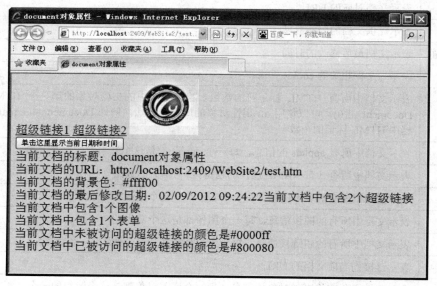

图 4-25　Document 对象属性的使用方法

（2）Document 对象的方法。

Document 对象提供了一些在脚本模式中强有力的方法，这些方法使得用户可以在脚本中建立显示在用户浏览器中的 HTML 文档。

- Write：用于将一个字符串放在当前文档中，放入的内容将被浏览器所识别。如果是一般文本，将在页面中显示；如果是 HTML 标记，将被浏览器解释。
- Open：用于打开要输入的文档。当前文档的内容将被清除掉，而新的字符串可以通过 Write 方法放入当前文档。
- Clear：用于清除当前文档中的内容，更新屏幕。

 **习题四**

一、选择题

1. 引用名为 xxx.js 的外部脚本的正确语法是（　　）。

    A．<script href="xxx.js">　　　　　　B．<script src="xxx.js">

    C．<script name="xxx.js">　　　　　　D．<script　id="xxx.js">

2. 创建 JavaScript 方法声明的正确格式为（　　）。

    A．function String myFunction(){}　　　B．function myFunction(){}

    C．function myFunction(int a){}　　　　D．function public void myFunction(){}

3. 定义 JavaScript 数组的正确方法是（　　）。

    A．var txt ={"George","John","Thomas"}

    B．var txt = new Array(1:"George",2:"John",3:"Thomas")

    C．var txt = new Array("George","John","Thomas")

    D．var txt = new Array:1=("George")2=("John")3=("Thomas")

4. document.getElementsbyName("name")方法的返回类型是（　　）。

    A．Object（对象）　　　　　　　　　B．String

    C．Array（数组）　　　　　　　　　　D．无返回值

5. 以下对 JavaScript 内置方法描述正确的是（　　）。

    A．JavaScript 中可以应用 Integer.parseInt()方法转整型

    B．JavaScript 中用 alert()方法弹出一个警告框，单击"确定"按钮后程序结束，回传 false

    C．JavaScript 中的 isNaN(expr)方法是检查 expr 是否是一个数字，是数字回传 true，不是数字回传 false

    D．JavaScript 中的 confirm()方法是弹出确认窗口，必须单击"确定"或"取消"按钮后程序才会继续运行，单击"确定"按钮回传 true，单击"取消"按钮回传 false

二、填空题

1. JavaScript 是由 Netscape 开发的一种_____语言，可以直接插入到 HTML 文档中。

2. JavaScript 中用_____声明变量。

3. JavaScript 窗口对象是_____，封装整个文本的对象是_____。

4. JavaScript 中应用 checkbox 的_____属性来设置复选框是否被勾选。

5．在网页中插入脚本语言通常有 3 种方式：使用 SCRIPT 标记符、在标记符中直接嵌入脚本、链接_____文件。

三、程序设计题

1．用 JavaScript 写一个函数 isAlpha()，功能是检查一个表单元素是否只含有字母（即 a～z 和 A～Z）。

2．在网页上添加时间显示信息，显示当天的日期、时间及星期几，要求完整的网页代码。

3．编写程序实现：取系统时间，如果时间在 6:00～12:00 之间，输出"早上好"；如果时间在 12:00～18:00，输出"下午好"；如果时间在 18:00～24:00 之间，输出"晚上好"；如果时间在 0:00～6:00 之间，输出"凌晨好"。

4．试利用 JavaScript 打印一个九九乘法表。

5．利用 JavaScript 的 setTimeOut 函数在一个网页的文本框中显示一个数字时钟，格式为 03:16:47 PM。

第5章 Web 窗体和常用服务器控件

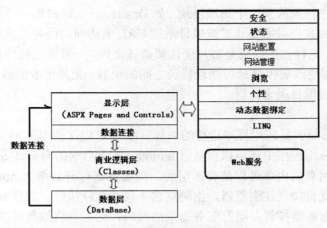

学习目标

本章主要介绍 Web 服务器控件的使用方法，以帮助读者完成实际项目任务。通过对本章的学习，读者应该掌握：

- ASP.NET 服务器控件的基本概念
- ASP.NET 中内部常用控件的使用方法
- ASP.NET 中验证控件的使用方法

5.1 ASP.NET 网站的逻辑结构

5.1.1 概述

ASP.NET 是一种完全面向对象的系统，该系统最大的特点是建立在.NET 框架之上，因此可以快速开发出功能强大、运行可靠且易于扩展的应用系统。

ASP.NET 网站的逻辑结构可以是两层结构也可以是三层结构。所谓两层结构是显示层直接连接到数据层，而所谓三层结构是在显示层和数据层的中间增加一个商业逻辑层。两层或三层逻辑结构如图 5-1 所示。

图 5-1 ASP.NET 的逻辑结构

在图 5-1 中，左边的"数据连接"代表两层结构时的连接，中间的"数据连接"代表三层结构时的连接。在三层结构中，第一层是显示层（Presentation Layer），第二层是商业逻辑层（Business Logic Layer），第三层是数据层（Data Layer）。如果系统比较简单时，采用两层结构比较合适。三层结构的中间层从物理上看可能还包括多个层次，但从逻辑上看都属于中间层。

图 5-1 右上方列出来的是框架提供的多种服务，包括安全、状态、网站配置、网站管理、浏览、个性、动态数据绑定、LINQ 等，这些都是设计中经常需要涉及的部分，将其中一些模式封装起来，提供给设计者调用，从而可以快速地开发出功能强大而又健壮的应用系统。图 5-1 右下方的 Web 服务是网站开发的重要手段，通过它可以借助其他网站的支持来增强本网站的功能。

5.1.2　ASP.NET 网站的组成

一个网站通常由多种文件组成，主要包括以下 5 部分：

- 一个在 IIS 信息服务器中的虚拟目录，这个虚拟目录被配置为应用程序的根目录。
- 一个或多个带.aspx 扩展名的网页文件，还允许放入若干.htm、.asp 网页或其他类型的文件。
- 零个或多个 Web.config 配置文件。
- 一个以 Global.asax 命名的全局文件。
- 几个专用的共享目录。

1. 虚拟目录

虚拟目录又称为目录的“别名”，是以服务器作为根的目录（不同于以磁盘为根的物理目录）。默认安装时，IIS 服务器被安装在“[硬盘名]:\Inetpub\wwwroot”下，该目录对应的 URL（统一资源定位符）是 http://localhost 或 http://服务器域名。在 Internet 中向外发布信息或接收信息的应用程序必须放在虚拟目录或其子目录下面，系统将自动在虚拟目录下寻找相关的文件。将应用程序放在虚拟目录下的方法有两种：

- 直接将网站的根目录放在虚拟目录下面。例如应用程序的根目录是 vsite，直接放在虚拟目录下，路径为“[硬盘名]:\Inetpub\wwwroot\vsite”。此时对应的 URL 是 http://localhost/ vsite。
- 将应用程序目录放到一个物理目录（如 D:\site）下，同时用一个虚拟目录指向该物理目录。此时客户只需要通过虚拟目录的 URL 来访问，而并不需要知道对应的物理目录在哪里。这样做的好处是客户无法修改该文件，一旦应用程序的物理目录有了改变时，也只需更改虚拟目录与物理目录之间的映射，无须更改虚拟目录，客户仍然可以用原来的虚拟目录来访问。

2. 网页文件

网页（或称窗体页）是应用程序运行的主体。在 ASP.NET 中基本网页是以.aspx 为后缀的网页。除此之外，应用程序中还可以包括以.htm 或.asp 为后缀的网页（或其他类型的文件）。

系统执行这些网页的内部过程是有区别的。当服务器打开后缀为.htm 的网页时，服务器将不经过任何处理就直接送往浏览器，由浏览器下载并解释执行；而打开后缀为.aspx 的网页时，则需要先创建服务器控件，运行服务器端的代码，然后再将结果转换成 HTML 的代码形式送往浏览器。当然也不是每次都要在服务器端重新解读和运行，对于那些曾经请求过而又没有改变的 ASPX 网页，服务器会直接从缓冲区中取出结果而不需要再次运行。

因此，对于一个即使不包含服务器端代码的 HTML 网页，也允许使用.aspx 作为文件的后缀。此时服务器会解读此网页，当发现其中并不包括服务器端代码时，也会将文本送往浏览器，其他什么事情也不做，其结果只是稍微降低了程序的运行效率。因此尽管允许纯 HTML 网页也使用.aspx 后缀，但并不提倡这样做。反过来，如果网页中包括有服务器控件或服务器端代码，而仍然采用.htm 后缀时，将会出现错误。

3．网站配置文件

（1）Web.config 配置文件的作用。

Web.config 是一个基于 XML 的配置文件，因此人和机器都能够识别。该文件的作用是对应用程序进行配置，例如规定客户的认证方法、基于角色的安全技术策略、数据绑定的方法、远程处理对象等。

可以在网站的根目录和子目录下分别建立 Web.config 文件，也可以一个 Web.config 文件都不建立。Web.config 并不是网站必备的文件，这是因为服务器有一个总的配置文件，名为Machine.config，默认安装在"[硬盘名]:\windows\Microsoft.NET\ Framework\(版本号)\CONFIG\"下。这个配置文件已经确定了所有 ASP.NET 应用程序的基本配置，通常情况下不要去修改这个文件，以免影响其他应用程序的正常运行。

在 Machine.config 与 Web.config 文件之间，以及各个目录的 Web.config 文件之间存在着一种层次关系。根目录的 Web.config 继承 Machine.config 的配置，子目录继承父目录 Web.config的配置。只有在某个子目录的 Web.config 中有新的配置时，才自动覆盖父目录的同名配置。

（2）Web.config 文件的基本结构。

一个 Web.config 文件的基本结构如下：

```
<?xml version="1.0"encoding="utf-8"?>
<configuration>
  <system.web>
    <elementName1>
      <childElementName1
        attributeName1=value
        attributeName2=value
        attributeNameN=value/>
    </elementName1>
    <elementName2
      attributeName1=value
      attributeName2=value
      attributeNameN=value/>
    …
    <elementNameN
      attributeName1=value
      attributeName2=value
      attributeNameN=value/>
  </System.Web>
</configuration>
```

每个 Web.config 文件都以标准的 XML 声明开始，没有这个声明也不会出错。文件中包括<configuration>的开始标记和结束标记。该标记的内部是<system.web>的开始标记和结束标记，表示其中的内容是 ASP.NET 特有的配置信息。这些配置信息的标记就是元素（Element）。元素可以由一个或多个子元素组成，这些子元素带有开始标记和结束标记，元素的内容用"名字/值"对来描述。

4．网站全局文件

Global.asax 文件（又称为 ASP.NET 应用程序文件）是一个可选的文件，一个应用程序最多只能建立一个 Global.asax 文件，而且必须放在应用程序的根目录下。这是一个全局性的文件，用来处理应用程序级别的事件，例如 Application_Start、Application_End、Session_Start、Session_End 等事件的处理代码。当打开应用程序时系统首先执行的就是这些事件处理代码。

5. 共享目录

为了管理方便，在 ASP.NET 网站中有以下几个专用的共享目录：

- App_Code 目录：App_Code 是一个共享的目录。如果将某种文件（如类文件）放在本目录下时，该文件就会自动成为应用程序中各个网页的共享文件。当创建三层架构时，中间层的代码将放在这个目录下以便共享。
- App_Data 目录：如果将数据库放在 App_Data 目录下时，这些数据库将自动成为网站中各网页共享的资源。
- App_Themes 目录：App_Themes 是一个用于放置主题的目录，在主题目录中将放入皮肤文件、样式文件和相关的图像文件，用来确定网站中各网页的显示风格。

5.1.3   ASP.NET 页面

在 Microsoft Studio.NET 架构中，Web 程序是通过 Web Form（或称为 Web 窗体）表现出来的。而在 Web 窗体中所有的控件都被看成是对象，每个对象都有属性、方法和事件，甚至把数据类型都当成对象，每种数据类型都有特有的属性和方法。

Web 窗体的后缀名是.aspx。当一个浏览器第一次请求一个 ASPX 文件时，Web Form 页面将被 CLR（Common Language Runtime）编译器编译。此后，当再有用户访问此页面时，由于 ASPX 页面已经被编译过，所以 CLR 会直接执行编译过的代码，这样对于用户来讲所要请求的页面将被快速地显示在浏览器中。ASP.NET 支持可编译的语言，包括 VB.NET、C#、JScript.NET 等，并且 ASP.NET 是一次编译多次执行。

为了简化程序员的工作，ASPX 页面不需要手工编译，而是在页面被调用的时候由 CLR 自行决定是否编译。一般来说，以下两种情况下 ASPX 会被重新编译：

- ASPX 页面第一次被浏览器请求。
- ASPX 页面被改写。

在 ASP.NET 中采用用户界面与程序代码相分离的技术将用户界面数据保存在.aspx 文件中，将程序代码保存在.aspx.cs 文件中。这种设计方式使 ASP.NET 程序的结构更清晰，更容易进行程序调试和维护。

在.aspx.cs 文件中可以对用户控件的事件进行处理。例如，在 Default.asp.cs 中默认包含一个 Page_Load()方法，该方法在打开网页时被执行，通常用于初始化窗体显示的内容。在 Page_Load()方法中添加如下代码：

```
private void Page_Load(object sender, System.EventArgs e) {
    lbdisp.Text = "改变文字，请单击按钮";
}
```

单击工具栏中的"启动调试"按钮，Visual Studio 将创建一个临时的 ASP.NET 开发服务器，同时打开默认的 Web 浏览器，运行 ASP.NET 应用程序。

5.1.4   ASP.NET 页面处理过程

例如在 Web 窗体中定义了如下两个控件：

- 标签控件：<asp:Label id="lbdisp" runat="server" >
- 按钮控件：<asp:Button id="btsubmit" runat="server" Text="Button" onclick="btsubmit_Click">

这两个控件分别被看成不同的对象，并且在这两个控件定义中分别定义了 ID 属性值（标签控件 ID="lbdisp"、按钮控件 ID="btsubmit"），这样，在程序设计中，如果想引用这两个对象，直接把 ID 值作为对象名。例如在按钮的单击事件中，想改变标签组件显示内容的方法是修改该组件的"文本"属性值，操作指令如下：

```
lbdisp.Text = "测试成功";    //让 lbdisp 对象的 text 属性值等于"测试成功"
```

1．Web 窗体页处理

和所有服务器端的进程一样，当 ASPX 页面被客户端请求时，页面的服务器端代码被执行，执行结果被送回到浏览器端。Web 处理的某些特性（通过 HTTP 协议传递的信息、Web 页的无状态特性等）应用到 Web 窗体页。

但是，ASP.NET 框架还执行许多 Web 应用程序服务。例如，ASP.NET 框架捕获由 Web 窗体页发送的信息，提取相关值，并使信息可通过对象属性访问。

（1）页面的往返处理。

需要理解的最重要概念之一就是 Web 窗体页中工作的划分。浏览器向用户显示一个窗体，用户与该窗体进行交互，并使用户输入的信息通过窗体回送到服务器。但是，因为与服务器组件进行交互的所有处理必须在服务器端发生，这意味着对于要求处理的每一操作而言，必须将该窗体发送到服务器，服务器端对接收的信息进行处理，然后返回到浏览器，这一事件序列称为"往返处理"。

下面通过一个例子来说明"往返处理"的工作过程。例如，用户输入一个订单并且服务器端程序要确认对该订单有足够的库存，过程如下：用户输入订单的所有数据后单击"提交"按钮，浏览器将该页信息发送给服务器；服务器进程检查该订单，执行库存查找，也可能执行在业务逻辑中定义的某些操作，这时可能会发现一些错误，服务器端进程修改用户提交页以提示一个错误，然后将该页返回到用户的浏览器以继续。

在 Web 窗体中，大多数用户操作（如单击一个按钮）将导致一个"往返处理"。因此，ASP.NET 服务器控件中的可用事件通常仅限于 Click 类型的事件。

大多数服务器控件不包含诸如 OnMouseOver 之类的高频率事件，因为每次引发此类事件时将发生一次往返处理，这将显著影响窗体中的响应时间。

（2）重新创建页。

在任何 Web 方案中，每一次往返处理都需要重新创建页。只要服务器处理完毕，并完成将页发送到客户端浏览器，服务器就放弃该页的信息。通过在每一次请求之后释放服务器资源，可以扩展 Web 应用程序以支持大量同时运行的用户。下一次发送该页时，服务器重新开始创建和处理该页，因此认为 Web 页是"无状态的"—— 在服务器上不保留页变量和控件的值。

在传统的 Web 应用程序中，服务器所具有的有关一个窗体的唯一信息就是用户已添加到窗体控件上的信息，因为当发送窗体时会将这些信息发送给服务器，其他信息（如变量值和属性设置）将被放弃。

ASP.NET 通过以下方法克服了这些限制：

- 在往返处理期间保存页和控件属性，这称为保存控件的视图状态。
- 提供状态管理功能，以便用户可以在往返处理期间保存变量和特定于应用程序或特定于会话的信息。

● 可以检测是否是第一次请求窗体，这使用户可以相应地进行编程。

（3）Web 窗体处理中的各个阶段。

ASP.NET 框架通过不同的阶段对 Web 窗体页进行处理。在 Web 窗体处理的每一个阶段，都可能会引发事件，并且将运行与该事件相对应的事件处理程序，这样程序员可以更新 Web 窗体页的内容。

表 5-1 列出了 Web 窗体处理中的各个阶段，以及这些阶段发生时所引发的事件、每一阶段的典型使用，每当请求或发送窗体时就重复这些阶段。Page.IsPostBack 属性使用户能够测试是否是第一次处理该页。

表 5-1　Web 窗体处理中的各个阶段

阶段	意义	典型使用
ASP.NET 框架初始化	引发该页的 Page_Init 事件，并还原该页和控件视图状态	在此事件期间，ASP.NET 框架还原控件属性和回发数据
用户代码初始化	引发页的 Page_Load 事件	读取和还原以前存储的值：使用 Page.IsPostBack 属性检查是否是第一次处理该页，如果是第一次处理该页，则执行用户自定义的一些初始化操作；否则，还原控件值，并读取和更新控件属性
验证	调用任何验证程序 Web 服务器控件的 Validate 方法来执行该控件的指定验证	此阶段没有用户处理事件，可以在事件处理程序中测试验证的结果
事件处理	如果已调用该页来响应窗体事件，则在此阶段期间调用该页中的相应事件处理程序	执行特定于应用程序的处理：处理所引发的特定事件，如果该页包含 ASP.NET 服务器控件验证类型，则检查该页和各个验证控件的 IsValid 属性，手动保存用户正自行维护的页变量的状态；检查该页或各个验证控件的 IsValid 属性；手动保存动态添加到该页的控件的状态
清除	调用 Page_Unload 事件，因为该页已完成呈现并准备好被放弃	执行最后的清除工作：关闭文件，关闭数据库连接，放弃对象

2．Page_Load 事件

事件用来传递消息给应用程序。例如，当用户单击窗体上的某个控件时，窗体引发一个 Click 事件并调用一个处理该事件的过程。另外，事件允许在不同任务之间进行通信。

当 ASP.NET 页被打开或重建时，会引发 Page_Load 事件。Page_Load 事件主要用于用户代码初始化、读取和还原以前存储的值，并能使用 Page.IsPostBack 属性（如果是第一次访问该页，则 Page.IsPostBack 属性为 false，否则为 true）检查是否是第一次处理该页。如果是第一次处理该页，则可执行初始数据绑定；否则，还原控件值，读取和更新控件属性。

Page_Load 事件的一个定义实例如下：

```csharp
<script Language="C#" runat="server">
private void Page_Load(object sender, System.EventArgs e) {
lbdisp.Text = "改变文字，请单击按钮";
}
</script>
```

在上面 Page_Load 事件的定义中，包含有微软.NET 框架中事件委托的两个参数：引发事件的源（参数 sender）和该事件的数据（参数 e）。事件数据类从 System.EventArgs 导出。如果事件不生成数据，则使用 EventArgs 作为事件数据类型。下面这个实例与第 1 章中实例的不同之处是没有按钮单击事件，但可通过单击按钮来改变标签组件的文本属性值，这个例子的主要目的是使读者了解页面的往返处理以及 Page_Load 事件中 Page.IsPostBack 属性的应用。w5-1.aspx 是 ASP.NET 窗体文件。

程序代码 w5-1.aspx

```
<HTML>
<HEAD>
        <title>例 5-1</title>
</HEAD>
<body >
    <form id="Form1" method="post" runat="server">
        <asp:Label id="lbdisp"   runat="server" Width="167px"></asp:Label>
        <asp:Button id="btsubmit"   runat="server" Text="Button" Width="134px" >
        </asp:Button>
    </form>
</body>
</HTML>
```

在 w5-1.aspx.cs 文件的 Page_Load 事件中添加 w5-1.aspx.cs 中的代码。

程序代码 w5-1.aspx.cs

```
private void Page_Load(object sender, System.EventArgs e){
    if (!Page.IsPostBack) {
        lbdisp.Text = "ASP.NET 页面第一次打开所显示的文字";
    }
    else
    {
        lbdisp.Text = "今后所显示的文字";
    }
}
```

其在客户浏览器中第一次打开的效果如图 5-2 所示，当用户单击 Button 按钮后所显示的页面如图 5-3 所示。

图 5-2　Page.IsPostBack 属性应用示例（1）　　　图 5-3　Page.IsPostBack 属性应用示例（2）

通常情况下，服务器控件都包含在 ASP.NET 页面中。当运行页面时，.NET 执行引擎将根据控件成员对象和程序逻辑定义完成一定的功能。例如当把服务器控件放入到 Web 窗体并显示在用户浏览器中时，用户可以与服务器控件进行交互，当页面被用户提交时，控件可以在服务器端引发事件，并由服务器根据相关事件处理程序来进行事件处理。通过这种方式可以简化 Web 应用程序的开发，提高应用程序的开发效率。

5.1.5 服务器控件种类

1. HTML 服务器控件

HTML 服务器控件是 HTML 元素包含使其自身在服务器上可见并可编程的属性。默认情况下，服务器无法使用 Web 窗体页上的 HTML 元素，这些元素被视为传递给浏览器的不透明文本。但是，通过将 HTML 元素转换为 HTML 服务器控件，可对其在服务器上进行编程。

Web 页上的任意 HTML 元素都可以转换为 HTML 服务器控件，转换方法是在 HTML 元素标签内添加 RUNAT="SERVER"属性。例如文本框的 HTML 元素为：

```
<INPUT  TYPE="TEXT"  ID="NAME1"  MAXLENGTH=16>
```

如果将其转换成 HTML 服务器控件，则为：

```
<INPUT  TYPE="TEXT"  ID="NAME1"  MAXLENGTH=16  RUNAT="SERVER">
```

这将在程序分析执行期间提醒 ASP.NET 框架应该创建该控件实例，以便在服务器端 Web 页的处理期间使用。如果要在代码中作为成员引用该控件，则还应当为该控件分配 ID 属性。

在 ASP.NET 框架中，最常使用的 HTML 元素大都提供预定义的 HTML 服务器控件，如窗体、HTML 的<INPUT>元素（包括文本框、复选框、"提交"按钮等）、列表框（<SELECT>）、表、图像等。这些预定义的 HTML 服务器控件具有一般控件的基本属性，此外每个 HTML 控件通常还拥有特定的属性集和事件。

2. Web 服务器控件

Web 服务器控件是另一种控件，这种控件与实际 HTML 控件编程所针对的模型可能有很大区别。

Web 服务器控件包括传统的窗体控件，如按钮、文本框和表等复杂控件，而且还包括提供在网格中显示数据、选择日期等常用窗体功能的控件。

例如下面的语句是在 ASP.NET 的 Web 文件中定义了一个 Web 服务器控件：

```
<asp:button runat="server"/>
```

本例中的属性不是 HTML 元素的属性，而是 Web 服务器控件中的属性。当运行 Web 窗体页时，Web 服务器控件使用适当的 HTML 形式显示在客户端浏览器上，这通常不只取决于浏览器类型，还与对控件进行的设置有关。例如，TextBox 控件可能呈现为一个<INPUT>标记，也可能是<TEXTAREA>标记，具体取决于其属性。

3. 验证控件

通过使用验证控件，可以向 Web 窗体页添加输入验证功能。验证控件为所有常用类型的标准验证提供了一种易用的机制（例如测试输入的数据值在某一范围之内），同时提供了自定义编写验证的途径。此外，验证控件允许用户完全自定义如何向用户显示错误信息。

验证控件可以和 Web 窗体页中的 HTML 服务器控件或 Web 服务器控件一起使用。

4. Web 用户控件

虽然 ASP.NET 服务器控件提供了大量的功能，但并不能涵盖每一种情况。当用户需要某种特殊的功能，而 ASP.NET 服务器控件又没有提供这种功能的控件时，可以使用 Web 用户控件根据应用程序的需要方便地自行定义控件，所使用的编程技术和用于编写 Web 窗体页的技术相同。甚至只需稍作修改即可将 Web 窗体页转换为 Web 用户控件。为了确保用户控件不能作为独立 Web 窗体页来运行，用户控件用文件扩展名.ascx 来进行标识。

5.2　Web 常用服务器控件

5.2.1　文本类控件

1．标签控件 Label

标签控件 Label 是 Web 服务器控件中最简单的控件，主要作用是在 Web 页面上显示文字，用户不能直接对这些文本进行编辑。标签控件的使用语法如下：

```
<ASP:Label
  id="控件的唯一标识"
  Runat="Server"
  Text="所要显示的文字"/>
```

或

```
<ASP:Label　id="控件的唯一标识"　Runat="Server">
  所要显示的文字
</ASP:Label>
```

说明：Label 控件的 id 属性值不能为空，并且不能出现空格。

Label 控件所显示的文本与 HTML 语言中的静态文本是有区别的，HTML 语言中的静态文本在任何时候都是不能改变的，而 Label 控件中所显示的文本能根据 Web 程序的要求来改变所显示的内容，当要使用程序来改变其显示的文字时，只要改变它的 Text 属性值即可。Label控件 Text 属性的示例可以参阅 w5-1.aspx。

通过 Label 控件介绍了 Web 服务器控件的基础属性。所谓基础属性就是所有的 Web 控件共同都有的属性，这些属性如表 5-2 所示。

表 5-2　Web 服务器控件的基础属性

属性	说明
AccessKey	用来指定键盘的快捷键
BackColor	获取或设置 Web 服务器控件的背景色
BorderWidth	获取或设置 Web 服务器控件的边框宽度
BorderStyle	获取或设置 Web 服务器控件的边框样式
CSSClass	获取或设置由 Web 服务器控件在客户端呈现的级联样式表（CSS）类
CSSStyle	获取 Web 服务器控件的样式
Enabled	获取或设置一个值，该值指示是否启用 Web 服务器控件
Font	获取与 Web 服务器控件关联的字体属性，包括 Font-Bold、Font-Italic、Font-Name、Font-Overline、Font-Size、Font-Strikeout、Font-Underline、ForeColor
Height	获取或设置 Web 服务器控件的高度
ID	获取或设置分配给服务器控件的编程标识符
TabIndex	获取或设置 Web 服务器控件的选项卡索引

属性	说明
Text	在 Web 服务器控件上显示的文本
ToolTip	获取或设置当鼠标指针悬停在 Web 服务器控件上时显示的文本
Visible	获取或设置布尔值，该值指示服务器控件是否在 Web 页上显示
Width	获取或设置 Web 服务器控件的宽度

AccessKey 属性可以用来指定键盘的快捷键。可以指定这个属性的内容为数字或英文字母，当用户按下键盘上的 Alt 再加上所指定的键时，表示选中该控件。例如指定 Web 控件 Button 的 AccessKey 属性为 B，当用户按下 Alt+B 时即表示按下该按钮。

Backcolor 属性用来指定 Web 服务器控件的背景色。其属性的设定值为颜色名称或是 #RRGGBB 的格式。如果用 RGB 来调色，利用图像处理软件来查询颜色的值较为方便。下列程序代码设定了 Label Web 控件的背景色为黄色。

```
<asp:Label id="lbdisp"  runat="server" backcolor=yellow> Backcolor 属性测试</asp:Label>
```

BorderStyle 属性可用来设定对象的外框样式，外框样式如表 5-3 所示，其在浏览器中的外观如图 5-4 所示。

表 5-3　BorderStyle 属性

BorderStyle 属性值	说明
Dashed	点划线边框
Dotted	虚线边框
Double	双实线边框
Groove	用于凹陷边框外观的凹槽状边框
Inset	用于凹陷控件外观的内嵌边框
None	无边框
NotSet	未设置边框样式
Outset	用于凸起控件外观的外嵌边框
Ridge	用于凸起边框外观的凸起边框
Solid	实线边框

图 5-4　BorderStyle 属性的效果测试

Enabled 属性可以确定窗体或控件是否可以响应用户生成的事件，而且 Enabled 属性还允许在 Web 程序运行时启用或禁用对象。例如，可以禁用不适用于应用程序当前状态的对象，如提供只读信息的文本框。该属性的默认值是 True，如果要让控件失去作用，只要将控件的 Enabled 属性值设为 False 即可。

Font 属性定义特定的文本格式，包括字体、字号和字形属性。Web 基础属性提供了 6 种属性来让用户设定字形的样式，其属性及设定值如表 5-4 所示。

表 5-4　Font 属性设定

Font 属性值	说明
Font-Bold	设定为 True 则会变成粗体
Font-Italic	设定为 True 则会变成斜体
Font-Names	设定为何种字形
Font-Size	设定字体大小，共有 9 种大小可供选择：Smaller、Larger、XX-Small、X-Small、Small、Medium、Large、X-Large、XX-Large
Font-Strikeout	设定为 True 则会出现删除线
Font-Underline	设定为 True 则会出现下划线

ToolTip 属性用来获取或设置当鼠标指针停留在控件上时显示的工具提示文本，以提示用户该控件的作用。

可以通过属性窗口设置 label 控件的外观，在图 5-5 中给出了设置部分属性的值及其效果。这些属性设置完成之后，其 ASP.NET 代码如下：

```
<asp:label runat="server" text="属性设置测试" BackColor="#FFFFCC"
        BorderColor="#FF6600" BorderStyle="Solid" ForeColor="#FF3300" Height="20px"
        Width="180px"></asp:label>
```

2．文本输入框控件 TextBox

TextBox 控件是使用户可以输入文本的输入控件，又称为文本框控件。TextBox 控件用于可编辑文本，也可以通过设置其属性值来使其成为只读控件。TextBox 控件的使用语法如下：

```
<ASP:TextBox
    Id="被程序代码所控制的名称"
    Runat="Server"
    AutoPostBack="True | False"
    Columns="字符数目"
    MaxLength="字符数目"
    Rows="列数"
    Text="字符串"
    TextMode="SingleLine | Multuline | Password"
    Wrap="True | False"
    OnTextChanged="事件程序名称"
/>
```

TextBox 控件的属性说明如表 5-5 所示。

图 5-5   通过属性窗口设置 Label 控件外观

表 5-5   TextBox 控件的属性说明

属性值	说明
AutoPostBack	使用该属性指定当用户更改该文本框的内容（只有当用户按 Enter 键或当文本框丢失焦点）时是否发生对服务器的自动回发。默认为 false，不回发
Columns	获取或设置文本框的显示宽度（以字符为单位）
MaxLength	获取或设置文本框中最多允许的字符数。本属性在 TextMode 属性设为 MultiLine 时无效
Rows	获取或设置多行文本框的显示高度。本属性在 TextMode 属性设为 MultiLine 时才生效
Text	获取或设置文本框的文本内容
TextMode	指定文本框的行为模式。当设置为 SingleLine 模式时将 TextBox 显示为单行。如果用户输入的文本超过了 TextBox 的物理大小，则文本将向左滚动；当设置 MultiLine 模式时，基于 Rows 属性显示 TextBox 的高度，并且允许数据项位于多行上。如果 Wrap 属性设置为 true，则文本将自动换行。如果用户输入的文本超过了 TextBox 的物理大小，则文本将相应地滚动，并且将出现滚动条；除了输入 TextBox 的所有字符均被屏蔽外，Password 模式与 SingleLine 模式相同
Wrap	获取或设置一个值，该值指示文本框内的文本内容是否换行

由表 5-5 可知，TextBox 控件的样式是由 TextMode 属性来决定的，若没有设定该属性，则默认值为 SingleLine。下面是按钮控件 3 种形态的示例，源代码如下（其运行结果如图 5-6 所示）：

```
<html>
    <head></head>
```

```
    <body>
        <form runat="server">
            这是一般文本框:
            <asp:TextBox Id="T1" Runat="Server"/><br>
            这是密码文本框:
            < asp:TextBox Id="T2" TextMode="Password" Runat="Server"/><br>
            这是多行文本框:
            < asp:TextBox Id="T3" TextMode="Multiline" Rows="3" Runat="Server"/>
        </form>
    </body>
</html>
```

图 5-6　按钮控件的 3 种样式

　　TextBox 控件中，使用 AutoPostBack 属性指定当用户更改该文本框的内容（只有当用户按 Enter 键或当文本框丢失焦点）时是否发生对服务器的自动回发事件。当服务器收到回发信息，发现文本框的内容和上次的值不同时就会触发 OnTextChanged 事件。另外不管 Text 属性的内容是否被改变，都要先触发 Page_Load 事件。所以在使用 OnTextChanged 事件进行程序控制之前，必须协调好与 Page_Load 事件响应程序的关系。下面是按钮控件 OnTextChanged 事件的示例。

程序代码 w5-2.aspx

```
<HTML>
<HEAD>
    <title>例 5-2</title>
    <script Language="c#" runat="server">
        private void Page_Load(object sender, System.EventArgs e) {
        //在此处放置初始化页的用户代码
        lbdisp.Text = "初始化文字";
        }
        private void T1_Changed(object sender, System.EventArgs e){
        lbdisp.Text="Onchange 事件被触发。";
        }
    </script>
</HEAD>
<body>
```

```
        <form id="Form1" method="post" runat="server">
        <ASP:Textbox Id="T1" AutoPostBack="True" OnTextChanged="T1_Changed"  Runat="server" />
        <ASP:Label Id="lbdisp" Runat="Server" />
     </form>
   </body>
</HTML>
```

该程序第一次在客户浏览器上显示的结果如图 5-7 所示；当用户在文本框中输入了一段文字并按回车键之后，在服务器上触发了 OnTextChanged 事件，执行该事件的过程，并将结果返回到客户端浏览器，如图 5-8 所示。

图 5-7　OnTextChanged 事件示例（1）

图 5-8　OnTextChanged 事件示例（2）

5.2.2　按钮类控件

1．Button 控件

Button 控件可以分为提交按钮控件和命令按钮控件。提交按钮控件只是将 Web 页面回送到服务器，默认情况下，Button 控件为提交按钮控件，而命令按钮控件一般包含与控件相关联的命令，用于处理控件命令事件。使用语法如下：

```
<ASP:Button
    Id="被程序代码所控制的名称"
    Runat="Server"
    Text="按钮上的文字"
    CssClass="控件呈现的样式文件名"
    CausesValidation="true | false"
    OnClick="事件程序名"
    PostBackUrl="发送到下页的 URL" />
```

Button 控件的大部分属性和 Label 控件的类似，这里仅介绍 Button 常用的几个属性。

（1）CausesValidation 属性。

通过使用 CausesValidation 属性，可以指定或确定当单击 Button 控件时是否同时在客户端和服务器上执行验证。若要禁止执行验证，将 CausesValidation 属性设置为 false，否则设置为 true。该属性的默认值为 true，即单击 Button 控件时执行页面验证。页面验证确定页面上与验证控件关联的输入控件是否均通过该验证控件所指定的验证规则。

对于 reset 或 clear 按钮，此属性通常设置为 false，以防止在单击其中某个按钮时执行验证。

（2）OnClientClick 属性。

使用 OnClientClick 属性来指定在某个 Button 控件的 Click 事件时所执行的附加客户端脚本。除了控件的预定义客户端脚本外，为此属性指定的脚本也呈现在 Button 控件的 OnClick 属性中。下面是 OnClientClick 属性的示例。

程序代码 w5-3.aspx

```
<%@ page language="C#"%>
<script runat="server">
void Button1_Click (object sender, EventArgs e)
   {
       Label1.Text = "谢谢您访问我们的站点！ ";
   }


</script>
<head id="Head1" runat="server">
    <title>例 5-3</title>
</head>
<body>
  <form id="form1" runat="server">
    <h3> OnClientClick 属性示例</h3>
      <h4>Click to  按钮  to www.whpu.edu.cn:</h4>
       <asp:button id="Button1"
        usesubmitbehavior="true"
        text="打开新 Web 页"
        onclientclick="Navigate()"
        runat="server" onclick="Button1_Click" />
                <p></p>
      <asp:label id="Label1"
        runat="server">
      </asp:label>
   </form>
       <script type="text/javascript">
       function Navigate()
       {
         javascript:window.open("http://www.whpu.edu.cn/");    //打开一个网页
       }
      </script>
</body>
</html>
```

如果把 Navigate 函数改成：

```
javascript:window.external.addFavorite('http://www.whpu.edu.cn');
```

当运行程序时，单击该按钮将会打开一个"添加到收藏夹"窗口，收藏指定的网页。

（3）PostBackUrl 属性。

单击 Button 控件时从当前页发送到网页的 URL。默认值为空字符串（""），表示将页回发到自身。例如，指定为 Page2.aspx 将使包含 Button 控件的页面发送到 Page2.aspx。如果不指定 PostBackUrl 属性的值，则页面回发到自身。

w5-4.aspx 说明了如何使用 PostBackUrl 属性执行跨页发送。当用户单击 Button 控件时，页面会将文本框中输入的值发送到 PostBackUrl 属性指定的目标页。若要运行此示例，还必须在本代码示例所在的目录下创建目标页文件。目标页的代码将在下一个示例中提供。

程序代码 w5-4.aspx

```
<%@ page language="C#" %>
<html>
<head id="Head1" runat="server">
    <title>例 5-4</title>
</head>
<body>
  <form id="Form1" runat="server">
    <h3>Button.PostBackUrl 示例</h3>
    输入一些需要传递到另一页的字符：
    <asp:textbox id="TextBox1" runat="server" > </asp:textbox>
    <br /><br />
    <asp:button id="Button1" text="指向本页" runat="Server"> </asp:button>
    <asp:button id="Button2" text="转向另一页"
      postbackurl="targetpage.aspx"
      runat="Server">
    </asp:button>
  </form>
</body>
</html>
```

w5-5.aspx 演示了如何使用 Page.PreviousPage 属性访问使用 PostBackUrl 属性从其他页发送的值。该页获取从上一页发送的字符串，并将其显示给用户。如果尝试直接运行此代码示例，则会发生错误，因为 text 字段的值将为空引用。正确的做法是使用此代码创建一个目标页，并将目标页文件与上一示例的代码放在同一目录下。目标页文件名必须与上一示例中为 PostBackUrl 属性指定的值相对应。当运行上一示例的代码时，此页将在发生跨页发送时自动执行。

程序代码 w5-5.aspx

```
<%@ page language="C#" %>
<script runat="server">
  void Page_Load (object sender, System.EventArgs e)
  {
    string text;
    text = ((TextBox)PreviousPage.FindControl("TextBox1")).Text;
    //通过此页获取 TextBox1 的值，并检查其是否为空串
    if (text != "")
      PostedLabel.Text = "前一页传送来的文本是：" + text + ".";
    else
      PostedLabel.Text = "前一页传送的是空文本";
  }
</script>
<html>
<head id="Head1" runat="server">
```

```
    <title>例 5-5</title>
  </head>
  <body>
    <form id="Form1" runat="server">
      <h3>Button.PostBackUrl 目标页示例</h3>
      <br />
      <asp:label id="PostedLabel"
          runat="server">
      </asp:label>
      </form>
  </body>
</html>
```

2．ImageButton 控件

ImageButton 控件为图像按钮控件，用于显示具体的图像，在功能上与 Button 控件大致相同。

确定用户单击位置 ImageButton 控件所呈现图片的坐标，方法如下：

（1）为 ImageButton 控件的 Click 事件创建一个事件处理程序。在该方法中，事件参数对象的类型必须是 ImageClickEventArgs。

（2）在 Click 事件处理程序中获取 ImageClickEventArgs 参数对象的 X 和 Y 属性。其中 x 坐标和 y 坐标用像素表示，图像左上角的坐标是 (0,0)。

w5-6.aspx 演示了如何确定用户在一个大小为 100×100 像素的图形上单击的位置。代码获取用户单击位置的 x 坐标和 y 坐标，然后将它们与预设值进行比较，确定用户是否是在特定象限中单击。结果显示在 Label 控件中。

程序代码 w5-6.aspx

```
<%@ page language="C#" %>
<script runat="server">
protected void ImageButton1_Click(object sender, ImageClickEventArgs e)
    {
        string msg = "";
        int x = e.X;
        int y = e.Y;
        if (x >= 50 && y >= 50)
        {
            msg = "Southeast";
        }
        else if (x >= 50 && y < 50)
        {
            msg = "Northeast";
        }
        else if (x < 50 && y >= 50)
        {
            msg = "Southwest";
        }
        else if (x < 50 && y < 50)
        {
```

```
                msg = "Northwest";
            }
        Label1.Text = msg;
    }
</script>
<head runat="server">
    <title>例 5-6</title>
</head>
<body>
    <form id="form1" runat="server">
    <div>
        <asp:ImageButton ID="ImageButton1" runat="server"
            ImageUrl="~/imagebutton/image/DSCN2769.jpg" onclick="ImageButton1_Click"
            style="width: 100px; height: 100px" />
    <asp:label runat="server" text="Label" id="Label1"></asp:label>
    </div>
    </form>
</body>
</html>
```

5.2.3　选择类控件

1.　复选框列表控件 CheckBoxList

如果要使用一组 CheckBox Web 控件时，在程序的判断上非常麻烦，因此复选框列表控件 CheckBoxList Web 控件用来代替多个 CheckBox Web 控件，这样可降低程序设计的复杂度。这个控件非常适合绑定数据库的数据，其使用语法如下：

```
<ASP:CheckBoxList
    Id="被程序代码所控制的名称"
    Runat="Server"
    AutoPostBack="True | False"
    CellPadding="像素"
    DataSource="<%数据源%>"
    DataTextField="数据源的字段"
    DataValueField="数据源的字段"
    RepeatColumns="字段数量"
    RepeatDirection="Vertical | Horizontal"
    RepeatLayout="Flow | Table"
    TextAlign="Right | Left"
    OnSelectedIndexChanged="事件程序名称"
>
<ASP:ListItem text="显示文字" value="值" selected="True | False"/>
</ASP:CheckBoxList>
```

其中 ASP:ListItem 还可以表示为：

```
<ASP:ListItem value="值" selected="True | False"/>显示文字</ASP:ListItem>
```

CheckBoxList 控件的常用属性说明如表 5-6 所示。

表 5-6　CheckBoxList 控件的常用属性

属性	说明
AutoPostBack	设定当使用者选择不同的项目时是否自动触发 OnSelectedIndexChanged 事件
CellPading	设定 CheckBoxList Web 控件中各项目之间的距离，单位是像素
DataSource	获取或设置填充列表控件项的数据源
DataTextField	获取或设置为列表项提供文本内容的数据源字段
DataValueFiled	获取或设置为各列表项提供值的数据源字段
Items	获取 CheckBoxList 控件项的集合
RepeatColumns	获取或设置要在 CheckBoxList 控件中显示的列数
RepeatDirection	获取或设置一个值，该值指示控件是垂直显示（Vertical）还是水平显示（Horizontal）
RepeatLayout	设定 CheckBoxList 控件的 ListItem 排列方式是使用表格方式（Table）还是使用线性方式（Flow），默认值是 Table
SelectedIndex	传回被选取到 ListItem 的索引值，这个属性仅用于编程时
SelectedItem	传回被选取到 ListItem 的索引值，这个属性仅用于编程时
TextAlign	设定 CheckBoxList 控件中各项目所显示的文字是在按钮的左方或右方，预设是 Right

在 CheckBoxList 控件中有一个特殊的事件叫 OnSelectedIndexChanged 事件，该事件是当 CheckBoxList 控件的 AutoPostBack 属性为 True 且 CheckBoxList 控件的选项发生改变时触发。

当设定好 CheckBoxList 控件，并且用户选择完毕后，可在返回的数据中对 Items 集合进行检查，只要判断 Items 集合对象中哪一个项目的 Selected 属性为 True，即表示项目被选中。w5-7.aspx 说明了 CheckBoxList 控件的使用方法。

程序代码 w5-7.aspx

```
<html>
<head>
 <title>例 5-7</title>
<script Language="c#" runat="server">
 private void btnA_Click(object sender, System.EventArgs e)  {
    int shtI;
    lblA.Text="您选择了：";
    for (shtI=0 ;shtI<cblA.Items.Count;shtI++) {
        if (cblA.Items[shtI].Selected == true) {
            lblA.Text +=cblA.Items[shtI].Value + "、";
        }
    }
    lblA.Text =lblA.Text.Remove(lblA.Text.Length-1,1) ;   //去掉最后一个"、"号
}
    </script>
</head>
<body>
    <form action="w43-13.aspx" method="post" runat="server">
        <h3>CheckBoxList 示例</h3>
```

```
        请选择您感趣的五大足球联赛:<br>
        <ASP:CheckBoxList Id="cblA" Runat="Server">
        <ASP:ListItem value="英超">英国超级联赛</ASP:ListItem>
        <ASP:ListItem value="法甲">法国甲级联赛</ASP:ListItem>
        <ASP:ListItem value="德甲">德国甲级联赛</ASP:ListItem>
        <ASP:ListItem value="意甲">意大利甲级联赛</ASP:ListItem>
        <ASP:ListItem value="西甲">西班牙甲级联赛</ASP:ListItem>
        </ASP:CheckBoxList>
        <ASP:Button Id="btnA" Text="确定" OnClick="btnA_Click" Runat="Server"/>
        </Form>
        <ASP:Label Id="lblA" Runat="Server"/>
        </form>
    </body>
</html>
```

当该程序首次在客户端浏览器上运行时,其显示结果如图 5-9 所示;当用户选中了几个复选项后单击"确定"按钮,在浏览器中的显示结果如图 5-10 所示。

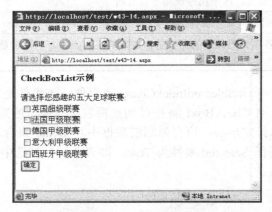
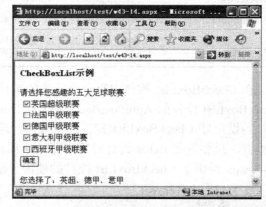

图 5-9   CheckBoxList 控件示例（1）   图 5-10   CheckBoxList 控件示例（2）

2. 单选列表控件 RadioButtonList

由于每一个单选按钮控件都是独立的控件,若要判断同一个群组内的 **RadioButton** 是否被选择,则必须判断所有 RadioButton 控件的 Checked 属性,这样判断效率是非常低的,特别是在有多个这样的独立单选按钮控件的时候。这样就引出了单选列表控件 **RadioButtonList**,其使用语法如下:

```
<ASP:RadioButtonList
    Id="被程序代码所控制的名称"
    Runat="Server"
    AutoPostBack="True | False"
    CellPadding="像素"
    DataSource="<%数据源%>"
    DataTextField="数据源的字段"
    DataValueField="数据源的字段"
    RepeatColumns="字段数量"
    RepeatDirection="Vertical | Horizontal"
    RepeatLayout="Flow | Table"
```

```
        TextAlign="Right | Left"
        OnSelectedIndexChanged="事件程序名称"
>
<ASP:ListItem text="显示文字" value="值" selected="True | False"/>
</ASP:RadioButtonList>
```

RadioButtonList 控件的常用属性和事件说明与 CheckBoxList 控件相似。下面把 RadioButton 控件的示例用 RadioButtonList 控件直接改写。

程序代码 w5-8.aspx

```
<html>
    <head>
<script language="c#" runat="server">
 private void Button1_Click(object sender, System.EventArgs e)    {
Label1.Text="您的最高学历是： " + rblA.SelectedItem.Text + "学位，您是一名"
                                + rblA.SelectedItem.Value;
}
</script>
    </head>
    <body>
        <form action="w5-15.aspx" method="post" runat="server">
        <h3>例 5-8</h3>
    请选择您的最高学历:<br>
<ASP:RadioButtonList Id="rblA" Runat="Server">
        <ASP:ListItem Text="学士" Selected="True" Value="本科生"/>
        <ASP:ListItem Text="硕士" Value="研究生"/>
        <ASP:ListItem Text="博士" Value="博士生"/>
</ASP:RadioButtonList>
<ASP:Button Id="Button1" Text="提交" OnClick="Button1_Click" Runat="Server"/><P>
<ASP:Label Id="Label1" Runat="Server"/>
    </form>
</body>
</html>
```

当该程序首次在客户端浏览器中运行时，其显示结果如图 5-11 所示；当用户选中了一个单选项并单击"提交"按钮之后，在浏览器中的显示结果如图 5-12 所示。

图 5-11　RadioButtonList 控件示例（1）

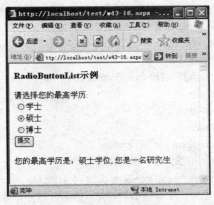

图 5-12　RadioButtonList 控件示例（2）

　　从 RadioButtonList 控件示例程序的运行结果与 RadioButton 控件示例程序的运行结果来看好像并没有多大差别，但从程序本身的实现来看，RadioButtonList 控件示例程序中对于编程来讲其控制就非常简单，这可从两者的程序源代码中看出。由此可以得出这样的结论，在没有特殊要求的情况下，这种单选的操作尽量采用 RadioButtonList 控件，主要原因是其控制简单。

　　3. 下拉列表框控件 DropDownList

　　DropDownList 控件是一个下拉式的选单，功能和 RadioButtonList 控件很类似，提供用户在一群选项中选择单一值的功能，不过 RadioButtonList 控件适合使用在较少量的选项群组项目中，而 DropDownList 控件则适合用来管理大量的选项群组项目。其使用语法如下：

```
<ASP:DropDownList
    Id="被程序代码所控制的名称"
    Runat="Server"
    AutoPostBack="True | False"
    DataSource="<%数据源%>"
    DataTextField="数据源的字段"
    DataValueField="数据源的字段"
    OnSelectedIndexChanged="事件程序名称"
>
<ASP:ListItem text="显示文字" value="值" selected="True | False"/>
</ASP:DropDownList>
```

　　DropDownList 控件可以在 aspx 代码中直接嵌入相关的代码，也可以在页面装入时加载这些列表信息。DropDownList 控件的常用属性和事件说明与 CheckBoxList 控件相似。w5-9.aspx 是 DropDownList 控件的示例。

　　程序代码 w5-9.aspx

```
<html>
<head>
    <script language="c#" runat="server">
    //在单击按钮的时候响应
    private void Button1_Click(object sender, System.EventArgs e)  {
        Label1.Text="您所在的城市： " + DropDown1.SelectedItem.Text
        + ",该城市的拼音缩写为："+ DropDown1.SelectedItem.Value ;
    }
    </script>
</head>
<body bgcolor="#ccccff">
<br><br><br>
<center>
    <h3><font face="Verdana">例 5-9</font></h3>
</center>
<br><br>
<center>
    <form runat=server>
    请选择您所在的城市：
        <asp:DropDownList id=DropDown1 runat="server">
            <asp:ListItem value="bj">北京</asp:ListItem>
            <asp:ListItem value="sh">上海</asp:ListItem>
```

```
            <asp:ListItem value="gz">广州</asp:ListItem>
            <asp:ListItem value="wh" selected=true>武汉</asp:ListItem>
            <asp:ListItem value="dl">大连</asp:ListItem>
            <asp:ListItem value="cq">重庆</asp:ListItem>
        </asp:DropDownList>
        <asp:button text="提交" OnClick="list_Click" runat=server/>
        <p>
        <asp:Label id=Label1 font-name="Verdana" font-size="10pt" runat="server"></asp:Label>
    </form>
</center>
</body>
</html>
```

当该程序首次在客户端浏览器中运行时，其显示结果如图 5-13 所示；当用户选中了一个
选项并单击"提交"按钮之后，在浏览器中的显示结果如图 5-14 所示。

图 5-13　DropDownList 控件示例（1）

图 5-14　DropDownList 控件示例（2）

下面再来看看下拉列表框控件项目另外的增加方法，即定义一个在页面装载时调用的方
法，其运行结果与上例完全相同。

程序代码 w5-10.aspx

```
<html>
    <head>
<script language="c#" runat="server">
    //在页面装载时调用的方法
private void Page_Load(object sender, System.EventArgs e)   {
        if (! IsPostBack) {
            DropDown1.Items.Add(new ListItem("北京", "bj"));
            DropDown1.Items.Add(new ListItem("上海", "sh"));
            DropDown1.Items.Add(new ListItem("广州", "gz"));
            DropDown1.Items.Add(new ListItem("武汉", "wh"));
            DropDown1.Items.Add(new ListItem("大连", "dl"));
            DropDown1.Items.Add(new ListItem("重庆", "cq"));
            DropDown1.Items[3].Selected = true;
        }
    }
    //在单击按钮时响应
```

```
                private void Button1_Click(object sender, System.EventArgs e) {
            Label1.Text="您所在的城市: " + DropDown1.SelectedItem.Text
            + ",该城市的拼音缩写为: "+ DropDown1.SelectedItem.Value;
    }
        </script>
        </script>
        </head>
        <body >
    <br><br>
    <center>
        <h3><font face="Verdana">例 5-10</font></h3>
    </center>
    <br><br>
    <center>
        <form runat=server>
        请选择您所在的城市:
            <asp:DropDownList id=DropDown1 runat="server"    />
            <asp:button text="提交" OnClick="list_Click" runat=server/>
            <p>
            <asp:Label id=Label1 font-name="Verdana" font-size="10pt" runat="server">
            </asp:Label>
        </form>
    </center>
    </body>
</html>
```

5.2.4　链接控件

HyperLink 控件用来创建到其他 Web 页的链接。HyperLink 控件通常显示为 Text 属性指定的文本，也可以显示 ImageUrl 属性所指定的图像。

说明：如果同时设置了 Text 和 ImageUrl 属性，则 ImageUrl 属性优先。如果 ImageUrl 属性指定的文件找不到，则显示 Text 属性中的文本。在支持"工具提示"功能的浏览器中，Text 属性则变成工具提示。

HyperLink 控件在 Web 页上创建链接，使用户可以在各个 Web 程序页之间移动。使用 HyperLink 控件的主要优点是可以在服务器代码中设置链接属性。例如，可以基于页面中的条件动态地更改链接文本或目标页。

HyperLink 控件显示可单击的文本或图像。与大多数 Web 服务器控件不同，当用户单击 HyperLink 控件时并不会在服务器代码中引发事件，此控件只执行导航。其使用语法为：

```
<ASP:Hyperlink
    Id="控件 Id"
    Runat="Server"
    Text="超级链接文字或提示文字"
    ImageUrl="图片所在地址"
    Target="超级链接所要显示的窗口"
    NavigateUrl="所要打开的 Web 页的路径"
/>
```

说明：使用 Target 属性可以指定单击 HyperLink 控件时显示链接的目的 Web 页框架或窗口。通过设置 NavigateUrl 属性来指定 Web 页，如果未设置此属性，焦点窗口或浏览器将在单击 HyperLink 控件时刷新，并且 Target 属性值必须为以 a～z 的字母（不区分大小写）开头的框架名，但表 5-7 中以下划线开头的特殊值除外。

表 5-7　Target 属性的特殊值

特殊值	说明
_blank	将内容呈现在一个没有框架的新窗口中
_parent	将内容呈现在上一个框架集父级中
_self	将内容呈现在含焦点的框架中
_top	将内容呈现在没有框架的全窗口中

下面是 HyperLink 控件的示例源代码（运行结果如图 5-15 所示）：

```
<html>
    <head></head>
    <body>
        <h3>HyperLink 控件示例</h3>
        单击下图可转到微软网站<br>
        <asp:HyperLink id="hyperlink1"
            ImageUrl="winxp.gif"
            NavigateUrl="http://www.microsoft.com"
            Text="Microsoft 站点"
            Target="_new"
            runat="server"/>
    </body>
</html>
```

图 5-15　HyperLink 控件的示例

5.3　验证控件

5.3.1　概述

数据验证可以确定使用者所输入的数据是否是正确的，或是强迫使用者按照某一种格式输入数据。先执行数据验证要比输入错误的数据后再让数据库响应一个错误信息更有效率；也可以确保使用者所输入的数据是一个有效值，而不会造成垃圾数据。在微软的.NET 框架出来之前，采用的验证方法有以下两种：

- 在客户端验证。这种验证方法的工作原理用图 5-16 来说明。当用户在客户端浏览器中输入了像姓名、密码之类的信息并单击"提交"按钮之后，一般 Web 程序的设计方法是在客户端使用 JavaScript 脚本或 VBScript 脚本对用户所填写的信息进行验证，只有验证通过之后才把用户所填写的信息送到 Internet 上，从而到达目的 WWW 服务器。这种方法比后面要讲的在服务器端验证的好处在于可以减轻服务器和 Internet 的负载，因为从客户端送出的信息是已经验证成功了的。但这种方法也存在着很大的缺点，因为在客户端浏览器中运行的脚本程序是以明文的方式嵌入在 HTML 文档中，客户可以看到此脚本程序的控制方法，如果客户把这一段脚本控制程序删除掉，这对无服务器端验证的 Web 程序是很不安全的。

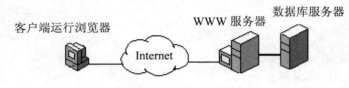

图 5-16   Web 工作原理图

- 在 Web 服务器（或称 WWW 服务器）端进行验证。工作原理为：在客户端不进行验证，即当用户在客户端浏览器中输入了像姓名、密码之类的信息并单击"提交"按钮之后，客户端浏览器直接把用户所填写的信息送到 Internet 上，即到达目的 WWW 服务器上之后，再在 WWW 服务器上运行的服务器端脚本程序中进行验证，如果验证没通过，则返回一定的错误提示给客户浏览器；如果验证通过，则进行下一步工作。这种方法与上面所讲的在客户端的验证进行比较，显然在验证的可靠性上要强得多。

在微软的.NET 框架中扩展了一种全新的 Web 控件，即数据验证 Web 控件，可以帮助用户少写许多程序来验证使用者输入的数据是否合乎一定的规则或要求。根据验证类型的不同，ASP.NET 提供了以下几种验证控件：

- RequiredFieldValidator 控件：验证使用者是否有输入数据，用于强制用户对某些控件必须输入信息。
- CompareValdator 控件：将输入控件的值同常数值或其他输入控件的值相比较，以确定这两个值是否与由比较运算符（小于、等于、大于等）指定的关系相匹配。
- RangeValidator 控件：计算输入控件的值，以确定该值是否在指定的上限与下限之间。
- RegularExpressionValidator 控件：计算输入控件的值，以确定该值是否与某个特定的表达式所定义的模式相匹配。
- CustomValidator 控件：计算输入控件的值，以确定是否通过自定义的验证逻辑。
- ValidationSummary 控件：用于汇总以上几种验证控件产生的错误信息，并将这些信息显示在同一个页面上。

数据验证 Web 控件（除 CompareValdator 控件以外）有一些共同属性，这些共同属性除了含有控件所具有的基本属性之外，还有一些特殊的基本属性：

- ControlToValidate 属性：用于指定验证控件所应用的控件。例如，在一个 Web 表单中，有一个文本输入框控件 TextBox，其 ID 属性值为 username，如果要验证该文本输入框为必填字段，可把 RequiredFieldValidator 控件的 ControlToValidate 属性值设为 username。

- Display 属性：获取或设置验证控件中错误信息的显示行为。当该属性值为 NONE 时，验证消息从不内联显示；当该属性值为 Static 时，在页面布局中分配用于显示验证消息的空间；当该属性值为 Dynamic 时，如果验证失败，将用于显示验证消息的空间动态添加到页面。默认值为 Static。
- ErrorMessage 属性：获取或设置错误信息的文本。
- IsValid 属性：获取或设置一个值，该值表示关联的输入控件是否通过验证。如果关联的输入控件通过验证，则为 true；否则为 false。默认值为 true。该属性仅能在编程时使用。
- Text 属性：当验证失败后，该属性值的内容就可以在验证控件的位置上显示出来。如果没有设定 Text 属性，则 ErrorMessage 属性值会代替 Text 属性显示。

5.3.2　RequiredFieldValidator 控件

通过在 Web 表单页中添加 RequiredFieldValidator 控件并将其链接到必须输入信息的控件，可以指定某个用户在特定控件中必须提供信息。例如，可以指定用户在提交注册窗体之前必须填写"姓名"字段。其使用语法为：

```
<ASP:RequireFieldValidator
    Id="被程序代码所控制的名称"
    Runat="Server"
    ControlToValidate="要验证的控件名称"
    ErrorMessage="所要显示的错误信息"
    Text="未输入数据时所显示的信息"
/>
```

使用 RequiredFieldValidator 控件使输入控件成为强制字段。当验证执行时，如果输入控件包含的值仍为初始值而未更改，则该输入控件验证失败。这会防止用户使关联的输入控件保持不变。默认情况下，初始值为空字符串（""），这指示必须在输入控件中输入一个数据才能通过验证。

有时候，可能希望初始值不为空字符串。当输入控件具有默认值，并且希望用户选择其他值时，这将非常有用。例如，默认情况下，可能有一个具有选定输入的 ListBox 控件，其中包含用户从列表中选择的项的说明。用户必须从控件中选择一项，但不希望用户选择包含说明的项。可通过将该项的值指定为初始值来防止用户选择该项。如果用户选择该项，RequriedField- Validator 将显示它的错误信息。

w5-11.aspx 说明了如何使用 RequiredFieldValidator 控件使 TextBox 控件成为必填字段。

程序代码 w5-11.aspx

```
<html>
<head>
    <title>RequiredFieldValidator 控件</title>
    <Script Language="c#" Runat="Server">
    private void Button1_Click(object sender, System.EventArgs e)    {
            if (Page.IsValid==true) lblMsg.Text="验证成功!";
```

```
        }
    </Script>
    </head>
    <body>
        <h3>RequiredFieldValidator 控件例子</h3>
        <form runat="server">
            用户名:
            <asp:TextBox id="Text1"
            Text="请输入您的用户名！"
            runat="server"/>
            <asp:RequiredFieldValidator id="RequiredFieldValidator1"
                ControlToValidate="Text1"
                InitialValue="请输入您的用户名！"
                Text="必填字段!"
                runat="server"/>
            <p>
            <asp:Button id="Button1"
                runat="server"
                Text="提交"
            OnClick="btnOK_Click"/>
            <ASP:Label Id="lblMsg" Runat="Server"/>
        </form>
    </body>
    </html>
```

如果用户没有输入姓名字段而单击"提交"按钮，则不会触发任何事件程序并显示验证失败提示信息，如图 5-17 所示；如果用户输入姓名字段且单击"提交"按钮，则会触发 btnOK_Click 事件程序，如图 5-18 所示。

图 5-17　RequiredFieldValidator 控件示例（1）

图 5-18　RequiredFieldValidator 控件示例（2）

说明：在 RequiredFieldValidator 控件中，可以不指定 Text 属性，而把 Text 属性的内容放到<RequiredFieldValidator>与</RequiredFieldValidator>之间。

5.3.3　CompareValidator 控件

将输入控件的值同常数值或其他输入控件的值相比较，以确定这两个值是否与由比较运算符（小于、等于、大于等）指定的关系相匹配。如果比较的结果为 false，则会产生验证错误。其使用语法为：

```
<ASP:CompareValidator
    Id="被程序代码所控制的名称"
    Runat="Server"
    ControlToValidate="要验证的控件名称"
    Operator="DataTypeCheck | Equal | NotEqual | GreaterThan |
        GreaterThanEqual | LessThan | LessThanEqual"
    Type="要检查的数据类型"
    ControlToCompare="要比较的控件名称" | ValueToCompare="要比较的值"
    ErrorMessage="所要显示的错误信息"
    Text="未通过验证时所显示的信息"
/>
```

CompareValidator 控件可以将用户输入到一个输入控件（如 TextBox 控件）中的值同输入到另一个输入控件中的值相比较，或将该值与某个常数值相比较。还可以使用 CompareValidator 控件确定输入到控件中的值是否可以转换为 Type 属性所指定的数据类型。可以使用的数据类型如表 5-8 所示。

表 5-8　验证控件所使用的数据类型

数据类型	说明
String	指定字符串数据类型
Integer	指定 32 位有符号整数数据类型
Double	指定双精度浮点数数据类型
Date	指定日期数据类型
Currency	指定货币数据类型

通过设置 ControlToValidate 属性指定要验证的输入控件。如果希望将特定的输入控件与另一个输入控件相比较，使用要比较的控件的名称设置 ControlToCompare 属性。

可以将一个输入控件的值同某个常数值相比较，而不是比较两个输入控件的值。通过设置 ValueToCompare 属性指定要比较的常数值。

Operator 属性允许指定要执行的比较类型，如大于、小于等，详细信息如表 5-9 所示。如果将 Operator 属性设置为 ValidationCompareOperator.DataTypeCheck，CompareValidator 控件将同时忽略 ControlToCompare 属性和 ValueToCompare 属性，而仅指示输入到输入控件中的值是否可以转换为 Type 属性所指定的数据类型。

表 5-9　Operator 属性值

属性值	说明
Equal	等于，所验证的输入控件的值与其他控件的值或常数值之间的相等比较
NotEqual	不等于，所验证的输入控件的值与其他控件的值或常数值之间的不相等比较
GreaterThan	大于，所验证的输入控件的值与其他控件的值或常数值之间的大于比较
GreaterThanEqual	大于等于，所验证的输入控件的值与其他控件的值或常数值之间的大于或等于比较
LessThan	小于，所验证的输入控件的值与其他控件的值或常数值之间的小于比较

属性值	说明
LessThanEqual	小于等于，所验证的输入控件的值与其他控件的值或常数值之间的小于或等于比较
DataTypeCheck	类型比较。输入到所验证的输入控件的值与 BaseCompareValidator.Type 属性指定的数据类型之间的数据类型比较。如果无法将该值转换为指定的数据类型，则验证失败 注意使用此运算符时将忽略 ControlToCompare 和 ValueToCompare 属性

说明：如果输入控件为空，则不调用任何验证函数并且验证成功。为了防止这种情况的出现，可以使用 RequiredFieldValidator 控件防止用户跳过某个输入控件。

下面分 3 个例子来介绍 CompareValidator 控件的使用方法：

- 验证两个输入框所输入的值相同。
- 验证输入框所输入的数值要小于一个固定值（如 120）。
- 验证输入框所输入的内容是整数。

1．验证两个输入框所输入的值相同

这种验证一般用在用户注册的 Web 页面中，如密码输入的内容与确认密码输入的内容要求相同。

程序代码 w5-12.aspx

```
<html>
<head>
    <title>CompareValidator 控件</title>
    <Script Language="c#" Runat="Server">
    private void Button1_Click(object sender, System.EventArgs e)    {
        if (Page.IsValid==true) lblMsg.Text="验证成功!";
    }
    </Script></head>
<body>
    <h3>CompareValidator 控件例一</h3>
    <form runat="server">
密码: <asp:TextBox id="TextBox1"   runat="server"   textmode=password ></asp:TextBox>
 <asp:RequiredFieldValidator id="RequiredFieldValidator1"
        ControlToValidate="TextBox1"
        Text="必填字段!"
        runat="server"/><br>
确认密码: <asp:TextBox id="TextBox2"   runat="server"      textmode=password ></asp:TextBox>
        <asp:RequiredFieldValidator id="RequiredFieldValidator2"
        ControlToValidate="TextBox2"
        Text="必填字段!"
        runat="server"/><br>
<asp:CompareValidator id="CompareValidator1" runat="server"
        ErrorMessage="密码与确认密码必须相同"
        ControlToCompare="TextBox1"
        ControlToValidate="TextBox2">
</asp:CompareValidator><br><p>
        <asp:Button id="Button1"   runat="server"   Text="提交"   OnClick="btnOK_Click"/>
        <ASP:Label Id="lblMsg" Runat="Server"/>
```

```
      </form>
    </body>
  </html>
```

本例中使用了两个 RequiredFieldValidator 控件，分别来验证密码输入框（TextBox1）和确认密码输入框（TextBox2）为必填字段。另外使用了一个 CompareValidator 控件，用来验证这两个所输入的内容一致。当用户在这两个输入框中不填写任何字符且单击"提交"按钮时，在客户端浏览器中所显示的内容如图 5-19 所示；当用户在这两个输入框中所填写的内容不一致时，在客户端浏览器中所显示的内容如图 5-20 所示；当用户在这两个输入框中所填写的内容一致时，在客户端浏览器中所显示的内容如图 5-21 所示。

图 5-19　CompareValidator 控件示例（1）

图 5-20　CompareValidator 控件示例（2）

图 5-21　CompareValidator 控件示例（3）

2. 验证输入框所输入的数值要小于一个固定值

这种验证一般用在用户注册的 Web 页面中，例如要求用户输入年龄，则输入值一般应小于 120。

程序代码 w5-13.aspx

```
<html>
<head>
    <title>CompareValidator 控件</title>
        <Script Language="c#" Runat="Server">
```

```
            private void Button1_Click(object sender, System.EventArgs e) {
            if (Page.IsValid) lblMsg.Text="验证成功!";
        }
            </Script>
</head>
<body>
            <h3>CompareValidator 控件例二</h3>
            <form runat="server">
                年龄：<asp:TextBox id="TextBox1"  runat="server" ></asp:TextBox>
            <asp:RequiredFieldValidator id="RequiredFieldValidator1"
                        ControlToValidate="TextBox1"
                        Text="必填字段!"
                        runat="server"/><br>
                    <ASP:CompareValidator Id="Validor1" Runat="Server"
                    ControlToValidate="TextBox1"
                    ValueToCompare="120"
                    Operator="LessThan "
                    Type="Integer"
                    Text="年龄必须小于 120 岁"/><br><p>
            <asp:Button id="Button1"  runat="server"  Text="提交"  OnClick="btnOK_Click"/>
                <ASP:Label Id="lblMsg" Runat="Server"/>
            </form>
</body>
</html>
```

当用户在年龄输入框中所填写的数值超过 120 时，在客户端浏览器中所显示的内容如图 5-22 所示；当用户在年龄输入框中所填写的数值小于 120 时，在客户端浏览器中所显示的内容如图 5-23 所示。

图 5-22   CompareValidator 控件示例（4）   图 5-23   CompareValidator 控件示例（5）

3. 验证输入框所输入的内容是某一类型数据

这种验证一般用在用户注册的 Web 页面中，如要求用户输入的年龄必须为数字类型。

程序代码 w5-14.aspx

```
<html>
    <head>
```

```
        <title>CompareValidator 控件</title>
        <Script Language="c#" Runat="Server">
        private void Button1_Click(object sender, System.EventArgs e) {
    if (Page.IsValid) lblMsg.Text="验证成功!";
    }
    </Script>
    </head>
<body>
    <h3>CompareValidator 控件例三</h3>
    <form runat="server">
        年龄：<asp:TextBox id="TextBox1"   runat="server" ></asp:TextBox>
        <asp:RequiredFieldValidator id="RequiredFieldValidator1"
                ControlToValidate="TextBox1"
                Text="必填字段!"
                runat="server"/><br>
        <ASP:CompareValidator Id="Validor1" Runat="Server"
            ControlToValidate="TextBox1"
            Operator="DataTypeCheck"
            Type="Integer"
            Text="年龄必须是整数类型"/><br><p>
        <asp:Button id="Button1"   runat="server"   Text="提交"   OnClick="btnOK_Click"/>
        <ASP:Label Id="lblMsg" Runat="Server"/>
    </form>
</body>
</html>
```

当用户在年龄输入框中所填写的不是整数类型时，在客户端浏览器中所显示的内容如图 5-24 所示；当用户在年龄输入框中所填写的是整数类型时，在客户端浏览器中所显示的内容如图 5-25 所示。

图 5-24   CompareValidator 控件示例（6）

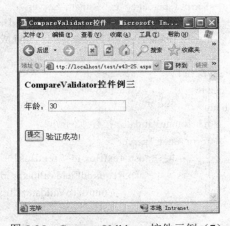

图 5-25   CompareValidator 控件示例（7）

5.3.4   RangeValidator 控件

RangeValidator 控件主要用来检查用户的输入是否在指定的上限与下限之间。可以检查数字对、字母对和日期对限定的范围。其使用语法为：

```
<ASP:RangeValidator
    Id="被程序代码所控制的名称"
    Runat="Server"
    ControlToValidate="要验证的控件名称"
    MinimumValue="最小值"
    MaximumValue="最大值"
    MinimumControl="限制最小值的控件名称"
    MaximumControl="限制最大值的控件名称"
    Type="数据"
    ErrorMessage="所要显示的错误信息"
    Text="未通过验证时所显示的信息"
/>
```

使用 ControlToValidate 属性指定要验证的输入控件。MinimumValue 属性和 MaximumValue 属性分别为指定有效范围的最小值和最大值。

Type 属性用于指定要比较的值的数据类型。在执行任何比较之前，先将要比较的值转换为该数据类型。其所包括的数据类型如表 5-9 所示。

注意：如果输入控件为空，则不调用任何验证函数并且验证成功，所以为了避免这种情况发生，建议使用 RequiredFieldValidator 控件来防止用户跳过某个输入控件。同样，如果输入控件的值无法转换为 Type 属性指定的数据类型时，验证也会成功，所以建议使用一个附加的 CompareValidator 控件，将其 Operator 属性设置为 DataTypeCheck，以此来检验输入值是某一规定的数据类型。

w5-15.aspx 是一个 RangeValidator 控件的应用实例。

程序代码 w5-15.aspx

```
<html>
<head>
    <title>RangeValidator 控件</title>
    <Script Language="c#" Runat="Server">
        private void Button1_Click(object sender, System.EventArgs e){
            if (Page.IsValid) lblMsg.Text="验证成功!";
        }
    </Script>
</head>
<body>
    <h3>RangeValidator 控件示例</h3>
    <form runat="server">
        年龄：<asp:TextBox id="TextBox1"    runat="server" ></asp:TextBox>
                <asp:RequiredFieldValidator id="RequiredFieldValidator1"
                        ControlToValidate="TextBox1"
                        Text="必填字段!"
                        runat="server"/><br>
            <ASP:RangeValidator Id="Validor1" Runat="Server"
                    ControlToValidate="TextBox1"
                    MaximumValue="65"
                    MinimumValue="18"
                    Type="Integer"
```

```
            Text="在册人员的年龄只可能在 18 至 65 之间"/><br><p>
        <asp:Button id="Button1"   runat="server"   Text="提交"   OnClick="btnOK_Click"/>
        <ASP:Label Id="lblMsg" Runat="Server"/>
    </form>
  </body>
</html>
```

当用户在年龄输入框中所填写的数据不在 18～65 之间时，在客户端浏览器中所显示的内容如图 5-26 所示；如果在此范围内，则在客户端浏览器中所显示的内容如图 5-27 所示。

图 5-26　RangeValidator 控件示例（1）

图 5-27　RangeValidator 控件示例（2）

5.3.5　RegularExpressionValidator 控件

RegularExpressionValidator 控件用于确定用户在某一输入控件中所输入的值是否与某个正则表达式所定义的模式相匹配，如果不匹配就会产生验证错误。该验证类型允许检查可预知的字符序列，如身份证号、电子邮件地址、电话号码、邮政编码等字符序列。声明一个 RegularExpressionValidator 控件所使用语法为：

```
<ASP:RegularExpressionValidator
    Id="被程序代码所控制的名称"
    Runat="Server"
    ControlToValidate="要验证的控件名称"
    ValidationExpression="验证规则"
    ErrorMessage="所要显示的错误信息"
    Text="未通过验证时所显示的信息"
/>
```

强调说明：如果用户在输入控件中没有输入任何值（即该输入控件为空），则不调用任何验证函数并且验证成功。这样必须使用 RequiredFieldValidator 控件防止用户跳过某个输入控件。

另外，RegularExpressionValidator 控件中的 ValidationExpression 属性用于指定正则表达式，这个表达式被当成一个字符串进行处理。下面详细介绍正则表达式的用法。

正则表达式，又称正规表示法、常规表示法（Regular Expression，在代码中常简写为 regex、regexp 或 RE）。正则表达式使用单个字符串来描述、匹配一系列符合某个句法规则的字符串。在很多文本编辑器里，正则表达式通常被用来检索、替换那些符合某个模式的文本。

正则表达式是对字符串操作的一种逻辑公式，就是用事先定义好的一些特定字符以及这些特定字符的组合组成一个"规则字符串"，这个"规则字符串"用来表达对字符串的一种过滤逻辑，即通过正则表达式可以检查出某个字符串是否符合一种字符串的约定。例如 C 语言中变量名首字符必须是字母或下划线，其后必须由字母、数字和下划线组成，这样就可以使用正则表达式来检查某个字符串是否符合这一规定。正则表达式的特点是：

- 灵活性、逻辑性和功能性非常强。
- 可以迅速地用极简单的方式达到字符串的复杂控制。

通过使用正则表达式，可以解决如下问题：

- 测试字符串内的模式。例如，测试输入字符串，以检测字符串内是否出现电话号码模式或信用卡号码模式，这种方式称为数据验证。
- 替换文本。使用正则表达式来识别文档中的特定文本，完全删除该文本或者用其他文本替换它。
- 基于模式匹配从字符串中提取子字符串。
- 可以查找文档内或输入域内特定的文本。

正则表达式由一些普通字符和一些元字符组成。普通字符包括大小写的字母和数字，而元字符则具有特殊的含义。

最简单的情况下，一个正则表达式看上去就是一个普通的查找串。例如，正则表达式"testing"中没有包含任何元字符，可以匹配"testing"和"123testing"等字符串，但是不能匹配"Testing"。要想正确使用正则表达式，就要对元字符有比较深的认识。表 5-10 列出了所有的元字符以及对这些元字符的一个简短描述。

表 5-10　正则表达式中的元字符

元字符	说明
\	将下一字符标记为特殊字符、文本、反向引用或八进制转义符。例如，n 匹配字符 n，\n 匹配换行符
^	匹配输入字符串开始的位置。如果设置了 RegExp 对象的 Multiline 属性，^还会与\n 或\r 之后的位置匹配
$	匹配输入字符串结尾的位置。如果设置了 RegExp 对象的 Multiline 属性，$ 还会与\n 或\r 之前的位置匹配
*	零次或多次匹配前面的字符或子表达式。例如，zo* 匹配 z 和 zoo。* 等效于{0,}
+	一次或多次匹配前面的字符或子表达式。例如，zo+与 zo 和 zoo 匹配，但与 z 不匹配。+ 等效于{1,}
?	零次或一次匹配前面的字符或子表达式。例如，do(es)?匹配 do 或 does 中的 do。?等效于{0,1}
{n}	n 是非负整数，正好匹配 n 次。例如，o{2}与 Bob 中的 o 不匹配，但与 food 中的两个 o 匹配
{n,}	n 是非负整数，至少匹配 n 次。例如，o{2,}不匹配 Bob 中的 o，而匹配 foooood 中的所有 o。o{1,}等效于 o+，o{0,}等效于 o*
{n,m}	m 和 n 是非负整数，其中 $n \leqslant m$。匹配至少 n 次，至多 m 次。例如，o{1,3}匹配 fooooood 中的头 3 个 o。o{0,1}等效于 o?。注意不能将空格插入逗号和数字之间
(pattern)	匹配 pattern 并捕获该匹配的子表达式。可以使用$0…$9 属性从结果"匹配"集合中检索捕获的匹配。若要匹配括号字符，请使用\(或\)

元字符	说明
(?:*pattern*)	匹配 *pattern* 但不捕获该匹配的子表达式，即它是一个非捕获匹配，不存储供以后使用的匹配。这对于用 or 字符（|）组合模式部件的情况很有用。例如，industr(?:y|ies)是比 industry|industries 更实用的表达式
(?=*pattern*)	执行正向预测先行搜索的子表达式，该表达式匹配处于匹配 *pattern* 的字符串的起始点的字符串。它是一个非捕获匹配，即不能捕获供以后使用的匹配。例如，Windows (?=95|98|NT|2000)匹配 Windows 2000 中的 Windows，但不匹配 Windows 3.1 中的 Windows。预测先行不占用字符，即发生匹配后，下一匹配的搜索紧随上一匹配之后，而不是在组成预测先行的字符后
(?!*pattern*)	执行反向预测先行搜索的子表达式，该表达式匹配不处于匹配 *pattern* 的字符串的起始点的搜索字符串。它是一个非捕获匹配，即不能捕获供以后使用的匹配。例如，Windows (?!95|98|NT|2000)匹配 Windows 3.1 中的 Windows，但不匹配 Windows 2000 中的 Windows。预测先行不占用字符，即发生匹配后，下一匹配的搜索紧随上一匹配之后，而不是在组成预测先行的字符后
x|*y*	匹配 *x* 或 *y*。例如，z|food 匹配 z 或 food，(z|f)ood 匹配 zood 或 food
[*xyz*]	字符集，匹配包含的任一字符。例如，[abc]匹配 plain 中的 a
[^*xyz*]	反向字符集，匹配未包含的任何字符。例如，[^abc]匹配 plain 中的 p
[*a-z*]	字符范围，匹配指定范围内的任何字符。例如，[a-z]匹配 a～z 范围内的任何小写字母
[^*a-z*]	反向范围字符，匹配不在指定范围内的任何字符。例如，[^a-z]匹配任何不在 a～z 范围内的任何字符
\b	匹配一个字边界，即字与空格间的位置。例如，er\b 匹配 never 中的 er，但不匹配 verb 中的 er
\B	非字边界匹配。er\B 匹配 verb 中的 er，但不匹配 never 中的 er
\c*x*	匹配 *x* 指示的控制字符。例如，\cM 匹配 Control-M 或回车符。*x* 的值必须在 A～Z 或 a～z 之间。如果不是这样，则假定 c 就是 c 字符本身
\d	数字字符匹配，等效于[0-9]
\D	非数字字符匹配，等效于[^0-9]
\f	换页符匹配，等效于\x0c 和\cL
\n	换行符匹配，等效于\x0a 和\cJ
\r	匹配一个回车符，等效于\x0d 和\cM
\s	匹配任何空白字符，包括空格、制表符、换页符等，与[\f\n\r\t\v] 等效
\S	匹配任何非空白字符，与[^ \f\n\r\t\v] 等效
\t	制表符匹配，与\x09 和\cI 等效
\v	垂直制表符匹配，与\x0b 和\cK 等效
\w	匹配任何字类字符，包括下划线，与[A-Za-z0-9_]等效
\W	与任何非单词字符匹配，与[^A-Za-z0-9_]等效
\x*n*	匹配 *n*，此处的 *n* 是一个十六进制转义码。十六进制转义码必须正好是两位数长。例如，\x41 匹配 A。\x041 与\x04&1 等效。允许在正则表达式中使用 ASCII 代码
num	匹配 *num*，此处的 *num* 是一个正整数。到捕获匹配的反向引用。例如，(.)\1 匹配两个连续的相同字符

元字符	说明
\n	标识一个八进制转义码或反向引用。如果 \n 前面至少有 n 个捕获子表达式，那么 n 是反向引用；否则，如果 n 是八进制数（0～7），那么 n 是八进制转义码
\nm	标识一个八进制转义码或反向引用。如果 \nm 前面至少有 nm 个捕获子表达式，那么 nm 是反向引用。如果 \nm 前面至少有 n 个捕获，则 n 是反向引用，后面跟有字符 m。如果两种前面的情况都不存在，则 \nm 匹配八进制值 nm，其中 n 和 m 是八进制数字（0～7）
\nml	当 n 是八进制数（0～3），m 和 l 是八进制数（0～7）时，匹配八进制转义码 nml
\un	匹配 n，其中 n 是以 4 位十六进制数表示的 Unicode 字符。例如，\u00A9 匹配版权符号（©）

1. 句点符号

正则表达式中的句点符号"."表示可以匹配任意一个字符，包括空格、Tab 字符甚至换行符。例如要找出 3 个字母的单词，而且这些单词必须以 t 字母开头，以 n 字母结束，完整的正则表达式就是 t.n，该正则表达式将匹配 tan、ten、tin 和 ton 等，还匹配 t#n、tpn 甚至 tn，还包括数字等。

2. 方括号符号

为了解决句点符号匹配范围过于广泛这一问题，可以在方括号（[]）里面指定所需匹配的字符，即只有方括号里面指定的字符才参与匹配。例如，正则表达式 t[aeio]n 仅匹配 tan、ten、tin 和 ton，而 Toon 不匹配，因为在方括号之内只能匹配单个字符。例如，[0-9]匹配所有的数字；[a-zA-Z]匹配所有的字母；[0-9a-zA-Z]匹配所有的数字和字母。

3. 表示匹配次数的符号

下面列出了表示匹配次数的符号，这些符号用来确定紧靠该符号左边的符号出现的次数。

- *：零次或多次匹配前面的字符或子表达式。
- +：一次或多次匹配前面的字符或子表达式。
- ?：零次或一次匹配前面的字符或子表达式。
- {n}：n 是非负整数，正好匹配 n 次。
- {n,}：n 是非负整数，至少匹配 n 次。
- {n,m}：m 和 n 是非负整数，其中 n≤m，匹配至少 n 次，至多 m 次。

假设要在文本文件中搜索固定电话的号码，其格式是"区号-电话号码"，例如武汉的一个固定电话的号码是 027-87654321，用来匹配它的正则表达式是"[0-9]{3,4}\-[0-9]{6,9}"。在正则表达式中，连字符（-）有着特殊的意义，表示一个范围，本例表示从 0 到 9。因此，匹配固定电话号码中的连字符号时，其前面要加上一个转义字符"\"。

假设某地的汽车牌照格式是前面 3 个是字母和数字，再加上两个数字，其正则表达式是[0-9A-Z]{3}[0-9]{2}。

4. "否"符号

如果用在方括号内，^表示不想匹配的字符。例如，^[^Xx][A-Za-z]+的正则表达式匹配所有单词，但以 X 字母开头的单词除外。需要强调的是^在正则表达式方括号外的第一个位置表示匹配输入字符串开始的位置。

5. 圆括号和空白符号

假设要从格式为 June 26,1951 的生日日期中提取出月份部分，用来匹配该日期的正则表达式如下：

([a-z]+)\s+[0-9]{1,2},\s*[0-9]{4}

此正则表达式中的\s 符号表示是空白符号，匹配所有的空白字符，包括 Tab 字符。如果字符串正确匹配，并且需要提取出月份部分，只需在月份周围加上一个圆括号创建一个组。

6. 替换符号

替换指的是有几种字符串匹配规则，如果满足其中任意一种规则都应该当成匹配，具体方法是用"|"符号把这些不同的规则分隔开。例如有两种电话号码写法：一种是区号-电话号（010-12345678），另一种是（区号）电话号（010）87654321，则正则表达式为：

0\d{2}-\d{8} | \(0\d{2}\)\d{8}

上式"\("和"\)"中的"\"是个转义字符，用于消除括号在正则表达式中的特殊含义。

7. 分组

前面说明了如何重复单个字符（直接在字符后面加上限定符即可），但如果想要重复多个字符又该怎么办呢？可以用小括号来指定子表达式（也叫做分组），然后可以指定这个子表达式的重复次数，也可以对子表达式进行其他操作。

(\d{1,3}\.){3}\d{1,3}是一个简单的 IP 地址匹配表达式。要理解这个表达式，请按下列顺序分析它：\d{1,3}匹配 1～3 位的数字，(\d{1,3}\.){3}匹配 3 位数字加上一个英文句号（这个整体也就是这个分组）重复 3 次，最后再加上一个 1～3 位的数字（\d{1,3}）。

但上述的正则表达式也匹配 256.300.888.999 这种不可能存在的 IP 地址。如果能使用算术比较的话，或许能简单地解决这个问题，但是正则表达式中并不提供关于数学的任何功能，所以只能使用冗长的分组来描述一个正确的 IP 地址：((2[0-4]\d|25[0-5]|[01]?\d\d?)\.){3}(2[0-4]\d|25[0-5]|[01]?\d\d?)。

8. 其他符号

可以使用一些为常见正则表达式创建的快捷符号，如下：

- \d：数字字符匹配，等效于[0-9]。
- \D：非数字字符匹配，等效于[^0-9]。
- \s：匹配任何空白字符，包括空格、制表符、换页符等，与[\f\n\r\t\v] 等效。
- \S：匹配任何非空白字符，与[^ \f\n\r\t\v] 等效。
- \w：匹配任何字类字符，包括下划线，与[A-Za-z0-9_]等效。
- \W：与任何非单词字符匹配，与[^A-Za-z0-9_]等效。

下面是一些常用正则表达式实例：

- 匹配中文字符的正则表达式：[\u4e00-\u9fa5]
- 匹配双字节字符（包括汉字在内）：[^\x00-\xff]
- 匹配空白行的正则表达式：\n\s*\r
- 匹配 Email 地址的正则表达式：\w+([-+.]\w+)*@\w+([-.]\w+)*\.\w+([-.]\w+)*
- 匹配网址 URL 的正则表达式：[a-zA-z]+://[^\s]*
- 匹配账号是否合法（字母开头，允许 5～16 个字符，允许字母、数字、下划线）：^[a-zA-Z][a-zA-Z0-9_]{4,15}$
- 匹配国内电话号码：\d{3}-\d{8}|\d{4}-\d{7}

● 匹配特定数字：

^[1-9]\d*$	//匹配正整数
^-[1-9]\d*$	//匹配负整数
^-?[1-9]\d*$	//匹配整数
^[1-9]\d*|0$	//匹配非负整数（正整数 ＋0）
^-[1-9]\d*|0$	//匹配非正整数（负整数 ＋0）
^[1-9]\d*\.\d*|0\.\d*[1-9]\d*$	//匹配正浮点数
^-([1-9]\d*\.\d*|0\.\d*[1-9]\d*)$	//匹配负浮点数
^-?([1-9]\d*\.\d*|0\.\d*[1-9]\d*|0?\.0+|0)$	//匹配浮点数
^[1-9]\d*\.\d*|0\.\d*[1-9]\d*|0?\.0+|0$	//匹配非负浮点数（正浮点数 ＋0）
^(-([1-9]\d*\.\d*|0\.\d*[1-9]\d*))|0?\.0+|0$	//匹配非正浮点数（负浮点数 ＋0）

● 匹配特定字符串：

^[A-Za-z]+$	//匹配由 26 个英文字母组成的字符串
^[A-Z]+$	//匹配由 26 个英文字母的大写组成的字符串
^[a-z]+$	//匹配由 26 个英文字母的小写组成的字符串
^[A-Za-z0-9]+$	//匹配由数字和 26 个英文字母组成的字符串
^\w+$	//匹配由数字、26 个英文字母或者下划线组成的字符串

下面给出一个综合实例。要对用户所输入的电话号码进行验证，输入格式必须为"（区号）电话号码"或者"区号-电话号码"或者直接是 11 位手机号码，如（027）12345678、027-12345678 或 13612345678，其中区号必须为 3～5 位，电话号码为 5～10 位，则其正则表达式为：\(\d{3}\)\d{5,9}|\d{3}-\d{5,9}|\d{11}。其源代码如下：

```
<html>
    <head>
    <title>RegularExpressionValidator 控件</title>
    <Script Language="c#" Runat="Server">
    private void Button1_Click(object sender, System.EventArgs e) {
        if (Page.IsValid==true) lblMsg.Text="验证成功!";
    }
</Script>
</head>
<body>
    <h3>RegularExpressionValidator 控件示例</h3>
    <form runat="server">
            电话号码：<asp:TextBox id="TextBox1"   runat="server" ></asp:TextBox>
 <asp:RequiredFieldValidator id="RequiredFieldValidator1"
            ControlToValidate="TextBox1"
            Text="必填字段!"
            runat="server"/><br>
        <asp:RegularExpressionValidator id="RegularExpressionValidator1"
        ControlToValidate="TextBox1"
        ValidationExpression="\(\d{3}\)\d{5,9}|\d{3}-\d{5,9}|\d{11}"
        ErrorMessage="电话号码的格式为：(027)123456789
        或者 027-12345678 或者 13912345678"
```

```
        EnableClientScript="False"
        runat="server"/><br><p>
    <asp:Button id="Button1"  runat="server"  Text="提交"  OnClick="btnOK_Click"/>
    <ASP:Label Id="lblMsg" Runat="Server"/>
  </form>
 </body>
</html>
```

当用户在电话号码输入框中所填写的数据不是所设定的格式时，在客户端浏览器中所显示的内容如图 5-28 所示；如果是所指定的格式，则在客户端浏览器中所显示的内容如图 5-29 所示。

图 5-28　RegularExpressionValidator 控件示例（1）　图 5-29　RegularExpressionValidator 控件示例（2）

说明：为了输出小括号，必须在小括号前加转义字符"\"。

另外，还有一些典型的应用，像身份证号码的验证公式（15 位或 18 位）：\d15|\d18，电子邮件邮箱地址的验证规则公式：^[\w-]+@[\w-]+\.(com|net|org|edu|mil)$。

5.3.6　CustomValidator 控件

前面讲述了几种验证控件的使用方法，但这几种控件的使用也有一定的局限性，也就是说不可能所需要的每一种验证都可以用这几个控件来实现。那么就存在一个问题，即一些特殊的验证如何实现呢？例如，要检查在文本框中所输入的值是否为偶数。这时就可以使用 CustomValidator 控件来实现这种特殊的验证。其使用语法为：

```
<ASP:CustomValidator
    Id="被程序代码所控制的名称"
    Runat="Server"
    ControlToValidate="要验证的控件名称"
    OnServerValidate="自定义的验证程序"
    ErrorMessage="所要显示的错误信息"
    Text="未通过验证时所显示的信息"
/>
```

一般来说，验证控件总是在服务器上执行验证检查。但是，这些控件也具有完整的客户端实现，该实现必须是在支持 DHTML 的（如 Microsoft Internet Explorer 4.0 或更高版本）客户端浏览器中执行验证。客户端验证是在向服务器发送用户输入前检查用户输入的正确性，这使得在提交窗体前即可在客户端检测到错误，从而避免了服务器端验证所需信息的来回传递。

若要创建一个客户端验证函数，首先添加先前描述的服务器端验证函数，然后将客户端验证脚本函数添加到.aspx 页中。

使用 ClientValidationFunction 属性指定与 CustomValidator 控件相关联的客户端验证脚本函数的名称。由于脚本函数在客户端执行，该函数必须使用目标浏览器所支持的语言，如 VBScript 或 JScript。

与服务器端验证类似，使用 arguments 参数的 Value 属性访问要验证的值。通过设置 arguments 参数的 IsValid 属性返回验证结果。

强调说明：创建客户端验证函数时，同时也包含服务器端验证函数的功能。如果创建客户端验证函数时不存在相应的服务器端函数，则恶意代码可能会绕过验证。

下面的示例说明 CustomValidation 控件完成在服务器上验证在文本框中输入的值是否为偶数。

```csharp
<%@ Page Language="c#" Debug="true"%>
<html>
<head>
    <script runat="server">
    private void Button1_Click(object sender, System.EventArgs e)
       {
          if (Page.IsValid)
             lblOutput.Text = "此页通过验证";
          else
             lblOutput.Text = "此页无效，没有通过验证";
       }
       private void ServerValidation(object source, ServerValidateEventArgs arguments)
       {
          int num = Convert.ToInt32(arguments.Value);
          arguments.IsValid = (num%2 == 0);
       }
    </script>
</head>
<body>
    <form runat="server">
       <h3>CustomValidator 控件例子</h3>
       <asp:Label id=lblOutput runat="server"
             Text="请您输入一个偶数:"
             Font-Name="Verdana"
             Font-Size="10pt" /><br>
       <p>
    <asp:TextBox id="Text1" runat="server" />
    <asp:RequiredFieldValidator id="RequiredFieldValidator1"
                   ControlToValidate="Text1"
                   Text="必填字段!"
                   runat="server"/><br>
      
```

```
        <asp:CustomValidator id="CustomValidator1"
                ControlToValidate="Text1"
                OnServerValidate="ServerValidation"
                Display="Static"
                ErrorMessage="您所输入的数据不是一个偶数!"
                ForeColor="green"
                Font-Name="verdana"
                Font-Size="10pt"
                runat="server"/><p>
        <asp:Button id="Button1"
                Text="验证"
                OnClick="ValidateBtn_OnClick"
                runat="server"/>
    </form>
</body>
</html>
```

5.3.7　ValidationSummary 控件

一般来说，用户的输入是按照所提供页面文本框的先后顺序来输入的，当用户输入的所有数据都通过了验证控件的验证后，会把 Page 对象的 IsValid 属性设置为 True，当其中有一个验证没有通过时，则整个页面将不会被通过验证，此时 IsValid 属性被设置为 False。

当页面的 IsValid 属性为 False 时，ValidationSummary 控件将会根据用户的设置提示错误信息。这些信息由两部分组成，一部分是 ValidationSummary 控件中的 HeaderText 属性值，另一部分是该页面上所有验证控件的 ErrorMessage 属性值。ValidationSummary 控件所使用的语法如下：

```
<asp:ValidationSummary    id="programmaticID"
        DisplayMode="BulletList | List | SingleParagraph"
        EnableClientScript="true | false"
        ShowSummary="true | false"
        ShowMessageBox="true | false"
        HeaderText="提示信息标头"
        runat="server"/>
```

- DisplayMode 属性：指定 ValidationSummary 控件使用的验证摘要显示模式。List 在列表中分行显示各验证摘要项；BulletList 在项目符号列表中分行显示各验证摘要项；SingleParagraph 在单个段落中显示验证摘要项。默认值是 BulletList。
- HeaderText 属性：获取或设置显示在摘要上方的标题文本。
- ShowMessageBox 属性：用于指定 ValidationSummary 控件是否以一个弹出式消息框显示。取值为布尔类型，且默认值为 False。
- ShowSummary 属性：用于指定在页面上产生验证错误时是否显示 ValidationSummary 控件。该属性取值为布尔类型，且默认值为 True。

习题五

一、选择题

1. RegluarExpressionValidator 控件中可以加入正则表达式，下面选项对正则表达式说法正确的是（　　）。

　　A. "."表示任意数字

　　B. "*"和其他表达式一起表示任意组合

　　C. "[A-Z]"表示 A~Z 有顺序的大写字母

　　D. "/d"表示任意字符

2. 下面对 CustomValidator 控件说法错误的是（　　）。

　　A. 控件允许用户根据程序设计需要自定义控件的验证方法

　　B. 控件可以添加客户端验证方法和服务器验证方法

　　C. ClientValidatoFunction 属性指定客户端验证方法

　　D. runat 属性用来指定服务器端验证方法

3. Label Web 服务器控件的（　　）属性用于指定 Label 控件显示的文字。

　　A. width　　　　　　　　　　　　　　B. alt

　　C. text　　　　　　　　　　　　　　　D. name

4. TextBox 控件的（　　）属性值用于设置多行文本显示。

　　A. Text　　　　　　　　　　　　　　B. Password]

　　C. maxLength　　　　　　　　　　　D. Multiline

5. 下面不属于 Web 服务器控件的是（　　）。

　　A. HtmlInputButton　　　　　　　　B. RadioButton

　　C. DropDownList　　　　　　　　　D. CheckBox

6. 在 ASP.NET 中，在一注册页面中为了验证用户输入的用户名必须是 6 个英文的字母，你认为最可能需要使用下列（　　）验证控件对其进行验证。

　　A. RequiredFieldValidator　　　　　B. CompareValidator

　　C. RangeValidator　　　　　　　　　D. RegularExpressionValidator

7. 如果需要确保用户输入小于 96 的值，应该使用（　　）验证控件。

　　A. CompareValidator　　　　　　　　B. RangeValidtor

　　C. RequiredFieldValidator　　　　　D. RegularExpressionValidator

8. 对于正则表达式([0-9a-z]{4,})|(\..{3,6})，下面（　　）是错误的输入。

　　A. 8buL　　　　　B. .*$g6　　　　　C. av5f　　　　　D. .ads

9. 一个应用程序中一般有（　　）个 web.Config 文件有效。

　　A. 0　　　　　　　B. 1　　　　　　　C. 若干　　　　　D. 以上都不对

10. APP_Code 文件夹用于存储（　　）。

　　A. 数据库文件　　B. 共享文件　　　C. 代码文件　　　D. 主题文件

11. 如果希望控件内容变换后立即回传表单，需要在空间中添加属性（　　）。

　　A. AutoPostBack="True"　　　　　　B. IsPostBack="True"

　　C. IsPostBack="False"　　　　　　　D. AutoPostBack="False"

二、填空题

1．下列程序代码写在页面的 Page_Load 事件中，IsPostBack 变量起的作用是_____。

```
if (!IsPostBack) {
        lblMessage.Text = "第一次访问！";
    }
```

2．如果要使用正则表达式匹配验证控件验证用户输入的手机号码（11 位数字）是否正确，在该验证控件的验证表达式（ValidationExpression）属性中应当使用的正则表达式是_____。

3．如果需要确保用户输入小于 100 的值，应该使用_____验证控件。

4．ASPX 网页的代码储存模式有两种，它们是_____和单一模式代码分离模式。

5．请将数据（4512.6）在 TextBox 控件中显示出来。

```
Double  nn = 4512.6;
TextBox1.Text =_____
```

6．在设计阶段必须将各个验证控件的_____属性指向被验证的控件。

三、程序设计题

制作一个注册页面，页面布局自定。要求用户填写的资料包括：姓名、密码、确认密码、E_mail 等项，若输入完整并且正确时，转向另一网页；若输入错误时，除分别显示以外，还需要汇总显示错误。要求完成输入信息的验证工作包括：

（1）用户名，只能由字母、数字和下划线组成，且首字符不能为数字。

（2）密码，要求在 6～15 位之间。

（3）确认密码，必须和密码一致。

（4）E_mail 项中至少包括一个@符号。

第 6 章 ASP.NET 内建组件对象

本章主要讲解内建组件对象，其提供了网络开发所必不可少的功能，例如当前服务器目录的获取、Web 页的导航、在线人数的统计等功能。通过对本章的学习，读者应该掌握：

- Response、Request 对象的常用属性与方法
- Application 对象存储数据及其事件和方法
- Session 对象在 Web 程序设计中的应用
- Server 对象的属性与方法

HTTP 是一个无状态的通信协议，即在每次浏览器与服务器之间的连接都是暂时的。当浏览器与服务器之间的一次会话结束时，其连接也就自动断开了，下一次会话与本次会话连接无关，两次连接之间不保持任何状态。不保持状态的原因是如果要求系统将所有被访问的网页的状态都记忆的话，必然会耗费大量的系统资源，严重地降低了程序的运行效率。

但如果需要下一次会话与本次会话之间进行数据传递和共享，则需要使用 ASP.NET 的内建组件对象实现。内建组件对象主要包括：Page 对象、Application 对象、Session 对象、Server 对象、Request 对象、Response 对象，提供了几种状态类型，应用于以下目的：

- 用于保存整个应用程序的状态，状态存储在服务器端。
- 用于保存单一用户的状态，状态可存储在服务器端（使用 Session 对象），也可存储在客户端（使用 Cookie 状态）。
- 使用 Request 对象读取用户在 HTML 页的窗体中的信息；使用 Response 对象将脚本语言结果输出到浏览器上；Server 对象提供许多服务器端的应用函数。

6.1 Response 对象

6.1.1 利用 Response 对象显示信息

Response 对象主要用于把服务器信息发送到客户端，发送的信息包括：直接发送信息给浏览器、重定向浏览器到另一个 URL（Uniform Resource Locator，统一资源定位器）或设置 cookie 的值。w6-1.aspx 说明 Response 对象的使用方法，其在浏览器中的输出结果如图 6-1 所示。

程序代码 w6-1.aspx

```
<%@ Page Language="C#" AutoEventWireup="true" CodeFile="respon.aspx.cs" Inherits="respon" %>
<!DOCTYPE html PUBLIC "-//W3C//DTD XHTML 1.0 Transitional//EN"
```

```
                "http://www.w3.org/TR/xhtml1/DTD/xhtml1-transitional.dtd">
<html xmlns="http://www.w3.org/1999/xhtml" >
<head runat="server">
    <title>RESPONSE 对象示例</title>
</head>
<body>
    <form id="form1" runat="server">
    <div>
    <% int i;
        for (i = 1; i < 8; i++)
        {
            Response.Write("<font size=" + i + ">");
            Response.Write("Web 程序设计及应用");
            Response.Write("</font>");
            Response.Write("<br>");
        }

        %>
    </div>
    </form>
</body>
</html>
```

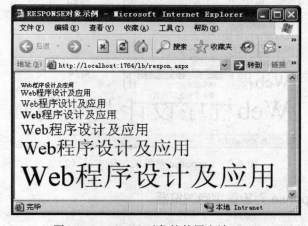

图 6-1　Response 对象的使用方法（1）

　　在本例中，内嵌了一个脚本程序，这种内嵌方式是从 ASP.NET 的早期版本 ASP 继承而来的。其中的脚本程序被封装在两个特殊的字符（即字符"<%"和"%>"）之间，以标注脚本程序在该文件中的位置，表示一个服务器脚本的开始和结束。在客户端所看到的该文件的代码参见 w6-2.aspx（操作方法是在 IE 浏览器中单击"查看"→"源文件"命令，如图 6-2 所示）。

程序代码 w6-2.aspx

```
<html xmlns="http://www.w3.org/1999/xhtml" >
<head><title>
    RESPONSE 对象示例
</title></head>
<body>
```

```
        <form name="form1" method="post" action="respon.aspx" id="form1">
<div>
<input type="hidden" name="__VIEWSTATE" id="__VIEWSTATE" value
        ="/wEPDwUJOTU4MjMyMzI1ZGTh0TJtI+KWhRensUzaawg+iZ8dSg==" />
</div>

    <div>
        <font size=1>Web 程序设计及应用</font><br>
        <font size=2>Web 程序设计及应用</font><br>
        <font size=3>Web 程序设计及应用</font><br>
        <font size=4>Web 程序设计及应用</font><br>
        <font size=5>Web 程序设计及应用</font><br>
        <font size=6>Web 程序设计及应用</font><br>
        <font size=7>Web 程序设计及应用</font><br>
    </div>
    </form>
  </body>
</html>
```

图 6-2　Response 对象的使用方法（2）

6.1.2　利用 Response 对象重定向浏览器

　　Response 对象有一个 Redirect 方法，该方法可将客户端浏览器导航到一个新的 URL 地址。一般来说，客户在访问一个网站时，总是从该网站的主页开始，但是有些人为了节省时间，可以输入一个带有目录和文件名的 URL 地址来直接访问网站中的某一个页面。这样就存在一些问题，首先网站的设计者肯定不愿意让客户直接跳过精心设计的主页，这样网站的广告也就无人光顾了，网站的收入就会大打折扣；其次，有一些页面必须是具有一定的权限才能访问，如果用户不通过身份验证而直接进入，那么整个网站的安全以及其他用户在网络上所存信息资源的安全都将受到很大威胁。

　　为了避免出现以上的问题，可以使用 Response 对象的 Redirect 方法来重新定向客户端浏览器，使客户必须首先访问主页或者进入登录页面。该方法的语法为：

Response.Redirect(NewUrl);

其中，参数 NewUrl 表示是客户端浏览器所要导航的新的 URL 地址。例如：

Response.Redirect("http://www.whpu.edu.cn/login.aspx");

一般来说，这种语句不会在没有任何条件的情况下来使用，因为浏览器见到该语句就会重定向，那么该语句所在的页面就永远也不能在浏览器中显示了。所以，该语句必须是由某个条件来限制的。

w6-3.aspx 是当用户在"用户名"文本框中输入了一个"OK"字符串之后，重新定向到武汉轻工大学。

程序代码 w6-3.aspx

```
<html>
<head>
<title>重定向浏览器示例</title>
<script Language="c#" runat="server">
private void btnOK_Click(object sender, System.EventArgs e){
    if (Page.IsValid){
      if (Text1.Text=="ok")
      {
          Response.Redirect("http://www.whpu.edu.cn");
      }
      else
      {
          lblMsg.Text="用户名不对!";
      }
    }
}


</Script>
</Html>
</head>
<body>
    <h3>重定向浏览器示例</h3>
    <form runat="server">
  <table border=0 width=250>
 <tr><td>
    用户名:
</td><td>
      <asp:TextBox id="Text1" runat="server"/>
</td><td>
      <asp:RequiredFieldValidator id="RequiredFieldValidator1"
          ControlToValidate="Text1"
        ErrorMessage="用户名、"
          Text="*"
          runat="server"/><br>
</td></tr>
</table>
      <asp:Button id="Button1"
          runat="server"
```

```
              Text="提交"
    OnClick="btnOK_Click"/>
    <ASP:Label Id="lblMsg" Runat="Server"/>
        </form>
    </body>
</html>
```

当用户在"用户名"文本框中不填写任何信息时，在浏览器中的显示结果如图 6-3 所示；当用户所输入的信息不是"OK"时，在浏览器中的显示结果如图 6-4 所示；当用户输入"OK"后，客户端浏览器被导航到武汉轻工大学主页。

图 6-3　Response 对象的重定向方法（1）　　　图 6-4　Response 对象的重定向方法（2）

6.1.3　Response 对象 Cookies 属性的应用

1．什么是 Cookie

Cookie 是一个 UNIX 术语，实际上是一个字符串或一个标志。在一个网页被加载的时候，一个 Cookie 就存入客户的计算机硬盘上了，可供其他网页以后检索。这类字符串可能包含一些常规信息，这些信息可以用来设置网页的外观或者叙述访问者上一次执行过程的动作。

使用 Cookie 引起争议的一个主要问题是关于安全性的问题，许多用户在想到所访问的各种 Web 站点都会在自己的计算机上留下信息时往往会感到不舒服。实际上，这些 Cookie 对用户的计算机并不构成威胁，因为它们并不是可执行文件，只是存放在 Windows 文件夹下面的一个专用文件夹里的文本文件，不会对计算机构成危害。因此在这里谈到客户端 Cookie 的使用，可以信任那些在客户的计算机上留下 Cookie 的网站。

2．利用 Response 对象创建与修改 Cookie 的值

Response 对象的 Cookies 集合用于创建与修改 Cookie 的值，如果指定的 Cookie 不存在，则创建它；如果存在，则修改它。其使用语法如下：

```
Response.Cookies(cookie)[(key)|.attribute] = value
```

- cookie：指定 cookie 的名称
- key：为可选参数。如果指定了 key，则 cookie 就是一个字典，而 key 将被设置为 value。
- value：指定分配给 key 或 attribute 的值。
- attribute：指定 cookie 自身的有关信息，attribute 参数如表 6-1 所示。

表 6-1　attribute 参数说明

参数	说明
Domain	若被指定，则 cookie 将被发送到对该域的请求中去
Expires	cookie 的过期日期。为了在会话结束后将 cookie 存储在客户端磁盘上，必须设置该日期。若此项属性的设置未超过当前日期，则在任务结束后 cookie 将到期
HasKeys	指定 cookie 是否包含关键字
Path	若被指定，则 cookie 将只发送到对该路径的请求中。如果未设置该属性，则使用应用程序的路径
Secure	指定 cookie 是否安全

w6-4.aspx 通过 Response 对象来创建一个 cookie。

程序代码 w6-4.aspx

```
<%@ language="c#" %>
<HTML>
<script  runat="server">
private void btsubmit_Click(object sender, System.EventArgs e)
{
        //创建一个新 cookie，其 cookie 名来自于 NameField.Text
        HttpCookie MyCookie = new HttpCookie(NameField.Text);
        DateTime  now = DateTime.Now;
        //设定 cookie 的值
        MyCookie.Value = ValueField.Text;
        //设定 cookie 生命
        MyCookie.Expires = now.AddHours(1);
        //添加 cookie
        Response.Cookies.Add(MyCookie);
        //给用户提示
        Response.Write("Cookie 写入成功<br><hr>");
}
</script>
<body>
<h3>
利用 Response 对象把 cookie 值写入客户的计算机测试
</h3>
<form runat="server" ID="Form1">
    Cookie 名称：<asp:textbox id="NameField" runat="server" /> <br>
    Cookie 值：  <asp:textbox id="ValueField" runat="server" /> <br>
    <asp:button text="写入" onclick="btsubmit_Click" runat="server" ID="Button1" /> <br>
</form>
</body>
</HTML>
```

该示例在浏览器中首次运行的结果如图 6-5 所示；当用户输入了一个 Cookie 名称和 Cookie 值后，在浏览器中的运行结果如图 6-6 所示。

在客户计算机 Cookies 目录下建立的文本文件中所存储的内容如图 6-7 所示。如果该客户再次输入的 Cookie 与上一次不一样，则客户计算机中的文本文件如图 6-8 所示。

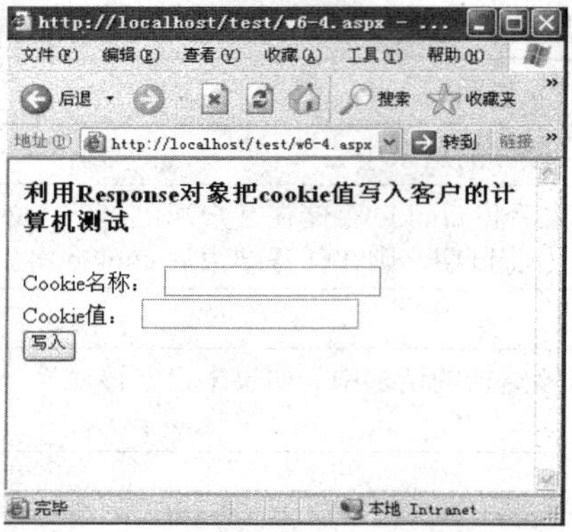

图 6-5　Response 对象的 Cookies 属性（1）

图 6-6　Response 对象的 Cookies 属性（2）

图 6-7　Response 对象的 Cookies 属性（3）

图 6-8　Response 对象的 Cookies 属性（4）

6.2　Request 对象

Request 对象最重要的作用是提供一个用户 HTTP 请求的信息，即服务器要求浏览器把客户端的信息发送到服务器，发送的信息可以包括浏览器的有关信息以及通过 HTTP 的 GET 或 POST 来传送的数据。

6.2.1　利用 Request 对象获取服务器变量值

当讨论 Request 对象的内容时，需要了解 ServerVariables 集合的内容。这个集合包含了两种值的结合体，一种是随同页面请求从客户端发送到服务器的 HTTP 报头中的值，另一种是由服务器在接收到请求时本身所提供的值。通过 Request 对象的 ServerVariables 属性可以获取当前环境的这些信息。

w6-5.aspx 可以把这些信息显示在浏览器上。

程序代码 w6-5.aspx

```
<%@ language="c#" %>
<html>
    <head>
        <title>request 对象测试</title>
    </head>
    <body >
<%
```

```
        foreach (string name in Request.ServerVariables){
                Response.Write("<br><b>"+name+":  </b>  ");
                Response.Write("<font color='red'>"+ Request.ServerVariables[name] + "</font>");
        }
%>
        </body>
</html>
```

说明：在不同的环境下结果会不同，本例显示的是作者使用的计算机环境的相应信息。

6.2.2　利用 Request 对象获取 Cookies 值

在 6.1.3 节中，利用 Response 对象的 Cookies 集合向客户计算机写入一些数据，那么服务器可以利用 Request 对象获取这些 Cookies 值。获取这些值可以知道某一用户是第几次登录网站、用户在网站上的注册名等信息。

w6-6.aspx 说明利用 Request 对象来获取 Cookies 值的方法。本例把存在客户计算机上的所有 Cookies 值都改写成一个值。

程序代码 w6-6.aspx

```
<html>
        <head>
            <title>request 对象测试</title>
        </head>
        <body >
<%
//设定变量
int loop1;
HttpCookie MyCookie;
HttpCookieCollection MyCookieCollection = Request.Cookies;
for (loop1 = 0;loop1<= MyCookieCollection.Count - 1;loop1++){
        MyCookieCollection.GetKey(loop1);
        Response.Write(MyCookieCollection[loop1].Name +"-"+MyCookieCollection[loop1].Value);
        MyCookie = MyCookieCollection[loop1];
        MyCookie.Value = "abcd888" ;
        MyCookie.Expires = System.DateTime.Now.AddHours(1);
        Response.Cookies.Add(MyCookie);
    }
%>
        </body>
</html>
```

下面这个示例来显示用户是第几次访问本网站。基本思想是首先读取 Visit_num 变量，如果大于 0，说明已经不是第一次访问本站，且该变量的值加 1 就是该用户本次访问网站的次数，否则，该用户是第一次访问本站。

代码清单 w6-7.aspx

```
<%@ language="c#" %>
<html>
<head>
        <title>request 对象测试</title>
```

```
        </head>
        <body >
    <% bool flag;
        int loop1;
        HttpCookie MyCookie;
        HttpCookieCollection MyCookieCollection = Request.Cookies;
        flag=true;
        for (loop1 = 0;loop1<= MyCookieCollection.Count-1;loop1++ ) {
            if( MyCookieCollection.GetKey(loop1) == "Visit_num1"){
        MyCookie = MyCookieCollection[loop1];
        MyCookie.Value =Convert.ToString(Convert.ToInt32(MyCookie.Value)+1);
        MyCookie.Expires = System.DateTime.Now.AddHours(1);
        Response.Cookies.Add(MyCookie);
        Response.Write( "您已是第" + MyCookie.Value + "次访问本站点了。 ");
        flag=false;
        break;
        }
        }
        if (flag) {
        MyCookie = new HttpCookie("Visit_num1");
        MyCookie.Value = "1";
        MyCookie.Expires = System.DateTime.Now.AddHours(1);
        Response.Cookies.Add(MyCookie);
        Response.Write( "欢迎您首次访问本站。 ");
        }
        %>
        </body>
</html>
```

6.2.3 利用 Request 对象获取客户端浏览器的信息

不同的浏览器和相同浏览器的不同版本支持不同的功能。在应用程序中，可能需要确定用户正在使用哪种类型的浏览器查看网页，甚至可能需要确定该浏览器是否支持某些特定功能。

查询 HttpRequest.Browser 属性，该属性包含一个 HttpBrowserCapabilities 对象。在 HTTP 请求过程中，该对象会从浏览器或客户端设备中获取信息，以便让应用程序知道浏览器或客户端设备提供的支持类型和级别。w6-8.aspx 利用 Request 对象获取客户端浏览器的信息并显示出来，运行结果如图 6-9 所示。

程序代码 w6-8.aspx

```
<html>
    <head>
    <title>request 对象测试</title>
    <script runat="server" language="c#">
    private void Button1_Click(object sender, System.EventArgs e)
    {
      string s = "";
        s += "Browser Capabilities" + "<br>";
```

```
        s += "Type = " + Request.Browser.Type + "<br>";
        s += "Name = " + Request.Browser.Browser + "<br>";
        s += "Version = " + Request.Browser.Version + "<br>";
        s += "Major Version = " + Request.Browser.MajorVersion + "<br>";
        s += "Minor Version = " + Request.Browser.MinorVersion + "<br>";
        s += "Platform = " + Request.Browser.Platform + "<br>";
        s += "Is Beta = " + Request.Browser.Beta + "<br>";
        s += "Is Crawler = " + Request.Browser.Crawler + "<br>";
        s += "Is AOL = " + Request.Browser.AOL + "<br>";
        s += "Is Win16 = " + Request.Browser.Win16 + "<br>";
        s += "Is Win32 = " + Request.Browser.Win32 + "<br>";
        s += "Supports Frames = " + Request.Browser.Frames + "<br>";
        s += "Supports Tables = " + Request.Browser.Tables + "<br>";
        s += "Supports Cookies = " + Request.Browser.Cookies + "<br>";
        s += "Supports VB Script = " + Request.Browser.VBScript + "<br>";
        s += "Supports JavaScript = " + Request.Browser.JavaScript + "<br>";
        s += "Supports Java Applets = " + Request.Browser.JavaApplets + "<br>";
        s += "Supports ActiveX Controls = " + Request.Browser.ActiveXControls + "<br>";
        lbdisp.Text = s;
        }
    </script>
    </head>
    <body >
    <form id="Form1" method="post" runat="server">
        <asp:Button id="btsubmit"    runat="server" Text="Button" Width="134px"
        onclick="Button1_Click"></asp:Button>
        <br><asp:Label id="lbdisp"    runat="server" ></asp:Label>
    </form>
    </body>
</html>
```

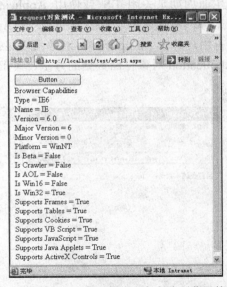

图 6-9　利用 Request 对象获取客户端浏览器的信息

读者可以根据这个示例来自行设计一个 Web 程序，根据客户端浏览器的不同来显示不同的 Web 页面。如当用户使用的是 IE 浏览器时，显示 webpage1.aspx 页；当用户使用的是网景的 Netscape 浏览器时，显示 webpage2.aspx 页。

6.3　Application 对象

Application 对象可以产生一个网站内所有 Web 应用程序都可以存取的变量，这个变量的范围涵盖全部的使用者，也就是说只要正在使用这个网页程序的联机用户都可以存取这个变量。例如，建立一个聊天室的 Web 应用程序，每一个用户访问该页面时会有一个在线人数的数据显示，这个数据对于每一个用户都是一样的，该数据就是由 Application 对象变量来存取。

Application 对象的应用场合有：

- 一个 Application 变量可以用来在每个主页上显示瞬态信息，例如可以利用 Application 变量来对每一个主页进行当日新闻的更新。
- Application 可以用来记录广告条被点击的时间和次数。
- Application 可以从数据库中读取数据，例如可以从网站的数据库中接受销售品目录，然后利用 Application 变量显示在多个网页上。
- 一个 Application 变量可以用来统计目前在线人数。
- 一个 Application 变量可以用于网站上不同用户间的通信，这样就可以创建多用户游戏和多用户聊天室。

6.3.1　Application 对象存储数据

Application 正确的对象类别名称在 ASP.NET 中是 HttpApplication，每个 Application 对象变量都是 Application 对象集合中的对象之一，由 Application 对象统一管理。使用 Application 对象变量的语法如下：

```
Application["变量"]="变量内容"
```

Application 对象变量的生命周期是关闭 IIS 或使用 Application 对象的 Clear 方法来清除，Application 对象是 Page 对象的成员，可以直接调用。一个 Application 变量包含的数据可以在整个 Application 中被所有用户共享。Application 对象可以包括任何类型，包括对象。

w6-9.aspx 说明了利用 Application 对象存储数据的方法，其在客户浏览器中的运行结果如图 6-10 所示。

图 6-10　Application 对象存储数据

程序代码 **w6-9.aspx**

```
<%@ language="c#" %>
<HTML>
<HEAD><TITLE>Application 示例</TITLE></HEAD>
<BODY>
<%Application["onlineNumber"]=1668;%>
目前在线人数是：<%Response.Write(Application["onlineNumber"]);%>
</BODY>
</HTML>
```

说明：每一个用户对于 Application["onlineNumber"]变量都是相同的变量值。

6.3.2　Application 对象的属性

1．AllKeys 属性

使用户能够检索 Application 对象包含的所有项目名，例如：

```
string StateVars[Application.Count];
StateVars = Application.AllKeys;
```

该示例是用应用程序状态集合中的所有对象名来填充字符串数组 StateVars。

2．Contents 属性

返回 this 指针。下面的示例创建一个新的 HttpApplicationState 对象，该对象用于访问应用程序状态集合中的对象名。

```
HttpApplicationState AppState2 ;
AppState2 = Application.Contents;
string StateVars[AppState2.Count] ;
StateVars = AppState2.AllKeys;
```

3．Count 属性

返回一个 Application 对象所包含的项目数量，例如：

```
if (Application.Count > 5) {
    ...//语句块 1
 }
```

该示例仅在集合中的对象数超过 5 时执行语句块 1。

4．Item 属性

通过名字访问一个 Application 对象包含的项目值，这是 Application 对象最常用的属性。例如记录变量内容可直接写成：

```
Application[变量名]=要保存的对象
```

这里需要注意的是，Application 保存的对象是所有应用程序共享的，而.NET 平台又是一个多用户多线程的环境，因而 Application 保存的对象在使用时要注意避免冲突。例如：

```
Application["onlineNumber "] = Convert.ToInt32(Application["onlineNumber "])+1;
```

使用户保存的数值加 1，可以利用它来统计页面浏览的次数。

5．StaticObjects 属性

应用程序对象在 Global.asax 文件的<object runat="server" scope="Application"> </object>标记内定义。下面的示例获取所有应用程序对象并将其放入一个 HttpStaticObjects- Collection 变量，它仅在对象数大于 0 时才执行例程，并执行语句块 1。

```
HttpStaticObjectsCollection PageObjects;
PageObjects = Application.StaticObjects;
 if (PageObjects.Count > 0) {
    ...//语句块 1
 }
```

w6-10.aspx 说明了上面所学到的各种属性的使用方法。在该例中，首先产生 4 个 Application 变量，然后用 item 属性去逐一取出各个 Application 变量的内容并显示出来。注意为了避免其他公用 Application 变量的干扰，在页面加载时调用了 removeall 方法，清空所有公用变量。

程序代码 w6-10.aspx

```
<html>
<script language="c#" runat=server>
    private void Page_Load(object sender, System.EventArgs e){
        int i;
        string tStr;
        string sStr;
        string[] strArray;
        HttpStaticObjectsCollection ObCol;
        if (! IsPostBack){
        //浏览器第一次调用本页时初始化变量
        //为防止其他变量干扰，使用前清掉所有的保存变量
    Application.RemoveAll();
    for(i=1;i<=4;i++) { //保存 4 个变量
            tStr="变量名" + i.ToString();
            sStr="内容" + i.ToString();
            Application[tStr]=sStr;
        }
}
    else
    {      //采用 item 属性遍历
        Response.Write("<center><b>采用 item 属性显示</b></center><br>");
        strArray=Application.AllKeys;
        for(i=1;i<= Application.Count;i++) {
           tStr= strArray[i-1] + "=" + Application[i-1] +"  ";
          Response.Write(tStr);
           }
        //显示有多少个 object 定义
        ObCol=Application.StaticObjects;
        Response.Write("<hr>含有 object 标识： " + ObCol.Count + "个");
    }
    }
  </script>
  <head>
 <title>   Appliction 对象试验   </title>
  </head>
  <body bgcolor=#ccccff>
     <center>
         <h2>Appliction 对象试验</h2>
```

```
    <hr>
    <form runat=server>
        <asp:button text="显示 Appliction 内容" runat=server />
    </form>
    </center>
    </body>
</html>
```

w6-10.aspx 在客户端浏览器中第一次显示的结果如图 6-11 所示。当用户单击"显示
Appliction 内容"按钮后，在浏览器中的显示结果如图 6-12 所示。

图 6-11　Appliction 对象试验（1）

图 6-12　Appliction 对象试验（2）

6.3.3　Application 对象的方法

1．Lock 方法

Lock 方法用于锁定对 HttpApplicationState 变量的访问，目的是用来防止在 Application 变
量的操作过程中对其他并发程序可能造成的影响。例如统计在线人数过程中，如果不进行上锁
操作，就有可能发生写入冲突。例如，某一页面从 Application 变量中取得统计值为 1，并把该
变量的值加 1，如果在统计值写回到该变量之前另一页面也发生了一次记数，并先行写回变量，
那么最终写回到变量中的值为 2，而并不是实际的 3。如果采用了上锁机制，在页面读出变量
到统计值并写回变量的过程中，即使发生了另一次记数，由于变量被锁住，也不可能在变量被
写回以前取得成功，只有等待变量释放，从而形成两者对变量操作的串行性，避免了数据的写
入冲突。

2．Unlock 方法

取消锁定对 HttpApplicationState 变量的访问以释放资源供其他页面使用。下面的示例使
用 Lock()和 UnLock()以在本地会话更改两个应用程序变量的值之前防止其他会话更改。

```
<%
    Application.Lock();
    Application["counter"] = Convert.ToInt32(Application["counter"])+1;
    Application.UnLock();
%>
```

w6-11.aspx 是一个完整的 Application 应用程序,其在客户端浏览器中的显示结果如图 6-13
所示。

程序代码 w6-11.aspx

```
<%@ language="c#" %>
<html>
 <script language="c#" runat=server>
   private void Page_Load(object sender, System.EventArgs e){
             Application.Lock();
             Application["counter"] = Convert.ToInt32(Application["counter"])+1;
             Application.UnLock();
}
</script>
<head>
        <title>Application 对象方法试验 </title>
</head>
<body>
        <center>
           <h2>Application 对象 Lock 方法试验</h2>
        <hr>
        你是第<%=Application("counter")%>位访问者！
        </center>
</html>
```

图 6-13   Application 对象的方法使用

6.3.4   Application 对象的事件

Application 对象拥有自己的事件。在介绍 Application 对象的事件之前，先说明一下 Application 对象的生命期。

当服务器上的某个 Application 被第一次请求时，这个 Application 就开始启动。当 Application 的所有服务被终止时（例如 Internet 服务管理器关闭网络服务），则 Application 就被终止。Application 的生命期就是从启动到终止的这段时间。

当 Application 对象的生命周期开始时，Application_OnStart 事件会被启动；当 Application 对象的生命周期结束时，Application_OnEnd 事件会被启动。通常会在 global.asax 中定义 Application_OnStart 事件。

在上一个例子中实现了用计数器来对页面进行统计，但是这样的程序有一个问题，就是只能统计单个的页面，在 ASP.NET 中可以很轻松地实现对整个站点页面的统计。为了达到这个目的，ASP.NET 给出了 Application_BeginRequest 事件和 Application_EndRequest 事件。这两个事件在站点的任意一个文件被请求的时候都会被激发，因此可以利用这两个事件实现对站点的访问统计。

Global.asax 文件（也叫做 ASP.NET 应用程序文件）是一个可选的文件，该文件包含响应 ASP.NET 或 HTTP 模块引发的应用程序级别事件的代码。Global.asax 文件驻留在基于 ASP.NET 应用程序的根目录中。在运行时，分析 Global.asax 文件并将其编译到一个动态生成的.NET 框架类，该类是从 HttpApplication 基类派生的。配置 Global.asax 文件自身，以便自动拒绝对该文件的任何直接 URL 请求；外部用户不能下载或查看在其中编写的代码。

ASP.NET 的 Global.asax 文件可以和 ASP Global.asa 文件共存。可以在所见即所得的设计器或"记事本"中创建 Global.asax 文件，或者作为编译的类创建（将该类作为程序集部署在应用程序的\bin 目录中）。

当将更改的内容保存到活动 Global.asax 文件时，ASP.NET 框架检测到该文件已被更改。实际上，这会重新启动应用程序，关闭所有浏览器会话并刷新所有状态信息。当来自浏览器的下一个传入请求到达时，ASP.NET 框架将重新分析并重新编译 Global.asax 文件且引发 Application_OnStart 事件。表 6-2 列出了 Application 对象的大多数事件。

表 6-2　Application 对象的事件

事件	说明
AcquireRequestState	当 ASP.NET 获取与当前请求关联的当前状态（如会话状态）时发生
AuthenticateRequest	当安全模块已建立用户标识时发生
AuthorizeRequest	当安全模块已验证用户授权时发生
BeginRequest	在 ASP.NET 响应请求时作为 HTTP 执行管线链中的第一个事件发生
Disposed	在 ASP.NET 响应请求时完成执行链后发生
EndRequest	在 ASP.NET 响应请求时作为 HTTP 执行管线链中的最后一个事件发生
Error	当引发未处理的异常时发生
PostRequestHandlerExecute	当 ASP.NET 处理程序（页或 XML Web services）执行完成时发生
PreRequestHandlerExecute	恰好在 ASP.NET 开始执行处理程序（如页或 XML Web services）之前发生
PreSendRequestContent	恰好在 ASP.NET 向客户端发送内容之前发生
PreSendRequestHeaders	恰好在 ASP.NET 向客户端发送 HTTP 标头之前发生
ReleaseRequestState	在 ASP.NET 执行完所有请求处理程序后发生，该事件将使状态模块保存当前状态数据

例如，如果想要响应应用程序的 OnStart、BeginRequest 和 OnEnd 事件的代码，则包括在 Global.asax 文件中的代码如下：

```
<Script language="C#" runat="server">
protected void Application_Start(Object sender, EventArgs e){
        //这里的代码是 Application 变量的起始代码
}
 protected void Application_BeginRequest(Object sender, EventArgs e){
```

```
            //这里的代码是每个请求的 Application 代码
    }
protected void Application_End(Object sender, EventArgs e){
        //这里的代码是把 Application 的所有变量都清除
    }
</script>
```

6.4 Session 对象

Session 对象的使用可以填补 HTTP 协议的局限。HTTP 协议的工作过程是，当用户发出请求时，服务器端会作出响应，这种用户端和服务器端之间的联系都是离散的、非连续的。在 HTTP 协议中没有什么能够允许服务器端来跟踪用户请求。在服务器端完成响应用户请求后，服务器端不能持续与该浏览器保持连接。从网站的观点上看，每一个新的请求都是单独存在的，因此当用户在多个主页间转换时就根本无法知道其身份。此时，可以使用 Session 对象存储特定用户会话所需的信息。这样，当用户在应用程序的 Web 页之间跳转时，存储在 Session 对象中的变量将不会丢失，而是在整个用户会话中一直存在下去。

当用户请求来自应用程序的 Web 页时，如果该用户还没有会话，则 Web 服务器将自动创建一个 Session 对象。当会话过期或被放弃后，服务器将终止该会话。

当用户第一次请求给定应用程序中的.aspx 文件时，ASP.NET 将生成一个 SessionID。SessionID 是由一个复杂算法生成的号码，它唯一标识每个用户会话。在新会话开始时，服务器将 SessionID 作为一个 cookie 存储在用户的 Web 浏览器中。

在将 SessionID cookie 存储于用户的浏览器之后，即使用户请求了另一个.aspx 文件，或者请求了运行在另一个应用程序中的.aspx 文件，ASP.NET 仍会重用该 cookie 跟踪会话。与此相似，如果用户故意放弃会话或让会话超时，然后再请求另一个.aspx 文件，那么 ASP.NET 将以同一个 cookie 开始新的会话。只有当服务器管理员重新启动服务器或用户重新启动 Web 浏览器时，存储在内存中的 SessionID 设置才被清除，用户将会获得新的 SessionID cookie。

1. Session 对象的属性

（1）SessionID 属性。

返回本次会话的会话标识符。每创建一个会话，由服务器自动分配一个标识符。可以根据它的值来判断两个用户是谁先访问服务器。

SessionID 属性用途很多。例如要实现这样的功能，针对某个网站的一个模块，当一个会员登录后正在看此模块时，另一个人用同样的会员名登录，就不能浏览这个模块。也就是说一个会员名同时只能一个人浏览此模块。控制的方法是通过用会员名（假设为 UserID，唯一）和 SessionID 来实现。当会员登录时，给这个会员一个 Session 记录登录状态，如 Session["Status"]="Logged"，同时把这个会员的 Session.SessionID 写入数据库。当他要浏览此模块时，先要判断其是否登录，若已经登录再判断它的 SessionID 是否与数据库记录的相同，如果不同则不能访问。这样，当另一个用户用相同的会员名登录时，那么数据库中记录的就是新的 SessionID，前者访问此模块时就不能通过检查。这就实现了一个会员名同时只能一个人浏览某个模块。这个功能在一些收费网站中特别有用，防止了一个会员名给多个人浏览的问题。

当不同的用户登录同一个页面时，服务器为每一个用户分配一个 SessionID，而且这些 SessionID 各不相同。w6-12.aspx 在页面上显示一个用户的 SessionID。

程序代码 w6-12.aspx

```
<%@ language="c#" %>
 <head>
     <title> Session.SessionID 示例 </title>
</head>
<body>
 <center>
  <h2> Session.SessionID 示例</h2>
  <hr>
<%
     Response.Write("您此次会话的 SessionID 值为");
     Response.Write("<b>" + Session.SessionID.ToString() + "<b>");
%>
 </center>
</html>
```

这个程序在浏览器中运行后的结果如图 6-14 和图 6-15 所示（两个用户同时打开这个页面所显示的 SessionID 值）。

图 6-14　一个用户程序中的 SessionID 值

图 6-15　另一个用户程序中的 SessionID 值

（2）Timeout 属性。

该属性用来定义用户 Session 对象的时限，为会话定义以分钟为单位的超时限定。如果用户在这个时间内没有刷新或请求任何一个网页，则该用户产生的会话自动结束。默认值为 20。

2．Session 对象的方法

● Contents.Remove("变量名")：从 Session.contents 集合中删除指定的变量。

● Contents.Removeall()：删除 Session.contents 集合中的所有变量。

● Abandon()：结束当前用户会话并且撤消当前 Session 对象。

Session 对象的 Contents.Remove("变量名")和 Contents.Removeall()方法与 Application 对象的基本上没什么区别，为了帮助理解，读者可以参照上面的例子将 Application 改为 Session。这里要说明的是 Contents.Removeall()和 Abandon()的区别，执行这两个方法都会释放当前用户会话的所有 Session 变量，不同的是 Contents.Removeall()单纯地释放 Session 变量的值而不终止当前的会话，而 Abandon()除了释放 Session 变量外，还会终止会话引发 Session_OnEnd 事件，希望读者注意两者的区别。

3．Session 对象的事件

和 Application 一样，当对象的例程每一次启动时触发 Session_OnStart 事件，然后运行 Session_Onstart 事件的处理过程。也就是说，当服务器接收到应用程序中的 URL 的 HTTP 请求时，触发此事件，并建立一个 Session 对象。同理，这个事件也必须定义在 Global.asa 文件中。

当调用 Session.Abandon 方法时或者在 TimeOut 的时间内没有刷新，就会触发 Session_OnEnd 事件，然后执行里面的脚本。Session 变量与特定的用户相联系，针对某一个用户赋值的 Session 变量是和其他用户的 Session 变量完全独立的，不会存在相互影响的情况。

6.5　Server 对象

Server 对象提供了一系列对一个 Web 程序非常有用的高级功能，能够实现对服务器上的一些资源的访问。例如某一个网站 Web 服务器的机器名、某一个文件在服务器上的地址路径、设定一个 Web 程序在服务器上最长的执行时间等问题。

6.5.1　Server 对象的属性

Server 对象有两个属性：MachineName 属性和 ScriptTimeout 属性。

1．MachineName 属性

该属性用来获取 Web 服务器的计算机名称。注意，该属性仅能获取存储和运行当前 Web 程序的服务器的计算机名称。下面的示例将服务器的计算机名称存储为字符串变量。

```
string ThisMachine;
ThisMachine = Server.MachineName;
```

w6-13.aspx 给出其完整的 Web 程序，用来显示当前服务器的名称。

程序代码 w6-13.aspx

```
<%@ language="c#" %>
<html>
    <head>
        <title>  Server 示例一 </title>
    </head>
    <body>
        <center>
            <h2>     Server 示例一</h2>
            <hr>
            <%
                string ThisMachine;
                ThisMachine = Server.MachineName;
                Response.Write("当前 Web 服务器的名称是： " + ThisMachine );
            %>

        </center>
    </body>
</html>
```

该例在客户端浏览器中的运行结果如图 6-16 所示。其运行结果是否正确，可通过在服务器上依次选择"开始→控制面板→系统→计算机名"打开如图 6-17 所示的对话框，检测计算机名一栏是否与浏览器中的运行结果相同。

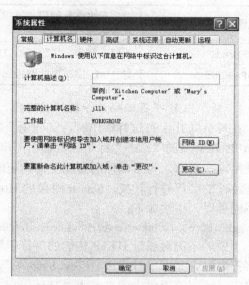

图 6-16　Server 对象属性示例　　　　　　　图 6-17　"系统属性"对话框

2. ScriptTimeout 属性

该属性是用来获取和设置请求超时（以秒计），它是一个脚本程序可以运行的最大秒数的值，当脚本程序运行超过这个时间限制时，脚本程序会被 Web 服务器自动停止执行。其使用的语法如下：

```
Server.ScriptTimeout = 60;
```

其中，60 表示是 60 秒钟，一般默认值为 90 秒钟。需要注意的是，ScriptTimeout 属性不能被设置得比注册表中的设置值小。例如，如果注册表中对超时的默认设置是 60 秒，当 ScriptTimeout 属性中的超时设置小于 60 秒时，就是一个无效的设置，脚本仍然会以 60 秒为超时。

6.5.2　Server 对象的方法

Server 对象提供了很多种方法，对于开发 Web 应用程序是十分重要的。表 6-3 列出了 Server 对象的方法及说明。

表 6-3　Server 对象的方法

方法	说明
CreateObject	创建 COM 对象的一个服务器实例
CreateObjectFromClsid	创建 COM 对象的服务器实例，该对象由对象的类标识符（CLSID）标识
Execute	执行对另一页的请求
GetLastError	返回前一个异常
HtmlDecode	对已被编码以消除无效 HTML 字符的字符串进行解码
HtmlEncode	对要在浏览器中显示的字符串进行编码
MapPath	返回与 Web 服务器上的指定虚拟路径相对应的物理文件路径
Transfer	终止当前页的执行，并开始执行新页

续表

方法	说明
UrlDecode	对字符串进行解码，该字符串为了进行 HTTP 传输而进行编码并在 URL 中发送到服务器
UrlEncode	编码字符串，以便通过 URL 从 Web 服务器到客户端进行可靠的 HTTP 传输
UrlPathEncode	对 URL 字符串的路径部分进行 URL 编码，并返回已编码的字符串

1．将 ASCII 字符编码为等效的 HTML

在对 ASCII 字符进行输出时，某些浏览器会截断或损坏?、&、/和空格等字符，所以不能在 ASP.NET 页的"<A>"标记或查询字符串（浏览器可能在请求字符串中发送这些字符串）中使用这些字符，为了确保所有浏览器均正确地在 URL 字符串中传输所有文本，这时必须对这些特殊的字符进行转换。Server 对象的 HtmlEncode 方法提供了为 ASCII 码的特殊字符进行编码的手段，语法如下：

```
string EncodedString = Server.HtmlEncode(TestString);
```

下面的示例对通过 HTTP 传输的字符串进行编码。用名为 TestString 的字符串进行编码，该字符串包含文本"This is a <Test String>."，然后将该字符串复制到名为 EncodedString 的字符串中，该字符串包含的文本为"This+is+a+%3cTest+String%3e."。

```
string TestString = "This is a <Test String>.";
string EncodedString = Server.HtmlEncode(TestString);
```

w6-14.aspx 给出了一个完整的示例来说明直接输出和通过转换后的输出有什么不同。

程序代码 w6-14.aspx

```
<%@ language="c#" %>
<html>
    <head>
 <title> Server 示例二 </title>
    </head>
    <body>
        <center>
            <h2> Server 示例二</h2>
            <hr>
            <%
            string TestString = "This is a <Test String>.";
            string EncodedString = Server.HtmlEncode(TestString);
            Response.Write("TestString 转换前输出形式为： "+TestString );
            Response.Write("<p>");
            Response.Write("TestString 转换后输出形式为： " + EncodedString );
            %>
        </center>
    </body>
</html>
```

其在浏览器中的运行结果如图 6-18 所示。

图 6-18　Server 示例二

2. 将 ASCII 字符编码为 URL

对于 URL，一些 ASCII 字符具有特别的含义。需要使用编码的方法将这些 ASCII 字符加入 URL 中才能忽略它们自身的特殊含义。同样 Server 对象的 URLEncode 方法提供了为 ASCII 码的字符进行编码的手段，可以将这些 ASCII 字符转化到 URL 中，成为等效的字符编码。其语法如下：

```
Server.UrlEncode(String)
```

其中，String 是要用的字符串，这个方法返回 String 的 URL 编码形式。空格由一个"+"代替，其他的特殊字符用十六进制数代替。下面的示例对字符串进行 URL 编码，以为将其发送到浏览器客户端做准备。

```
string  MyURL;
MyURL = "http://www.contoso.com/articles.aspx?title = ASP.NET Examples";
Response.Write( "<A HREF = " + Server.UrlEncode(MyURL) + "> ASP.NET Examples <br>");
```

在此示例中，字符串 MyURL 将被编码为：

```
"http%3a%2f%2fwww.contoso.com%2farticles.aspx%3ftitle+%3d+ASP.NET+Examples"
```

3. 返回指定物理文件路径 MapPath

MapPath 方法返回指定文件的相对路径或物理路径。若 Path 以一个"/"或"\"开始，则 MapPath 方法返回路径时将 Path 视为完整的虚拟路径；若 Path 不是以斜杠开始，则 MapPath 方法返回同.aspx 文件路径相对的路径。例如，test.aspx 文件位于 C:\inetpub\wwwroot\myhome 目录下，C:\inetpub\wwwroot 为服务器的宿主目录，而 test.aspx 包含如下脚本：

```
<%Response.Write(Server.MapPath("myhome/test.asp"))%>
```

返回结果是：C:\inetpub\wwwroot\myhome\test.asp。

 习题六

一、选择题

1. 要获取 Web 站点中某个文件的物理存储路径，可以使用 Server 对象的（　　）属性。

    A．Execute　　　　　B．MapPath　　　　　C．Transfer　　　　　D．HtmlEncode

2. Response 对象的（　　）方法可以使 Web 服务器停止处理脚本。

    A．Clear　　　　　　B．End　　　　　　　C．BufferOutput　　　　D．Flush

3．Response.Redirect "login.asp"表示（　　　）。

　　A．覆盖 login.asp　　　　　　　　　　B．关闭 login.asp

　　C．在一个新窗口中打开 login.asp　　　D．重定向到 login.asp

4．如果要在网页上添加一个计算器来统计人数，则可以选用（　　　）对象对计数变量 Count 的加法操作来实现。

　　A．Session　　　　　B．Application　　　　C．Server　　　　　D．Page

5．要在 ASP.NET 页面中显示服务器的计算机名，正确的代码为（　　　）。

　　A．Response.Write(Server.IPAddress)

　　B．Response.Write(Server.MachineName)

　　C．Response.Write(Application.IPAddress)

　　D．Response.Write(Application. MachineName)

6．在 ASP.NET 中，下列代码在页面中可能的输出结果是（　　　）。

　　Response.Write(Server.MapPath("WebForm1.aspx"));

　　A．C:\Inetpub\wwwroot\AspTest\WebForm1.aspx

　　B．C:\Inetpub\wwwroot\AspTest\

　　C．WebForm1.aspx

　　D．aspx

7．请问下列程序段执行完毕后，页面上显示的内容是（　　　）。

　　<%Response.Write "<a href='http://www.sina.com.cn'>搜狐</a>"%>

　　A．搜狐　　　　　　　　　　　　　　B．<a href='http://www.sina.com.cn'>搜狐</a>

　　C．搜狐（超链接）　　　　　　　　　D．该句有错，无法正常输出

8．如果想统计一个网站的在线人数，应该使用（　　　）对象。

　　A．Application　　　B．Request　　　　C．Server　　　　　D．Session

9．如果想统计一个浏览者进入本站点以后浏览的页面次数（包括对同一页面的多次浏览），则可以使用（　　　）对象。

　　A．Application　　　B．Request　　　　C．Server　　　　　D．Session

二、填空题

1．<%Response.Write "您来访的时间是：" & Year(date()) & "年" & Month(date()) & "月" & Day(date()) & "日" %>。如果浏览者打开这个 Web 页面的日期是 2014 年 5 月 20 日，以上代码运行后，转化成标准 HTML 代码为_____。

2．_____语句可以获得的是网站的根目录信息。

3．如果希望修改 Session 的生存期，有两种方法：①修改 IIS 中系统的设置值；②_____。

4．Response.Write()的功能是向浏览器输出信息，与 JavaScript 中的_____功能相近。

5．使用_____可以在用户浏览网站时跟踪和记录它的一些特定信息，而不用在每次向服务器发出请求时都让用户验证自己的身份，它是前端浏览器与服务器每一次会话的表示变量。

6．Request 对象的主要功能是从客户端取得信息，而_____对象的功能与 Request 对象的功能刚好相反。

7．Session 对象的概念和 Cookie 很相似，也可以用来记录客户的状态信息。所不同的是，Cookie 是把信息记录在客户端的浏览器中，而 Session 对象是把信息记录在_____中。

8. 下面是设置和取出 Session 对象的代码。设置 Session 的代码是：

```
Session["greeting"]= "hello wang !";
```

取出该 Session 对象的语句为：string Myvar=_____；

9. 下面是使用 Application 对象时防止竞争的代码。

```
Application. _____            //锁定 Application 对象
Application["counter"]=(int) Application["counter"]+1;
Application. _____         //解除对 Application 对象的锁定
```

三、程序设计题

1. 制作一个聊天系统。要求用 Application 对象保存用户发言队列，并能显示用户进入或离开聊天室的信息。

2. 制作一个在线调查系统。要求能够显示出调查结果。

第 7 章 ADO.NET 技术

学习目标

本章主要介绍 SQL 语言的基本语法、常用聚合函数、存储过程的使用方法，并说明 ASP.NET 连接数据库的方法以及对数据库的常规操作。通过对本章的学习，读者应该掌握：

- SQL 语言的基本语法
- ASP.NET 连接 SQL Server 数据库的方法
- 如何添加、修改、删除数据表的一条记录
- 利用 GridView 控件对数据进行显示

7.1 SQL Server 数据开发介绍

7.1.1 SQL Server 数据库简介

Microsoft SQL Server 是用于大规模联机事务处理（OLTP）、数据仓库和电子商务应用的数据库平台，也是用于数据集成、分析和报表解决方案的商业智能平台。

SQL Server 数据库平台包括以下工具：

- 关系型数据库：一种更加安全可靠、可伸缩性强且具有高可用性的关系型数据库引擎，性能得到了提高且支持结构化和非结构化（XML）数据。
- 复制服务：数据复制可用于数据分发或移动数据处理应用程序、系统高可用性、企业报表解决方案的后备数据可伸缩并发性、与异构系统（包括已有的 Oracle 数据库）的集成等。
- 通知服务：用于开发和部署可伸缩应用程序通知功能，能够向不同的连接和移动设备发布个性化的、及时的信息更新。
- 集成服务：用于数据仓库和企业范围内数据集成的数据提取、转换和加载（ETL）功能。
- 分析服务：联机分析处理（OLAP）功能可用于对使用多维存储的大量和复杂的数据集进行快速高级分析。
- 报表服务：全面的报表解决方案可创建、管理和发布传统的、可打印的报表和交互的、基于 Web 的报表。
- 管理工具：SQL Server 包含的集成管理工具可用于高级数据库管理和优化，它也与其他工具，如 Microsoft Operations Manager（MOM）和 Microsoft Systems Management Server（SMS）紧密集成在一起。标准数据访问协议大大减少了 SQL Server 和现有系统间数据集成所花的时间。此外，构建于 SQL Server 内的本机 Web service 支持

确保了和其他应用程序及平台的互操作能力。

- 开发工具：SQL Server 为数据库引擎、数据抽取、转换和装载（ETL）、数据挖掘、OLAP 和报表提供了和 Microsoft Visual Studio 相集成的开发工具，以实现端到端的应用程序开发能力。SQL Server 中每个主要的子系统都有自己的对象模型和应用程序接口（API），能够将数据系统扩展到任何独特的商业环境中。

7.1.2　创建与删除数据库

1. 创建数据库

当用户将 Microsoft SQL Server 2008 Express Edition 与 Visual Web Developer 一起安装时，可以使用 Visual Studio 数据管理工具来创建 SQL Server Express Edition 数据库，并使用数据库元素（如表、数据、存储过程和视图等）来填充数据库。

下面来创建一个数据库 lbtest，具体步骤如下：

（1）启动 Visual Studio 2010，新建一个网站，然后单击"视图→服务器资源管理器"命令，打开如图 7-1 所示的窗口。

（2）在其中右击"数据连接"，在弹出的快捷菜单中选择"创建新的 SQL Server 数据库"命令，弹出如图 7-2 所示的对话框。

图 7-1　服务器资源管理器　　　　　图 7-2　创建新的 SQL Server 数据库

（3）在"服务器名"下拉列表框中选择服务器名称（该名称一般是默认的），如果下拉列表没有服务器名称选项，请输入".\SQLEXPRESS"，并在"新数据库名称"文本框中输入需要新建的数据库的名称，如 lbtest，然后单击"确定"按钮，此时在"服务器资源管理器"窗口中会显示用户新建的数据库，如图 7-3 所示。

2. 删除数据库

在图 7-3 中右击新建的 lbtest 数据库，弹出如图 7-4 所示的快捷菜单，选择"删除"命令，这样就可以删除指定的数据库。

如果在创建数据库的时候没有成功，并且有错误警告出现，请按以下步骤处理：

（1）右击桌面左下角的"开始"按钮，在弹出的快捷菜单中右击"我的电脑"，从弹出的快捷菜单中选择"管理"命令，打开如图 7-5 所示的"计算机管理"窗口。

（2）在"计算机管理"窗口的右侧找到 SQL Server(SQLEXPRESS)和 SQL Server Browser 两个服务，并让这两个服务的状态处于"启动"状态。

（3）单击"开始→程序→Microsoft SQL Server 2008→配置工具→SQL Server 配置管理

器"，打开如图 7-6 所示的 SQL Server 配置管理器。

图 7-3　数据库 lbtest

图 7-4　删除数据库

图 7-5　计算机管理

图 7-6　SQL Server 配置管理器

（4）单击左侧的"SQL Server 服务"，并使右侧名称中的 SQL Server(SQLEXPRESS)和 SQL Server Browser 处于运行状态。

7.1.3　创建与删除数据表

1. 创建数据表

数据表是一个二维表格，由行和列组成。表中的行叫做记录，代表一组相关数据的集合。例如，在学生表中，一行包括一个学生的相关信息。而一行又可以分成许多列，每一列代表记录的一个数据片段。例如，在学生表中可以有许多列，如学号、姓名、性别、年龄、系别等。下面以 student 表为例来说明数据表的创建过程。

（1）启动 Visual Studio 2010，单击"视图→服务器资源管理器"命令，打开如图 7-7 所示的窗口。

（2）右击 lbtest 数据库下的"表"，在弹出的快捷菜单（如图 7-7 所示）中选择"添加新表"命令，打开如图 7-8 所示的窗口。

图 7-7　表的快捷菜单　　　　　　　　　　　图 7-8　数据表的设计

（3）在表设计器窗口内建立 student 数据表结构。需要注意的是 snumber 被设置为主键，即该属性的值是不能有重复的。

（4）设置完数据表的结构之后，选择"保存"命令，系统会提示在"选择名称"对话框内输入表的名字，如图 7-9 所示。在这个对话框内，输入 student，然后单击"确定"按钮。

至此完成了数据表的新建工作，关闭这个表设计窗口，在 lbtest 数据库的"表"项目下就会看见这个新建的数据表，如图 7-10 所示。

图 7-9　设置数据表的名称　　　　　　　　　图 7-10　新建后的数据表

2. 删除数据表

对于数据库中不再需要的数据表，可以将其删除，以释放存储空间。删除表时，表的结构定义数据、全文索引、约束和索引等都将永久删除。

删除方法为：在图 7-10 所示的窗口中，在需要删除的数据表（如 student 表）上右击，在弹出的快捷菜单中选择"删除"命令。

7.1.4　数据记录的添加与删除

当通过 7.1.3 节建立好数据表的结构之后，可以向数据表中输入一些数据记录，输入的方法如下：

（1）在服务器资源管理器中右击新建的数据表 student，弹出如图 7-11 所示的快捷菜单。

（2）在其中选择"显示表数据"命令，打开如图 7-12 所示的数据表。

snumber	name	sex	age	sdept
0905101	刘兵	男	20	计算机与信息工程系
0910105	刘状	男	18	电气信息工程系
0913102	刘艺丹	女	17	健康护理系
NULL	NULL	NULL	NULL	NULL

图 7-11   数据表快捷菜单   图 7-12   数据表输入的数据

（3）在数据表中输入学生的数据。

当有些数据重复或者出错，需要把已经输入到数据表中的记录删除时，可以使用的方法是：在数据表中选择需要删除的数据记录，再选择"编辑→删除"命令。

7.2   ADO.NET 基础

7.2.1   ADO.NET 概述

ADO.NET（Active Data Objects.NET）是.NET 平台中专门用以存取后端数据库和进行数据操作的一组类；ADO.NET 加入了面向对象的结构，让数据库应用程序的编写更为结构化；除此之外，ADO.NET 也采用业界标准的 XML 作为数据交换格式，让网络上的不同系统能相互运作。

ADO.NET 组件可以完成从数据操作中分解出数据访问，完成此任务的是 ADO.NET 的两个核心组件：DataSet 和.NET 数据提供程序，后者是一组包括 Connection、Command、DataReader 和 DataAdapter 对象在内的组件。

ADO.NET 的 DataSet 组件是 ADO.NET 的核心组件。DataSet 的目的很明确：为了实现独立于任何数据源的数据访问。因此，可以用于多种不同的数据源、用于 XML 数据、用于管理应用程序本地的数据。DataSet 包含一个或多个 DataTable 对象的集合，这些对象由数据行和数据列以及主键、外键、约束和有关 DataTable 对象中数据的关系信息组成。

ADO.NET 结构的另一个核心元素是.NET 数据提供程序，其组件的设计目的相当明确：为了实现数据操作和对数据的快速、只读的访问。Connection 对象提供与数据源的连接；Command 对象能够访问用于返回数据、修改数据、运行存储过程以及发送或检索参数信息的数据库命令；DataReader 从数据源中提供高性能的数据流；DataAdapter 提供连接 DataSet 对象和数据源的桥梁。DataAdapter 使用 Command 对象在数据源中执行 SQL 命令，以便将数据加载到 DataSet 中，并使对 DataSet 中数据的更改与数据源保持一致。

可以为任何数据源编写.NET 数据提供程序。.NET 框架附带了两个.NET 数据提供程序：SQL Server .NET 数据提供程序和 OLE DB .NET 数据提供程序。图 7-13 阐释了 ADO.NET 结构的组件。

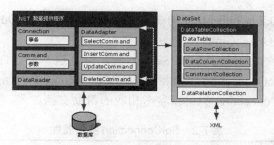

图 7-13　ADO.NET 的组件结构

新的关系数据管理类是基于类库中 System.Data 的一系列命名空间。表 7-1 中命名空间的各类的集合通常总称为 ADO.NET。

页面在架构的类库中使用对象来明确创建对象实例时，必须先导入包含这些对象的命名空间，而且在默认情况下页面已导入了多个常用的命名空间。在访问关系数据库时，必须要导入 System.Data、System.Data.OleDb 或 System.Data.SqlClient（这时依据连接数据源的方式而定）。

表 7-1　命名空间的类集合

命名空间	含义
System.Data	包含用来访问和存储关系数据的基础对象，如 DataSet、DataTable 和 DataRelation。每个对象都独立于数据源类型和连接方式
System.Data.OleDb	包含那些通过 OLE DB 提供程序，如 OleDbConnection、OleDbCommand 等来连接数据源的对象
System.Data.SqlClient	包含那些只能通过 Microsoft SQL Server 的 Tabular Data Stream（TDS）接口来连接数据源的对象

对数据库的操作可以通过以下几步实现：

（1）使用 Connection 对象连接数据库。

（2）连接数据库成功后，可以使用 Command 对象向数据库发送 SQL 指令，以让数据库执行相应的 SQL 语句。

（3）如果需要读取数据库中数据表的记录时，可以通过 DataSet 对象实现，但该对象需要通过 DataAdapter 对象来进行数据填充。

7.2.2　ADO.NET 连接数据库的方法

1. Connection 对象

对于不同的.NET 数据提供者，ADO.NET 采用不同的 Connection 对象连接数据库。这些 Connection 对象屏蔽了具体的实现细节，并提供了一种统一的实现方法。

Connection 类有 4 种：SqlConnection、OleDbConnection、OdbcConnection 和 Oracle-Connection。SqlConnection 类的对象连接 SQL Server 数据库；OracleConnection 类的对象连接 Oracle 数据库；OleDbConnection 类的对象连接支持 OLE DB 的数据库，如 Access；而 OdbcConnection 类的对象连接任何支持 ODBC 的数据库。与数据库的所有通信最终都是通过 Connection 对象来完成的。特别强调的是，使用不同的 Connection 对象需要导入不同的命名空间：OleDbConnection 的命名空间为 System.Data.OleDb，SqlConnection 的命名空间为

System.Data.SqlClient，OdbcConnection 的命名空间为 System.Data.Odbc，OracleConnection 的命名空间为 System.Data.OracleClinet。

尽管 SqlConnection 类是针对 SQL Server 的，但是这个类的许多属性、方法和事件与 OleDbConnection 和 OdbcConnection 等类相似。SqlConnection 类的属性、方法和事件如表 7-2 至表 7-4 所示，其他的 Connection 类可以参考相应的帮助文档。

表 7-2　SqlConnection 类的属性

属性	说明
ConnectionString	返回类型为 string，获取或设置用于打开 SQL Server 数据库的字符串
ConnectionTimeOut	返回类型为 int，获取在建立连接时终止并生成错误之前所等待的时间
Database	返回类型为 string，获取当前数据库或连接打开后要使用数据库的名称
DataSource	返回类型为 string，获取要连接 SQL Server 实例的名称
State	返回类型为 ConnectionState，取得当前的连接状态：Broken、Closed、Connecting、Fetching 或 Open
ServerVersion	返回类型为 string，获取包含客户端连接 SQL Server 实例版本的字符串
PacketSize	获取用来与 SQL Server 的实例通信的网络数据包的大小

表 7-3　SqlConnection 类的方法

方法	说明
Close()	返回类型为 void，关闭与数据库的连接
CreateCommand()	返回类型为 SqlCommand，创建并返回一个与 SqlConnection 关联的 SqlCommand 对象
Open()	返回类型为 void，用连接字符串属性指定的属性打开数据库连接

表 7-4　SqlConnection 类的事件

事件	说明
StateChange	当事件状态更改时发生
InfoMessage	当 SQL Server 返回一个警告或信息性消息时发生

使用 SqlConnection 对象连接 SQL Server 数据库，可以用 SqlConnection()构造函数生成一个新的 SqlConnection 对象。这个函数是重载的，即可以调用构造函数的不同版本。SqlConnection()的构造函数如表 7-5 所示。

表 7-5　SqlConnection()的构造函数

构造函数	说明
SqlConnection ()	初始化 SqlConnection 类的新实例
SqlConnection (String)	如果给定包含连接的字符串，则初始化 SqlConnection 类的新实例

假设导入了 System.Data.SqlClient 命名空间，则可以用下列语句生成新的 SqlConnection 对象：

```
SqlConnection mySqlConnection = new SqlConnection();
```

2. 连接 SQL Server 数据库

（1）在 SQL Server 2008 上建立一个名为 lbtest 的数据库，并在该数据库中新建一个名为 student 的数据表，该表中的字段有 snumber、name、sex、age、Sdept，含义依次为学号、姓名、性别、年龄、所在系。在该数据表中增加 3 条记录，各记录的值如图 7-12 所示。

（2）新建 Web 配置文件。

在新建网站的"解决方案资源管理器"中右击并在弹出的快捷菜单中选择"添加新项"命令，弹出如图 7-14 所示的"添加新项"对话框。在其中选择"Web 配置文件"，在"名称"栏中输入 Web 配置文件的文件名，该文件名的后缀一定要是 config，默认文件名是 Web.config。

图 7-14　新建"Web 配置文件"

（3）在 Web.config 文件中增加代码，如下：

```
<configuration>
    <connectionStrings>
    <add name="LbSqlConnectionString"
        connectionString="Data Source=.\SQLEXPRESS;
        Initial Catalog=lbtest;Integrated Security=True;
        Pooling=False"
        providerName="System.Data.SqlClient"/>
    </connectionStrings>
</configuration>
```

（4）在要连接数据库的网页中加入命名空间。例如在 default.aspx 网页连接数据库，则在其代码页文件 default.aspx.cs 中加入命名空间 System.Data.SqlClient，代码如下：

```
using System.Data. SqlClient
```

（5）在 ASP.NET 中读取 web.config 数据库连接字符串的方法是：

```
string myConnStr = System.Configuration.ConfigurationManager
    .ConnectionStrings["LbSqlConnectionString"].ConnectionString;
```

（6）使用 SqlConnection 类连接 SQL Server 数据库，用 SqlCommand 类来执行 SQL 命令。下面的代码是在 lbtest 数据库的 student 数据表中添加一条记录：

```
// myConnStr 获得数据库连接字符串，建立连接对象 myConn
string myConnStr = System.Configuration.ConfigurationManager
        .ConnectionStrings["LbSqlConnectionString"].ConnectionString;
SqlConnection myConn = new SqlConnection(myConnStr);
string queryStr = "insert into student(snumber,name,age,sex,sdept) values ('1300111','liubing',18,'男', '数
计学院')";
```

```
SqlCommand myCom = new SqlCommand(queryStr, myConn);
myCom.Connection.Open();          //打开数据库连接
myCom.ExecuteNonQuery();          //执行 SQL 命令到数据库
myCom.Connection.Close();         //关闭数据库连接
```

3. 连接 Access 数据库

ASP.NET 包含了 AccessDataSource 控件，用来从 Access 数据库中将数据提取至 ASP.NET（.aspx）页面。这个控件拥有的属性很简单，其中最重要的属性是 DataFile 属性，用来指向硬盘上 MDB 文件的路径。另外 AccessDataSource 还有属性 SelectCommand，用来设定一个显示需要返回的结果集（表和列）的语句，SelectCommand 属性必须使用 SQL 语法来定义。AccessDataSource 控件使用方法举例如下：

（1）用 Access 工具软件新建一个 Access 数据库，并新建立一个工作表，数据表的结构如图 7-15 所示。

（2）启动 Visual Studio.NET 2010，并打开建立的网站，从 Web Form 模板中添加名为 LbAccessData.aspx 的页面，然后单击下方的标签切换至"设计"视图。

（3）在"解决方案资源管理器"窗口的 App_Data 文件夹上右击，从弹出的快捷菜单中选择"添加现有项目"命令，在弹出的对话框中选择新建立的 Access 数据库，添加成功后如图 7-16 所示。

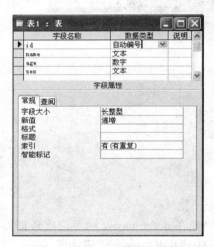

图 7-15　Access 数据表结构

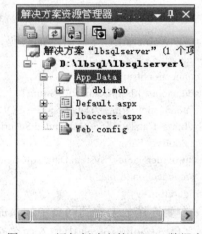

图 7-16　添加新建立的 Access 数据库

（4）将一个 AccessDataSource 控件和 GridView 控件拖至页面，并在"代码"视图中输入如下代码：

```
<%@ Page Language="C#" AutoEventWireup="true" CodeFile="lbaccess.aspx.cs" Inherits="lbaccess" %>
<!DOCTYPE html PUBLIC "-//W3C//DTD XHTML 1.0 Transitional//EN"
 "http://www.w3.org/TR/xhtml1/DTD/xhtml1-transitional.dtd">
<html xmlns="http://www.w3.org/1999/xhtml" >
<head>
    <title>测试 Access 数据库</title>
</head>
<body>
<h3>连接 Access 数据库方法 </h3>
<form id="Form1" runat="server">
```

```
        <asp:accessdatasource id="LbAccDataSource" runat="server"
            selectcommand="Select * From student"
            datafile="~/App_Data/db1.mdb">
        </asp:accessdatasource>
        <asp:gridview id="LbGridView" runat="server"
            datasourceid="LbAccDataSource">
        </asp:gridview>
    </form>
    </body>
    </html>
```

说明：在 AccessDataSource 控件中，datafile 属性用来指定打开哪个 Access 数据库；selectcommand 属性在选定的数据库中打开哪个数据表，并可以指定以什么条件打开该数据表；在 GridView 控件的 datasourceid 属性中设置成 AccessDataSource 控件的 ID 属性值，以此方法设定 GridView 控件中显示哪个数据库的哪个数据表。

7.2.3　数据库操作的基本对象

1．Command 对象

所谓 Command 指的就是 SQL 命令，在建立数据链接之后，便可通过 Command 对象将 SQL 命令传送给数据库并要求其执行，并能返回一个行集或者对于那些不返回行集的查询返回受到影响的记录数。如同 Connection 对象一样，Command 对象有两种方式：OleDbCommand 和 SqlCommand。

OleDbCommand 对象使用在 OLE DB 提供程序中，SqlCommand 对象在 SQL Server 中使用 Tabular Data Services。

来看这样一段代码：

```
String ConnectionString;                              //定义建立连接数据库字符串
SqlConnection myconnection;                           //定义连接数据库的连接对象
ConnectionString ="server=localhost;UID=sa;PWD=;Database= lbtest ";
myconnection = new SqlConnection(ConnectionString);   //连接指定数据库 lbtest
SqlCommand myCommand =new SqlCommand("Select * From student");
myCommand.Connection=myconnection;
myCommand.Connection.Open();                          //打开连接并执行命令
```

在建立一个 SqlCommand 对象时需要两个参数：第一个参数为 SQL 命令，即需要执行的 SQL 语句；第二个参数为 SqlConnection 对象，用来指明连接的数据库。SqlCommand 对象便会向指定的数据库要求执行 SQL 命令。下面介绍 Command 对象中常用的属性和方法。

（1）Connection 属性。

SqlCommand.Connection 间接地建立 SqlConnection 对象，只要指定连接字符串后，一样可以建立数据库连接。因此上例可以改写为如下所示：

```
string ConnectionString="server=localhost;UID=sa;PWD=;Database= lbtest";
SqlConnection myconnection=new SqlConnection(ConnectionString);
string sSQL="select * from student";
SqlCommand myCommand =new SqlCommand(sSQL);
myCommand.Connection=myconnection;
myCommand.Connection.Open();
```

　　这时虽然删除了 SqlConnection 的 open 语句，但是 Connection 属性会间接地设置 SqlConnection 对象并打开数据库连接。

　　（2）CommandText 属性。

　　如果不另外声明字符串变量存储 SQL 命令，可以直接用 SqlCommand 对象的 CommandText 属性来指定，可以将上例改写成如下所示：

```
string ConnectionString="server=localhost;UID=sa;PWD=;Database=lbtest";
SqlConnection myconnection=new SqlConnection(ConnectionString);
SqlCommand myCommand = new SqlCommand();
myCommand.CommandText ="select * from lbtest ";
myCommand.Connection=myconnection;
myCommand.Connection.Open();
```

　　（3）Execute 方法。

　　Execute 方法有两种：一种是 ExecuteNonQuery，用来执行没有返回数据的命令（如删除和修改）；另一种是 ExecuteReader，执行需要返回数据的命令（如查找命令），返回的结果放在 OleDbDataAdapter 或 SqlDataReader 实例对象中，可接收来自数据库的数据，并以只读、循环的方式读取每一个数据记录。其用法如下：

```
string ConnectionString="server=localhost;UID=sa;PWD=;Database=lbtest";
SqlConnection myconnection=new SqlConnection(ConnectionString);
SqlCommand myCommand = new SqlCommand();
myCommand.CommandText ="select * from student ";
myCommand.Connection=myconnection;
myCommand.Connection.Open();
SqlDataReader myDataReader = null;          //定义一个 myDataReader
myDataReader = myCommand.ExecuteReader(CommandBehavior.CloseConnection);
while (myDataReader.Read()){
    //读取数据表中的第一个和第二个字段的值
    Response.Write (myDataReader.GetInt32(0)+myDataReader.GetString(1)+"<br>");
}
```

　　在使用 Command.ExecuteReader 方法前必须先建立好与数据库的连接（即 SqlConnection），接着声明一个 SqlDataReader 的对象，并且写入 ExecuteReader 方法的参数行中：

```
SqlDataReader myDataReader = null;
myDataReader = myCommand.ExecuteReader(CommandBehavior.CloseConnection);
```

　　这样即可通过 SqlDataReader 对象对接收的数据进行相应的处理，其中 CommandBehavior 是提供对查询结果和查询对数据库的影响的说明；方法 CloseConnection 表示在执行该命令时，如果关闭 DataReader 对象，则关联的 Connection 对象也将关闭。

　　2．DataAdapter 对象

　　DataAdapter 对象可以作为 DataSet 对象和数据源之间的桥梁，通过它可方便地获取和保存数据。DataAdapter 对象可表示为一个 Connection 对象和多个 Command 对象，还可用来填充 DataSet 对象及更新数据源。

　　DataAdapter 对象用于在数据源和 DataSet 对象之间交换数据。应用程序一般都通过 DataAdapter 对象从数据库中读取数据到 DataSet 对象中，然后将更改过的数据从 DataSet 对象写回到 DataAdapter 对象，即写回到数据库。DataAdapter 可以在任何数据源和 DataSet 对象之间移动数据。

DataAdapter 对象包含 4 个属性，它们定义了用来处理数据存储的数据命令：SelectCommand、InsertCommand、UpdateCommand 和 DeleteCmmand。每个属性都是对 Command 对象的一个引用，如图 7-17 所示。

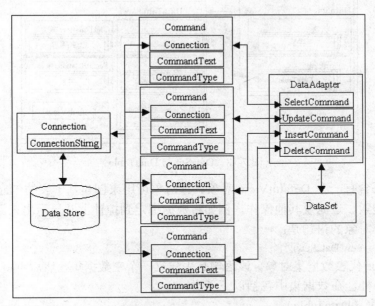

图 7-17　DataAdapter 对象处理数据

注意：SqlDataAdapter 不会自动生成实现 DataSet 的更改与关联的 SQL Server 实例之间的协调所需的 Transact-SQL 语句。但是，如果设置了 SqlDataAdapter 的 SelectCommand 属性，则可以创建一个 SqlCommandBuilder 对象来自动生成用于表更新的 Transact-SQL 语句。然后，SqlCommandBuilder 将生成其他任何未设置的 Transact-SQL 语句。另外，要把更新数据存入数据库中，DataAdapter 必须用 Update 方法进行更新操作。DataAdapter 对象的常用基本方法如表 7-6 所示。

表 7-6　DataAdapter 对象的常用基本方法

方法	描述
Fill	执行 SelectCommand，用数据源的数据填充 DataSet 对象。如果 DataSet 中现有的表有一个主键，该方法也可以利用对原数据源中数据的改动来更新 DataSet 中现有的表
FillSchema	使用 SelectCommand 提取数据源中表的架构，并根据相应的约束在 DataSet 对象中创建一个空表
Update	对 DataSet 对象中的每个插入行、更新行或删除行分别调用 InsertCommand、UpdateCommand 或 DeleteCommand 将 DataSet 中更改的内容更新到初始的数据源中。这有点像 ADO 的 Recordset 对象中提供的 UpdateBatch 方法，但在 DataSet 中可以更新多个表

3. 数据集（DataSet）

数据集相当于内存中暂存的数据库，不仅可以包括多张数据表，还可以包括数据表之间的关系和约束。允许将不同类型的数据表复制到同一个数据集中，甚至还允许数据表与 XML 文档组合到一起协同操作。

DataSet 中的每个表都是 Tables 集合中的一个 DataTable 对象。每个 DataTable 对象都包含一个 DataRow 对象集合和一个 DataColumn 对象集合，还包含表中使用的主键集合、约束集合和默认值集合（Constraints 集合），以及表之间的父子关系，如图 7-18 所示。

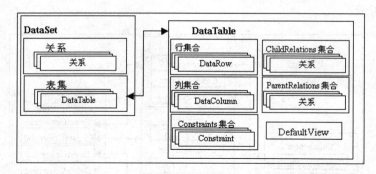

图 7-18   DataSet 与 DataTable

每个表中还含有一个 DefaultView 对象。该对象可用来创建基于表的 DataView 对象，以便对数据进行搜索、过滤及其他操作，例如将数据绑定到控件上并显示出来。

创建数据集对象的语句是：

```
DataSet myds = new DataSet();
```

语句中 myds 代表数据集对象。该语句是先建立一个空数据集，然后再将已经建立的数据表包括进来。另外，在数据集中包括以下子类：

（1）数据表（DataTable）。

数据表用来存储数据，一个数据集可以包含多张表，每张表又可以包含多个行和列。提取数据集中数据表的语句是：

```
DataTable mydt = myds.数据表名
```

其中，mydt 代表数据表对象，myds 代表数据集对象。

（2）数据行（DataRow）。

数据行是给定数据表中的一行数据，或者说是数据表中的一条记录。可以代表例如一个学生、一个用户、一张订单等相关数据。DataRow 对象的方法提供了对数据表中数据的插入、删除、更新、查看等功能。提取数据表中某行的语句如下：

```
DataRow mydr = mydt.Rows[n];
```

其中，DataRow 对象代表数据行类，mydt 代表数据表对象名，mydr 代表数据行对象名，n 代表行的序号（序号从 0 开始）。

综合前面的语句，若取出数据表（student 表）中第 3 条记录中 name 字段的值，并将该字段的值放入一个文本框（studentName）中，则语句可以写成：

```
DataTable table = myDS.Tables["student"];
DataRow dr = table.Rows[3];
studentName.Text = dr["name"].ToString().Trim();
```

7.2.4   数据库基本操作通用类

数据库的操作主要包括插入、删除、更新和查找，而这些操作可以通过 SQL 语句去实现，本节把执行 SQL 语句、获取数据表等基本操作封装在类中，以使今后在使用这些数据操作时变得简单和方便。

数据库操作类的定义步骤如下：

（1）在"解决方案管理器"窗口中添加一个 App_Code 文件夹，方法为：在工程名上右击，在弹出的快捷菜单中选择"添加 ASP.NET 文件夹"命令，再在弹出的文件夹中选择 App_Code 文件夹。

（2）在 App_Code 文件夹上右击，在弹出的快捷菜单中选择"添加新项"命令，在对话框中选择"类"并输入类名，然后单击"添加"按钮。

（3）在类中输入以下代码：

```
using System;
using System.Collections.Generic;
using System.Linq;
using System.Web;
using System.Data.Sql ;
using System.Data.SqlClient ;
using System.Configuration;
using System.Data ;
namespace mySqlServer                          //定义命名空间 mySqlServer
{
    public class sqlServerClass                //定义操纵数据库类
    {
        private string connectionString;       //定义数据库连接字符串成员
        public string ConnectionString
        {
            set { connectionString = value; }
        }
        public sqlServerClass(string connectionString) //构造函数，入口参数是数据库连接字符串
        {
            this.connectionString = connectionString;
        }
        ///  执行一个查询，并返回查询结果集，入口参数是要执行的 SQL 语句
        public DataTable ExecuteDataTable(string sql)
        {
            DataTable data = new DataTable()   //实例化 DataTable，用于装载查询结果集
            SqlConnection connection = new SqlConnection(connectionString);
            SqlCommand command = new SqlCommand(sql, connection);
            //设置 command 的 CommandType 为指定的 CommandType
            command.CommandType = CommandType.Text ;
            SqlDataAdapter adapter = new SqlDataAdapter(command);
            adapter.Fill(data);                //填充 DataTable
            return data;
        }
        ///  读取数据表内容的方法，入口参数是要执行的查询 SQL 文本命令
        public SqlDataReader ExecuteReader(string sql)
        {
            SqlConnection connection = new SqlConnection(connectionString);
            SqlCommand command = new SqlCommand(sql, connection);
            connection.Open();
```

```
                            //CloseConnection 参数指示关闭 Reader 对象时关闭与其关联的 Connection 对象
                            return command.ExecuteReader(CommandBehavior.CloseConnection);
        }
        // 返回查询所返回的结果集中的第一行第一列或空引用，忽略其他列或行
        public Object ExecuteScalar(string sql)
        {
            object result = null;
            SqlConnection connection = new SqlConnection(connectionString);
            SqlCommand command = new SqlCommand(sql, connection);
            command.CommandType = CommandType.Text ;
            connection.Open();            //打开数据库连接
            result = command.ExecuteScalar();
            return result;                          //返回查询结果的第一行第一列，忽略其他行和列
        }
        /// 对数据库执行增删改操作
        public int ExecuteNonQuery(string sql)
        {
            int count = 0;
            SqlConnection connection = new SqlConnection(connectionString);
            SqlCommand command = new SqlCommand(sql, connection);
            command.CommandType = CommandType.Text;
            connection.Open();            //打开数据库连接
            count = command.ExecuteNonQuery();
            return count;                          //返回执行增删改操作之后数据库中受影响的行数
        }
        /// 返回当前连接的数据库中所有由用户创建的数据库
        public DataTable GetTables()
        {
            DataTable data = null;
            using (SqlConnection connection = new SqlConnection(connectionString))
            {
                connection.Open();              //打开数据库连接
                data = connection.GetSchema("Tables");
            }
            return data;
        }
    }
}
```

7.2.5　数据库的基本操作

1. 插入一条记录

本示例将在数据表中增加一条记录，步骤如下：

（1）在网站中新建一个"Web 窗体页"，并把该窗体设为起始页。方法是在新建的 Web 窗体页上右击，在弹出的快捷菜单中选择"设为起始页"命令，如图 7-19 所示。

图 7-19　设定起始页

（2）在新建的 Web 窗体页上添加两个 TextBox 服务器控件：一个是在姓名后面，该 TextBox 服务器控件的 ID 属性为"studentName"；一个是在年龄的后面，此 TextBox 服务器控件的 ID 属性为"studentName"。再增加一个 Button 按钮服务器控件，设定其 Text 属性为插入记录。该页面的界面格式代码如下：

```
<%@ Page Language="C#" AutoEventWireup="true" CodeFile="insertSQLServer.aspx.cs" Inherits="insertSQLSserver" %>
<!DOCTYPE html PUBLIC "-//W3C//DTD XHTML 1.0 Transitional//EN" "http://www.w3.org/TR/xhtml1/DTD/xhtml1-transitional.dtd">
<html xmlns="http://www.w3.org/1999/xhtml">
<head runat="server">
    <title></title>
</head>
<body>
    <form id="form1" runat="server">

    <div>
姓名：<asp:TextBox ID="studentName" runat="server"></asp:TextBox><br />
年龄：<asp:TextBox ID="studentAge" runat="server"></asp:TextBox><br />
    <asp:Button ID="Button1" runat="server" Text="插入记录" onclick="Button1_Click" />
    </div>
    </form>
</body>
</html>
```

（3）在 Button1 的单击事件中增加下列代码，以实现增加一条记录：

```
protected void Button1_Click(object sender, EventArgs e)
{
    string mySql,myConnStr = System.Configuration.ConfigurationManager
    .ConnectionStrings["LbSqlConnectionString"].ConnectionString;
    sqlServerClass SqlServer = new sqlServerClass(myConnStr);
    mySql = "INSERT INTO student(name,age ) values('" + studentName.Text + "'," + studentAge.Text + ")";
    //执行 SQL 语句
    SqlServer.ExecuteNonQuery(mySql);
}
```

说明：上面的代码中并没有涉及对输入数据的验证，应该增加的数据验证包括年龄字段是否输入的是数字类型，姓名字段是否为规定长度的字符，例如 5 个字符以内，并且这两个字段都不能为空，请读者自行添加，以使其成为一个完整的程序。该页面的运行结果如图 7-20 所示。

（4）在 SQL Server 中打开 student 数据表，检查新增加的一条记录，如图 7-21 所示。

图 7-20   浏览器中的运行结果   图 7-21   在数据表中增加了一条新记录

2. 删除一条记录

本示例将在数据表中删除一条记录，步骤如下：

（1）新建一个"Web 窗体页"，并将其设置为起始页。

（2）在该页面中增加一个文本框控件（控件的 ID 是 studentName）和一个按钮控件（控件的 ID 是 DeleteRecord），该页面的界面格式代码如下：

```
<%@    Page    Language="C#"    AutoEventWireup="true"    CodeFile="DeleteRecord.aspx.cs"    Inherits=
"DeleteRecord" %>
<html xmlns="http://www.w3.org/1999/xhtml" >
<head runat="server">
    <title>无标题页</title>
</head>
<body>
    <form id="form1" runat="server">
    <div>
      </div>
        <asp:TextBox ID="studentName" runat="server"></asp:TextBox>
        <asp:Button ID="DeleteReco" runat="server" OnClick="DeleteReco_Click" Text="删除一条记录" />
    </form>
</body>
</html>
```

（3）在 DeleteReco 按钮的单击事件中增加下列代码，以实现删除一条记录：

```
protected void DeleteReco_Click(object sender, EventArgs e)
{
  string mySql,myConnStr = System.Configuration.ConfigurationManager
  .ConnectionStrings["LbSqlConnectionString"].ConnectionString;
  sqlServerClass SqlServer = new sqlServerClass(myConnStr);
  mySql = "delete from student where name='" + studentName.Text + "'";
  //执行 SQL 语句
  SqlServer.ExecuteNonQuery(mySql);
}
```

3. 条件查找数据

本示例将在数据表中查询符合条件的记录，并把这些记录显示在 gridview 控件上。步骤如下：

（1）新建一个"Web 窗体页"，并将其设置为起始页。

（2）在该页面中增加一个下拉列表框控件、一个按钮控件（控件的 ID 是 findReco）和一个 gridview 控件（控件的 ID 是 dispfindreco），该页面的界面格式代码如下：

```
<%@ Page Language="C#" AutoEventWireup="true" CodeFile="select.aspx.cs" Inherits="select" %>

<!DOCTYPE html PUBLIC "-//W3C//DTD XHTML 1.0 Transitional//EN" "http://www.w3.org/TR/xhtml1/
DTD/xhtml1-transitional.dtd">
<html xmlns="http://www.w3.org/1999/xhtml">
<head runat="server">
    <title></title>
</head>
<body>
    <form id="form1" runat="server">
    <div>
    年龄<asp:DropDownList ID="DropDownList1" runat="server"
            >
            <asp:ListItem Value="&gt;">大于</asp:ListItem>
            <asp:ListItem Value="&lt;">小于</asp:ListItem>
            <asp:ListItem Value="=">等于</asp:ListItem>
            <asp:ListItem Value="&gt;=">大于等于</asp:ListItem>
            <asp:ListItem Value="&lt;=">小于等于</asp:ListItem>
            <asp:ListItem Value="&lt;&gt;">不等于</asp:ListItem>
        </asp:DropDownList>
        <asp:TextBox ID="studentAge" runat="server"></asp:TextBox>
    <asp:Button ID=" findreco " runat="server" Text="查询" onclick=" findreco_Click " /><br />
    <asp:gridview runat="server" ID="dispfindreco"></asp:gridview></div>
    </form>
</body>
</html>
```

（3）在 findreco 按钮的单击事件中增加下列代码，以实现数据记录查询：

```
protected void findreco_Click(object sender, EventArgs e)
{
    string myConnStr = System.Configuration.ConfigurationManager
    .ConnectionStrings["LbSqlConnectionString"].ConnectionString;
        sqlServerClass SqlServer = new sqlServerClass(myConnStr);
        DataTable ds = new DataTable();
        String mySql = "select * from student where age" + DropDownList1.SelectedValue.ToString()
                        + studentAge.Text;
        ds = SqlServer.ExecuteDataTable(mySql);
        DataView mydatview = ds.DefaultView;
        //设定视图排序的字段和排序方式
        dispfindreco.DataSource = mydatview;                //填充数据源
        dispfindreco.AllowSorting = true;                   //允许排序
```

```
            dispfindreco.AllowPaging = true;                    //允许分页
            dispfindreco.PageSize = 4;                          //每一页个数
            dispfindreco.DataBind();
        }
```

4．更新一条记录

本示例将在数据表中更新记录，更新之前先要把数据表的第一条记录的数据显示在相应控件上，如果用户需要修改其他数据记录，可以通过 4 个按钮来选择数据表记录，这 4 个按钮分别是：第一条、上一条、下一条、最后一条。选择完成后，修改数据并单击"更新"按钮进行数据更新。本例中使用 Session["rowCount"]变量来记录当前显示的是第几条记录，初始状态应该是指向第一条数据记录。步骤如下：

（1）新建一个"Web 窗体页"，并将其设置为起始页。

（2）添加两个 TextBox 服务器控件：一个是在姓名后面，该 TextBox 服务器控件的 ID 属性为"studentName"；另一个是在年龄后面，此 TextBox 服务器控件的 ID 属性为"studentName"；再增加 5 个 Button 按钮：第一条、上一条、下一条、最后一条、更新。该页面的显示结果如图 7-22 所示，其格式代码如下：

```
<%@ Page Language="C#" AutoEventWireup="true" CodeFile="update.aspx.cs" Inherits="update" %>
<!DOCTYPE html PUBLIC "-//W3C//DTD XHTML 1.0 Transitional//EN" "http://www.w3.org/TR/xhtml1/
DTD/xhtml1-transitional.dtd">
<html xmlns="http://www.w3.org/1999/xhtml">
<head runat="server">
    <title></title>
</head>
<body>
    <form id="form1" runat="server">
    <div>
    姓名：<asp:TextBox ID="studentName" runat="server"></asp:TextBox><br />
    年龄：<asp:TextBox ID="studentAge" runat="server"></asp:TextBox><br />
    <asp:Button ID="firstRecord" runat="server" Text="第一条"
            onclick="firstRecord_Click" />
    <asp:Button ID="proRecord" runat="server" Text="上一条"
            onclick="proRecord_Click" />
    <asp:Button ID="nextRecord" runat="server" Text="下一条" onclick="nextRecord_Click" />
    <asp:Button ID="lastRecord" runat="server" Text="最后一条"
            onclick="lastRecord_Click" />
    <asp:Button ID="usdate" runat="server" Text="更新" onclick="usdate_Click" />
    </div>
    </form>
</body>
</html>
```

图 7-22　更新数据记录

（3）在该 Web 页面的各个事件中添加如下代码：

```
using System;
using System.Collections.Generic;
using System.Linq;
using System.Web;
using System.Web.UI;
using System.Web.UI.WebControls;
using System.Data;
using mySqlServer;                          //引入自定义数据库操纵类
using System.Data .SqlClient ;
public partial class update : System.Web.UI.Page
{
    protected void Page_Load(object sender, EventArgs e)
    {
        if (!IsPostBack)
        {
            Session["rowCount"] = 0;            //初始状态，记录第 0 行
            proRecord.Enabled = false ;         //初始状态，"上一条"按钮不可用
            reader();
        }
    }
    protected void firstRecord_Click(object sender, EventArgs e)      // "第一条"按钮
    {
        int row = Convert.ToInt16(Session["rowCount"]);       //当前行数
        int count = Convert.ToInt16(Session["count"]);        //数据表的总行数
        Session["rowCount"] = 0;                              //设置当前是第一行
        if (row >= count - 1)
            nextRecord.Enabled = true ;
            proRecord.Enabled = false;
            reader();
    }
    private void reader()                                 //读取某一行数据记录
    {
            string myConnStr = System.Configuration.ConfigurationManager
            .ConnectionStrings["LbSqlConnectionString"].ConnectionString;
            sqlServerClass SqlServer = new sqlServerClass(myConnStr);
            DataTable ds = new DataTable();
            ds = SqlServer.ExecuteDataTable("select * from student");
            Session["count"] = ds.Rows.Count.ToString();
            DataRow dr = ds.Rows[Convert.ToInt16(Session["rowCount"])];      //读取第一行的数据
            Session["id"] = dr["id"].ToString();
            studentName.Text = dr["name"].ToString();        //读取字段 name 的值
            studentAge.Text = dr["age"].ToString();          //读取字段 age 的值
    }
    protected void nextRecord_Click(object sender, EventArgs e)      // "下一条"按钮
    {
```

```
        int row=Convert.ToInt16(Session["rowCount"]);        //当前行数
        int count=Convert.ToInt16(Session["count"]);          //数据表的总行数
        if (row < count - 1)
        {
            row++;
            proRecord.Enabled = true;
        }
        else
            nextRecord.Enabled = false;
        Session["rowCount"] = row;
        reader();
    }
    protected void lastRecord_Click(object sender, EventArgs e)    //"最后一条"按钮
    {
        proRecord.Enabled = true;
        nextRecord.Enabled = false;
        Session["rowCount"] = Convert.ToInt16(Session["count"])-1;
        reader();
    }
    protected void proRecord_Click(object sender, EventArgs e)    //"上一条"按钮
    {
        int row = Convert.ToInt16(Session["rowCount"]);        //当前行数
        int count = Convert.ToInt16(Session["count"]);          //数据表的总行数
        if (row !=0)
        {
            row--;
            nextRecord.Enabled = true;
        }
        else
            proRecord.Enabled = false;
        Session["rowCount"] = row;
        reader();
    }
    protected void update_Click(object sender, EventArgs e)        //"更新"按钮
    {
        string myConnStr = System.Configuration.ConfigurationManager
        .ConnectionStrings["LbSqlConnectionString"].ConnectionString;
        sqlServerClass SqlServer = new sqlServerClass(myConnStr);
        DataTable ds = new DataTable();
        String mySql = "UPDATE student SET name='" + studentName.Text + "',age
                ='" + studentAge.Text +"'where id=" +Session["id"].ToString();
        ds = SqlServer.ExecuteDataTable(mySql);        //执行更新 SQL 语句操作
    }
}
```

7.3　数据显示 GridView 控件

7.3.1　GridView 控件简介

1. GridView 控件概述

GridView 控件用于显示数据表中的数据。通过使用 GridView 控件可以显示、编辑、删除、排序和翻阅多种不同的数据源（包括数据库、XML 文件和公开数据的业务对象）中的表格数据。

在 GridView 控件中每一行表示数据表的一条记录，每列表示数据表的一个字段。GridView 控件有以下特点：

- 使用 GridView 控件进行数据绑定。GridView 控件提供了两个用于绑定到数据的选项：一个是使用 DataSourceID 属性进行数据绑定，此选项能够将 GridView 控件绑定到数据源控件；另一个是使用 DataSource 属性进行数据绑定，此选项能够绑定到包括 ADO.NET 数据集和数据读取器在内的各种对象。

- 在 GridView 控件中设置数据显示格式。可以指定 GridView 控件的行的布局、颜色、字体和对齐方式，可以指定行中包含的文本和数据的显示，可以指定将数据行显示为项目、交替项、选择的项还是编辑模式项。GridView 控件还允许指定列的格式。

- 使用 GridView 控件编辑和删除数据。默认情况下，GridView 控件在只读模式下显示数据。但是，该控件还支持一种编辑模式，在该模式下控件显示一个包含可编辑控件（如 TextBox 或 CheckBox 控件）的行。还可以对 GridView 控件进行配置以显示一个 Delete 按钮，用户可单击该按钮来删除数据源中相应的记录。

- GridView 排序功能。GridView 控件支持在不需要任何编程的情况下通过单个列排序。通过使用排序事件以及提供排序表达式可以进一步自定义 GridView 控件的排序功能。

- GridView 分页功能。GridView 控件提供一种简单的分页功能。可以通过使用 GridView 控件的 PagerTemplate 属性来自定义 GridView 控件的分页功能。

- GridView 事件。可以通过处理事件来自定义 GridView 控件的功能。GridView 控件提供在导航或编辑操作之前和之后发生的事件。

2. GridView 控件的主要属性

- DataSourceID：将 GridView 控件的 DataSourceID 属性设置为该数据源控件的 ID 值则可以绑定到某个数据源控件，GridView 控件自动绑定到指定的数据源控件，并且可利用该数据源控件的功能执行排序、更新、删除和分页功能。

- AllowSorting：将 AllowSorting 属性设置为 true 可实现排序。

- AutoGenerateEditButton：将 AutoGenerateEditButton 属性设置为 true 时，GridView 控件可自动添加带有"编辑"按钮的 CommandField 列字段。当用户单击此按钮时，将在编辑模式下重新显示该行，显示时带有在可编辑控件（如 TextBox 和 CheckBox 控件）中可用的数据。"编辑"按钮变为"更新"或"保存"按钮，在用户单击该按钮时会将更新的行写到数据存储区。无须编写任何代码即可将编辑功能添加到 GridView 控件中。

- AutoGenerateDeleteButton：使用 GridView 控件的 AutoGenerateDeleteButton 属性启用删除功能。将 AutoGenerateDeleteButton 属性设置为 true 时，GridView 控件可自动添加带有"删除"按钮的 CommandField 列字段。可以从数据源中删除当前行而无须编写任何代码。在每一行都可以显示一个"删除"按钮，在用户单击该按钮时将从数据源中删除该行并重新显示网格。注意使用 GridView 控件删除数据是永久性的，不能撤消该删除操作。
- AutoGenerateSelectButton：将 AutoGenerateSelectButton 属性设置为 true 时，GridView 控件可自动添加带有"选择"按钮的 CommandField 列字段。
- AllowPaging：GridView 控件的 AllowPaging 属性设置为 true 可自动将数据源中的所有记录分成多页，而不是同时显示这些记录。

3．GridView 控件的主要事件

GridView 控件提供了多个对其进行编程的事件，常用事件如下：

- RowCancelingEdit：在单击某一行的"取消"按钮时，但在 GridView 控件退出编辑模式之前发生，用于停止取消操作。
- RowCommand：单击 GridView 控件中的按钮时发生，通常用于在控件中单击按钮时执行某项任务。
- RowCreated：在 GridView 控件中创建新行时发生，通常用于在创建行时修改行的内容。
- RowDataBound：在 GridView 控件中将数据行绑定到数据时发生，通常用于在行绑定到数据时修改行的内容。
- RowDeleted：在单击某一行的"删除"按钮并在 GridView 控件从数据源中删除相应记录之后发生，通常用于检查删除操作的结果。
- RowDeleting：在单击某一行的"删除"按钮并在 GridView 控件从数据源中删除相应记录之前发生，通常用于取消删除操作。
- RowEditing：发生在单击某一行的"编辑"按钮以后 GridView 控件进入编辑模式之前，通常用于取消编辑操作。
- RowUpdated：发生在单击某一行的"更新"按钮并且 GridView 控件对该行进行更新之后，通常用于检查更新操作的结果。
- RowUpdating：发生在单击某一行的"更新"按钮以后，GridView 控件对该行进行更新之前，通常用于取消更新操作。
- SelectedIndexChanged：发生在单击某一行的"选择"按钮，GridView 控件对相应的选择操作进行处理之后，通常用于在该控件中选定某行之后执行某项任务。
- SelectedIndexChanging：发生在单击某一行的"选择"按钮以后，GridView 控件对相应的选择操作进行处理之前，通常用于取消选择操作。

4．GridView 控件绑定数据源

下面的示例利用 SqlDataSource 控件配置数据源并连接数据库，然后利用 GridView 控件绑定数据源。设置实现的主要步骤如下：

（1）新建一个网站，默认主页为 Default.aspx，并在该页中添加一个 SqlDataSource 控件和一个 GridView 控件。

（2）配置 SqlDataSource 控件。单击 SqlDataSource 控件的任务框，选择"配置数据源"

选项，如图 7-23 所示，打开用于配置数据源的向导，如图 7-24 所示。

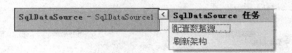

图 7-23　SqlDataSource 控件的任务框

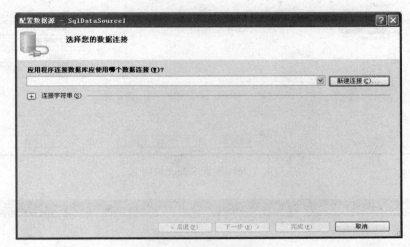

图 7-24　配置数据源向导

（3）单击下拉列表框，选中合适的数据连接。本例中使用的是在 Web.config 文件中定义的连接数据库的字符串 LbSqlConnectionString。设置完成后，单击"连接字符串"可以打开在字符串 LbSqlConnectionString 中所定义的连接字符串，如图 7-25 所示。如果在 Web.config 文件中没有定义数据库连接字符串，可以单击"新建连接"按钮，根据提示进行建立。

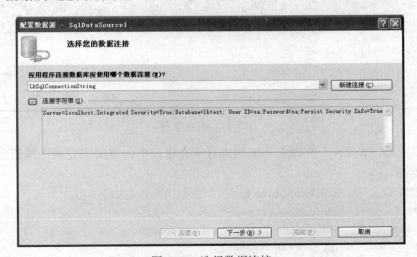

图 7-25　选择数据连接

（4）在图 7-25 中设置完成后单击"下一步"按钮，打开"配置 Select 语句"对话框，如图 7-26 所示。选择要查询的表以及所要查询的列，然后单击"下一步"按钮，打开如图 7-27所示的对话框。

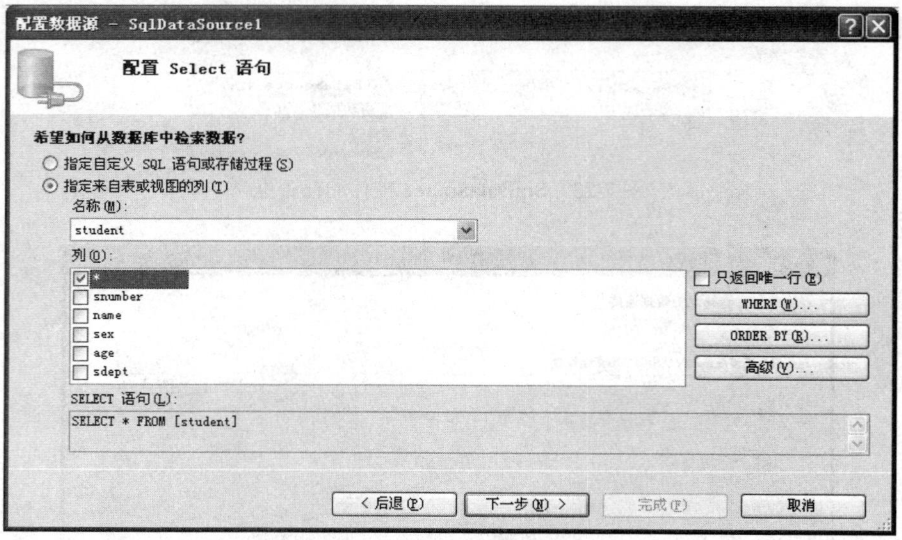

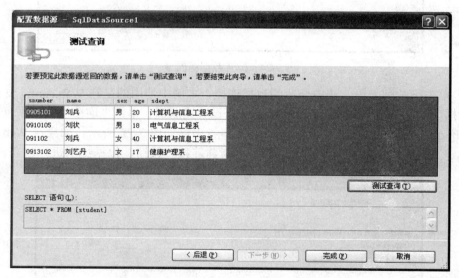

图 7-26　配置 Select 语句

图 7-27　测试查询

（5）单击"测试查询"按钮将查询结果显示在窗口中，单击"完成"按钮完成数据源配置并连接数据库。

完成数据配置之后，SqlDataSource 控件在代码中的形式如下：

```
<asp:SqlDataSource ID="SqlDataSource1" runat="server"
    ConnectionString="<%$ ConnectionStrings:LbSqlConnectionString %>"
    SelectCommand="SELECT * FROM [student]">
</asp:SqlDataSource>
```

（6）设置 GridView 控件对数据源的绑定。单击 GridView 控件右上方的▶按钮，在弹出的列表框中选择数据源，即新建立的 SqlDataSource1（如图 7-28 所示），至此利用 GridView 控件绑定数据源操作完成。

图 7-28　在 GridView 控件中选择数据源

7.3.2　GridView 控件实现数据库记录的分页显示

通常，Web 应用程序中一种常见的情况是显示列表，例如搜索结果的列表或目录中产品的列表。如果搜索结果有 5000 条记录，那么仅在一页上显示肯定是不好的，这时就需要把这些搜索结果用分页的形式显示，同时为用户提供一种在这些页之间定位的方式。

在 ASP.NET 没有发布之前，要实现记录的分页显示是一件很烦琐的事情，常常需要花费开发者许多精力。现在，利用 GridView 控件可以很轻松地完成这项工作，只需要为 GridView 控件设置几个属性即可实现分页功能。GridView 控件分页的方法有默认分页用户界面（UI）和创建自定义的分页界面。

1. 默认分页用户界面（UI）

GridView 控件进行默认分页的步骤如下：

（1）新建一个 Web 窗体，并设该窗体为网站的起始页。

（2）从 Visual Studio 2010 工具箱的“数据控件”中向新建的 Web 窗体内拖入一个 SqlDataSource 控件，设置该控件的 ConnectionString 属性和 SelectCommand 属性，代码如下：

```
<asp:SqlDataSource ID="SqlDataSource1" runat="server"
    ConnectionString="<%$ ConnectionStrings:LbSqlConnectionString %>"
    SelectCommand="SELECT [name], [age], [sex] FROM [student]">
</asp:SqlDataSource>
```

其中"<%$ ConnectionStrings:LbSqlConnectionString %>"属性值是在 Web.config 文件中定义的连接数据库的字符串。

（3）从 Visual Studio 2010 工具箱的“数据控件”中向新建的 Web 窗体内拖入一个 GridView 控件，将该控件的 DataSourceID 属性设置为步骤（2）新建 SqlDataSource 控件的 ID 属性值"SqlDataSource1"，将 AllowPaging 属性设置为 true 启用分页，将 PageSize 属性设置为 5 以表示每个分页显示 5 条记录。

该 Web 窗体页不需要编写任何程序代码即可实现分页功能，界面源代码如下（运行结果如图 7-29 所示）：

```
<%@ Page Language="C#" AutoEventWireup="true" CodeFile="GridViewlb.aspx.cs" Inherits="GridViewlb" %>

<!DOCTYPE html PUBLIC "-//W3C//DTD XHTML 1.0 Transitional//EN"
        "http://www.w3.org/TR/xhtml1/DTD/xhtml1-transitional.dtd">

<html xmlns="http://www.w3.org/1999/xhtml" >
<head runat="server">
```

```
            <title>无标题页</title>
    </head>
    <body>
        <form id="form1" runat="server">
        <div>
<asp:gridview runat="server" ID="lbGV" AllowPaging="True" DataSourceID
            ="SqlDataSource1" PageSize="5">
            <Columns>
                <asp:BoundField DataField="name" HeaderText="name" SortExpression="name" />
                <asp:BoundField DataField="age" HeaderText="age" SortExpression="age" />
                <asp:BoundField DataField="sex" HeaderText="sex" SortExpression="sex" />
            </Columns>
        </asp:gridview>
    <asp:SqlDataSource ID="SqlDataSource1" runat="server" ConnectionString="<%$ ConnectionStrings:
        LbSqlConnectionString %>"
    SelectCommand="SELECT [name], [age], [sex] FROM [student]"></asp:SqlDataSource>
        </div>
        </form>
    </body>
</html>
```

图 7-29   GridView 控件默认分页方式

2. 自定义分页设置

可以通过多种方式来定义 GridView 控件的分页方法：通过 PageSize 属性来设置页的大小（即每次显示的项数）；通过 PageIndex 属性来设置 GridView 控件的当前页；使用 PagerSettings 属性或通过提供页导航模板来指定更多的自定义行为。

将 AllowPaging 属性设置为 true 时，PagerSettings 属性允许自定义由 GridView 控件自动生成的分页用户界面（UI）的外观。GridView 控件可显示允许向前和向后导航的方向控件，以及允许用户移动到特定页的数字控件。

GridView 控件的 PagerSettings 属性被设置为 PagerSettings 类。可以通过设置 GridView 控件的 Mode 属性来自定义分页模式。例如，可以通过以下设置方式来自定义分页用户界面模式：

```
GridView1.PagerSettings.Mode = PagerButtons.NextPreviousFirstLast
```

可用的模式有：

- NextPrevious
- NextPreviousFirstLast
- Numeric
- NumericFirstLast

GridView 控件有许多属性，可以用这些属性为不同的页导航模式自定义文本和图像。例如，如果既想允许使用方向按钮进行导航，又想自定义显示的文本，则可以通过设置 NextPageText 和 PreviousPageText 属性来自定义按钮文本，如下面的示例所示：

```
GridView1.PagerSettings.NextPageText = "单击下一页"
GridView1.PagerSettings.PreviousPageText = "单击上一页"
```

还可以使用图像来自定义分页控件的外观。PagerSettings 类包含用于第一页、最后一页、上一页和下一页命令按钮的图像 URL 属性。

可以通过将 GridView 控件的 PagerStyle 属性设置为一个 TableItemStyle 值来控制分页命令的外观。

如果将 GridView 控件的 AllowPaging 属性设置为 true，则 GridView 控件可自动添加用于分页的用户界面（UI）控件。可以通过添加 PagerTemplate 模板来自定义用于分页的用户界面。若要指定执行哪个分页操作，请包含一个 Button 控件，将其 CommandName 属性设置为 Page，并将其 CommandArgument 属性设置为以下任一值：

- First：移动到第一页。
- Last：移动到最后一页。
- Prev：移动到上一页。
- Next：移动到下一页。
- 一个数字：移动到某个特定页。

当 GridView 控件移动到新的数据页时，该控件会引发两个事件：PageIndexChanging 事件在 GridView 控件执行分页操作之前发生，PageIndexChanged 事件在新的数据页返回到 GridView 控件之后发生。

如果需要，可以使用 PageIndexChanging 事件取消分页操作，或在 GridView 控件请求新的数据页之前执行某项任务；可以使用 PageIndexChanged 事件在用户移动到另一个数据页之后执行某项任务。

GridView 控件自定义分页显示的代码如下：

```
<asp:gridview runat="server" ID="lbGV" AllowPaging="True"    DataSourceID="SqlDataSource1"
    PageSize="5"
    PagerSettings-Mode="NextPreviousFirstLast"
    PagerSettings-FirstPageText="第一页"
    PagerSettings-LastPageText="最后一页"
    PagerSettings-NextPageText="下一页"
    PagerSettings-PreviousPageText="上一页">
        <Columns>
            <asp:BoundField DataField="name" HeaderText="name" SortExpression="name" />
            <asp:BoundField DataField="age" HeaderText="age" SortExpression="age" />
            <asp:BoundField DataField="sex" HeaderText="sex" SortExpression="sex" />
```

```
        </Columns>
    </asp:gridview>
```

7.3.3　GridView 控件对记录排序

GridView 控件提供了内置排序功能，无需编写任何代码。另外，可以设定 SortExpression 属性值定义所显示的数据表按什么字段进行排序，也可以使用 Sorting 和 Sorted 事件来自定义 GridView 控件的排序功能。

1．GridView 控件的排序原理

GridView 控件并不是控件本身执行列排序，而是依赖数据源控件来代替它执行排序。GridView 控件提供用于排序的用户界面，即显示在网格每一列最上方的 LinkButton 控件。但是，GridView 控件依赖于它所绑定到的数据源控件的数据排序功能。

如果绑定的数据源控件具有数据排序功能，则选择数据后，GridView 控件可以通过将 SortExpression 属性值传递给数据源与该数据源控件进行交互，并请求排序后的数据。不是所有的数据源控件都支持排序，例如 XmlDataSource 控件就不支持排序。数据源控件和支持排序所需的配置为：如果 SqlDataSource 和 AccessDataSource 控件的 DataSourceMode 属性设置为 DataSet，或 SortParameterName 属性设置为 DataSet 或 DataReader，则这两个控件可以排序；如果 ObjectDataSource 控件的 SortParameterName 属性设置为基础对象所支持的属性值，则该控件可以排序。

2．GridView 控件的排序过程

通过将 GridView 控件的 AllowSorting 属性设置为 true，即可启用该控件中的默认排序功能，同时此属性也将使 LinkButton 控件显示在 GridView 控件列标题中。此外，该控件还将每一列的 SortExpression 属性隐式设置为它所绑定到数据字段的名称。例如，如果网格所包含的一列显示的是 lbtest 数据库中 student 表的 name 列，则该列的 SortExpression 属性将被设置为 name。

在运行时，用户单击某列标题中的 LinkButton 控件即可按该列进行排序。单击该链接会使页面执行回发并引发 GridView 控件的 Sorting 事件。排序表达式（默认情况下是数据列的名称）作为事件参数的一部分传递，Sorting 事件的默认行为是将排序表达式传递给数据源控件，数据源控件执行其选择查询或方法，其中包括由网格传递的排序参数。

执行完查询后，将引发网格的 Sorted 事件，最后数据源控件将 GridView 控件重新绑定到已重新排序的查询的结果。

GridView 控件不检查数据源控件是否支持排序，在任何情况下都会将排序表达式传递给数据源。如果数据源控件不支持排序并且由 GridView 控件执行排序操作，则 GridView 控件会引发 NotSupportedException 异常。可以用 Sorting 事件的处理程序捕获此异常，并检查数据源以确定数据源是否支持排序，还是使用自行编制的排序代码进行排序。

说明：通过将个别列的 SortExpression 属性设置为空字符串（""），可以禁止对个别字段（如"性别"字段）的排序。例如下例中只有 age 字段具有排序功能：

```
<asp:GridView ID="lbGridView" runat="server" DataSourceID="SqlDataSource1"    AllowSorting
    ="true" AllowPaging ="True" >
    <Columns>
        <asp:BoundField DataField="name" HeaderText="name" SortExpression="" />
```

```
            <asp:BoundField DataField="age" HeaderText="age" SortExpression="age" />
            <asp:BoundField DataField="sex" HeaderText="sex" SortExpression=""   />
        </Columns>
    </asp:GridView>
```

如果默认排序行为无法满足需要，可以自定义网格的排序方法，自定义使用的事件是 Sorting 事件。默认情况下，排序表达式是单个列的名称，程序员可以在事件处理程序中修改排序表达式，例如，如果要按两列排序，可以创建一个包含这两个列名称的排序表达式，然后将修改过的排序表达式传递给数据源控件。下面的示例是通过 Sorting 事件和 Sord 事件设置自定义排序程序，该程序的运行结果如图 7-30 和图 7-31 所示。

图 7-30　按 name 字段排序

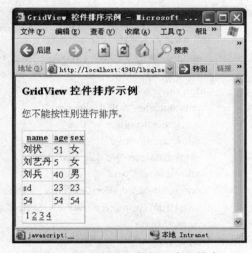

图 7-31　不能按"性别"字段排序

```
<%@ Page Language="C#" AutoEventWireup="true" CodeFile="lbselfsort.aspx.cs" Inherits="lbselfsort" %>
<!DOCTYPE html PUBLIC "-//W3C//DTD XHTML 1.0 Transitional//EN"
"http://www.w3.org/TR/xhtml1/DTD/xhtml1-transitional.dtd">
<script runat="server">
  void CustomersGridView_Sorting(Object sender, GridViewSortEventArgs e)
  {
    // 如果用户选择"性别"字段，则不进行排序
    if (e.SortExpression == "sex")
    {
      e.Cancel = true;
      Message.Text = "您不能按性别进行排序。";
      SortInformationLabel.Text = "";
    }
    else
    {
      Message.Text = "";
    }
  }
  void CustomersGridView_Sorted(Object sender, EventArgs e)
  {
    //显示排序表达式和排序方法
```

```
            SortInformationLabel.Text = "排序字段是： " +
            CustomersGridView.SortExpression.ToString() +
            " ，排序方法是： " + CustomersGridView.SortDirection.ToString() ;
        }
</script>

<html xmlns="http://www.w3.org/1999/xhtml" >
    <head id="Head1" runat="server">
        <title>GridView Sorting Example</title>
</head>
<body>
        <form id="form1" runat="server">
            <h3>GridView 控件排序示例</h3>
            <asp:label id="Message" forecolor="Red" runat="server"/> <br/>
            <asp:label id="SortInformationLabel" forecolor="Navy" runat="server"/> <br/>
            <asp:gridview id="CustomersGridView"
                datasourceid="SqlDataSource1"
                autogeneratecolumns="true"
                allowpaging="true"
                emptydatatext="No data available."
                allowsorting="true"
                onsorting="CustomersGridView_Sorting"
                onsorted="CustomersGridView_Sorted"
                runat="server">
            </asp:gridview>
            <asp:SqlDataSource ID="SqlDataSource1" runat="server"
        ConnectionString="<%$ ConnectionStrings:LbSqlConnectionString %>"
                    SelectCommand="SELECT [name], [age], [sex] FROM [student]">
        </asp:SqlDataSource>
            </form>
    </body>
</html>
```

7.3.4 修改 GridView Web 服务器控件中的数据

GridView 控件具有一些内置功能，允许用户在不需要编程的情况下编辑或删除记录。可以通过以下任一方式启用 GridView 控件的内置编辑或删除功能：

● 将 AutoGenerateEditButton 属性设置为 true 以启用编辑，将 AutoGenerateDeleteButton 属性设置为 true 以启用删除。

● 添加一个 CommandField，并将其 ShowEditButton 属性设置为 true 以启用更新，将其 ShowDeleteButton 属性设置为 true 以启用删除。

● 创建一个 TemplateField，其中 ItemTemplate 包含多个命令按钮，要进行更新时可将 CommandName 设置为"Edit"，要进行删除时可设置为"Delete"。更多相关信息请参见在 GridView Web 服务器控件中创建自定义列。

GridView 控件可以显示一个用户界面，让用户能够编辑各行的内容。通常，可编辑的网格中会有一列包含一个按钮或链接，用户可以通过单击某行的该按钮或链接将该行置于编辑模式（默认情况下，按钮标题是"编辑"）。

用户保存更改时，GridView 控件将更改和主键信息传递到由 DataSourceID 属性标识的数据源控件，从而调用适当的更新操作。例如，SqlDataSource 控件使用更改后的数据作为参数值来执行 SQL Update 语句；ObjectDataSource 控件调用其更新方法，并将更改作为参数传递给方法调用。

GridView 控件在 3 个字典集合中将值传递到数据源以进行更新或删除操作：Keys 字典、NewValues 字典和 OldValues 字典。可以使用传递到 GridView 控件的更新或删除事件的参数访问每个字典。

Keys 字典包含字段的名称和值，通过它们唯一标识将要更新或删除的记录，并始终包含键字段的原始值。若要指定哪些字段放置在 Keys 字典中，可将 DataKeyNames 属性设置为用逗号分隔的用于表示数据主键的字段名称的列表。DataKeys 集合会用与为 DataKeyNames 属性指定的字段关联的值自动填充。

NewValues 字典包含正在编辑行中输入控件的当前值，OldValues 字典包含除键字段以外的其他字段的原始值。

在通过处理 RowUpdating 或 RowDeleting 事件将任何这些字典的内容传递到数据源之前，可以对其进行检查或自定义。完成更新或删除后，GridView 控件会引发其 RowUpdated 或 RowDeleted 事件，这些事件允许执行查询后逻辑（如完整性检查）。

在完成更新或删除并引发所有事件之后，GridView 控件将重新绑定到数据源控件以显示已更新的数据。

习题七

一、选择题

1. SQL 中创建数据表的语句是（　　）。

    A．Create Table
        B．Produce Table

    C．Alter Table
        D．Drop Table

2. App_Data 目录用来放置（　　）。

    A．共享的数据库文件
        B．共享文件

    C．被保护的文件
        D．代码文件

3. 下面的（　　）对象用于与数据源建立连接。

    A．Command
        B．Connection

    C．DataReader
        D．DataAdapter

4. 下列 SqlComand 对象方法中，可以连接执行 Transact-SQL 语句并返回受影响行数的是（　　）。

    A．ExecuteReader
        B．ExecuteScalar

    C．Connection
        D．ExecuteNonQuery

5. 下列对象中可以脱机处理数据的是（　　）。

    A．DataSet
        B．Connection

    C．DataReader
        D．DataAdapter

6. 使用 SqlDataSource 控件可以访问的数据库不包括（　　）。

A． SQL Server　　　　　　　　　　　B． Oracle

C． XML　　　　　　　　　　　　　　D． ODBC

7． 下面对 Repeater 控件的说法错误的是（　　　）。

A． Repeater 控件可以实现重复操作

B． Repeater 控件具有默认的固定外观

C． Repeater 控件功能强大，可以实现表布局和 XML 格式的表

D． 可以使用 Repeater 控件的模板来自定义其外观

8． 下面对 DataList 控件的说法正确的是（　　　）。

A． DataList 支持 Repeater 控件的模板，并具有独立模板列

B． 与 Repeater 比较，DataList 维护较为麻烦

C． DataList 控件与 Repeater 控件相同，都可以实现对数据库的操作

D． 控件具有自己的风格样式模板，而 DataList 却没有

9． 如果希望在 GridView 中显示"上一页"和"下一页"的导航栏，则属性集合 PagerSettings 中的属性 Mode 值应设为（　　　）。

A． Numeric　　　　　　　　　　　　B． NextPrevious

C． NextPrev　　　　　　　　　　　　D． 上一页，下一页

10． 如果对定制后的 GridView 实现排序功能，除了设置 GridView 属性 AllowSorting 的值为 True 外，还应该设置（　　　）属性。

A． SortExpression　　　　　　　　　B． Sort

C． SortField　　　　　　　　　　　　D． DataFieldText

11． 利用 GridView 和 DetailsView 显示主从表数据时，DetailsView 中插入了一条记录需要刷新 GridView，则应把 GridView.DataBind()方法的调用置于（　　　）事件的代码中。

A． GridView 的 ItemInserting

B． GridView 的 ItemInserted

C． DetailsView 的 ItemInserting

D． DetailsView 的 ItemInserted

12． 在 ASP.NET 应用程序中访问 SQL Server 数据库时，需要导入的命名空间为（　　　）。

A． System.Data.Oracle

B． System.Data.SqlClient

C． System.Data.ODBC

D． System.Data.OleDB

二、填空题

1． 在数据库的表中，纵的一行叫做一个_____，横的一行叫做一个_____。

2． 数据库最常用的四大基本操作是：查询（SELECT）、_____、_____和删除（DELETE）。

3． 要能在 ASP.NET 中对 Access 数据库进行读写，需要引入两个命名空间，引入这两个命名空间的命令分别是 using System.Data;和_____。

4． Command 对象 ExecuteNOQuery()方法的功能是_____。

5． GridView 的属性_____确定是否分页。

三、程序设计题

1．用 GridView 控件连接显示 NorthWind 样板库中的 Products 数据表。要求：

（1）分页显示，每页 8 条记录。

（2）具有排序功能。

（3）记录改变底色。

（4）被选中的记录底色呈浅绿色。

2．制作一个在线投票系统，并把投票结果记录在数据表中。

第8章 网站导航与风格

本章介绍网页导航方式的风格设计，主要包括主题、树形控件和母版页技术。

通过对本章的学习，读者应该掌握：

- ASP.NET 的树形控件
- ASP.NET 的主题页
- ASP.NET 母版页的设计与使用

一般情况下，网站的栏目、文章分类、"您的当前位置"等称为网站导航。网站导航的目的主要包括：告诉浏览者网站的主要内容和功能；告诉浏览者其所在网站的位置；告诉浏览者访问过的页面。

8.1　TreeView 控件

8.1.1　TreeView 控件概述

TreeView 服务器控件用于以树形结构显示分层数据，如目录或文件目录，与 Windows 资源管理器非常类似。其主要有以下功能：

- 支持数据绑定，即允许通过数据绑定方式使得控件节点与 XML、表格、关系型数据库等结构化数据建立紧密联系。
- 通过与 SiteMapDataSource 控件集成提供对站点导航的支持。
- 可以显示为可选择文本或超链接的节点文本。
- 可通过主题、用户定义的图像和样式自定义外观。
- 通过编程访问 TreeView 对象模型，可以动态地创建树、填充节点、设置属性等。
- 在客户端浏览器支持的情况下，通过客户端到服务器的回调填充节点。
- 能够在每个节点旁边显示复选框。

TreeView 控件由一个或多个节点构成。树中的每一项都被称为一个节点，由 TreeNode 对象表示，每个 TreeNode 对象还可以包括任意多个子 TreeNode 对象。包含 TreeNode 及其子节点的层次结构组成了 TreeView 控件所呈现的树形结构。表 8-1 中描述了 3 种不同的节点类型，节点之间的结构图如图 8-1 所示。

尽管一个典型的树形结构只有一个根节点，但 TreeView 控件允许向树形结构中添加多个根节点。每个节点都具有一个 Text 属性和一个 Value 属性。Text 属性的值显示在 TreeView 控件中，而 Value 属性用于存储有关该节点的返回值数据。

表 8-1 TreeView 控件的节点类型

节点类型	说明
根节点（RootNode）	没有父节点但具有一个或多个子节点的节点
父节点（ParentNode）	具有一个父节点并且有一个或多个子节点的节点
叶子节点（LeafNode）	没有子节点的节点

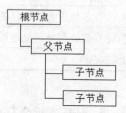

图 8-1 TreeView 控件节点的构成

单击 TreeView 控件的节点时，将引发选择事件或导航至其他页。未设置 NavigateUrl 属性时，单击节点将引发 SelectedNodeChanged 事件，可以处理该事件，从而提供自定义的功能；每个节点还都具有 SelectAction 属性，该属性可用于确定单击节点时发生的特定操作，例如展开节点或折叠节点。若要在单击节点时不引发选择事件而导航至其他页，可以设置 NavigateUrl 属性，该属性值是指向目标页的 URL。

8.1.2 TreeView 控件的主要属性和事件

1. TreeView 控件的主要属性

TreeView 控件的主要属性，如表 8-2 所示，TreeNode 控件的主要属性如表 8-3 所示。

表 8-2 TreeView 控件的主要属性

属性	说明
CheckedNodes	声明被选择的单个或多个节点
ExpandDepth	声明 TreeView 控件展开的深度
Nodes TreeNodeCollection	类型的节点集合
SelectedNode	当前被选择的节点
ShowCheckBoxes	声明是否显示复选框
ShwoExpandCollapse	声明展开/折叠状态
ShowLines	声明节点间是否以线连接
LevelStyles	指定每个层次的节点的样式
NodeStyle	指定节点的默认样式
RootNodeStyle	指定根节点的样式
LeafNodeStyle	指定子节点的样式
SelectedNodeStyle	指定选定节点的样式
HoverNodeStyle	指定当鼠标移动到节点上方时的样式
ImageUrl Properties	指定表示展开/折叠的图片的 URL 路径

表 8-3　TreeNode 控件的主要属性

属性	说明
Checked	标明节点上的复选框的选择状态
ImageUrl	标明节点上所用图片的 URL 路径
NavigateUrl	当单击节点时所要导航到的 URL 路径
SelectAciton	无导航节点被单击时所要执行的动作
Selected	标明当前节点是否为被选择的节点
ShowCheckBox	标明当前节点是否显示复选框
Text	节点上的文字

2. TreeView 控件的主要事件

TreeView 控件通过一些操作（如选择、展开或折叠节点）与控件交互时才会引发 TreeView 控件事件。如果以编程方式调用选择、展开或折叠方法，则不会引发这些事件。例如，如果调用 Expand 方法，将不会引发任何事件。TreeView 控件的常用事件及说明如表 8-4 所示。

表 8-4　TreeView 控件的常用事件及说明

事件	说明
TreeNodeCheckChanged	当 TreeView 控件的复选框发送到服务器的状态更改时发生。每个 TreeNode 对象发生变化时都将发生一次
SelectedNodeChanged	在 TreeView 控件中选定某个节点时发生
TreeNodeExpanded	在 TreeView 控件中展开某个节点时发生
TreeNodeCollapsed	在 TreeView 控件中折叠某个节点时发生
TreeNodePopulate	在 TreeView 控件中展开某个 PopulateOnDemand 属性设置为 true 的节点时发生
TreeNodeDataBound	将数据项绑定到 TreeView 控件中的某个节点时发生

下面详细介绍几个重要的事件。

（1）SelectedNodeChanged 事件。

如果在 TreeView 控件中选择了一个节点，则会引发 SelectedNodeChanged 事件。w8-1.aspx 说明了如何使用 SelectedNodeChanged 事件在选择了 TreeView 控件中的某个节点时更新 Label 控件，该程序的运动结果如图 8-2 所示。

程序代码 w8-1.aspx

```
<%@ Page Language="C#" %>
<script runat="server">
    void Select_Change(Object sender, EventArgs e)
    {
        Message.Text = "您选择了：" + LinksTreeView.SelectedNode.Text;
    }
</script>
<html>
    <head></head>
    <body>
```

```
<form id="Form1" runat="server">
    <h3>TreeView SelectedNodeStyle 事件</h3>
    <asp:TreeView id="LinksTreeView"
        Font-Name= "Arial"
        ForeColor="Blue"
        SelectedNodeStyle-ForeColor="Green"
        SelectedNodeStyle-VerticalPadding="0"
        OnSelectedNodeChanged="Select_Change"
        runat="server">
        <LevelStyles>
            <asp:TreeNodeStyle ChildNodesPadding="10"
                Font-Bold="true"
                Font-Size="12pt"
                ForeColor="DarkGreen"/>
            <asp:TreeNodeStyle ChildNodesPadding="5"
                Font-Bold="true"
                Font-Size="10pt"/>
            <asp:TreeNodeStyle ChildNodesPadding="5"
                Font-UnderLine="true"
                Font-Size="10pt"/>
            <asp:TreeNodeStyle ChildNodesPadding="10"
                Font-Size="8pt"/>
        </LevelStyles>
        <Nodes>
            <asp:TreeNode Text="目录"
                SelectAction="None">
                <asp:TreeNode Text="第 1 章">
                    <asp:TreeNode Text="第 1.0 节">
                        <asp:TreeNode Text="    1.0.1"/>
                        <asp:TreeNode Text="    1.0.2"/>
                        <asp:TreeNode Text="    1.0.3"/>
                    </asp:TreeNode>
                    <asp:TreeNode Text="第 1.1 节">
                        <asp:TreeNode Text="    1.1.1"/>
                        <asp:TreeNode Text="    1.1.2"/>
                        <asp:TreeNode Text="    1.1.3"/>
                        <asp:TreeNode Text="    1.1.4"/>
                    </asp:TreeNode>
                </asp:TreeNode>
                <asp:TreeNode Text="第 2 章">
                    <asp:TreeNode Text="第 2.0 节">
                        <asp:TreeNode Text="    2.0.1"/>
                        <asp:TreeNode Text="    2.0.2"/>
                    </asp:TreeNode>
                </asp:TreeNode>
            </asp:TreeNode>
            <asp:TreeNode Text="附录 A" />
            <asp:TreeNode Text="附录 B" />
```

```
                    <asp:TreeNode Text="附录 C" />

              </Nodes>
          </asp:TreeView>
          <br/><br/>
          <asp:Label id="Message" runat="server"/>
       </form>
    </body>
</html>
```

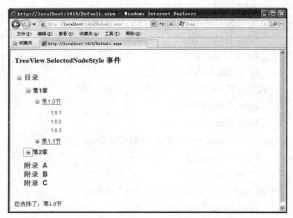

图 8-2　TreeView 控件中的 SelectedNodeChanged 事件

（2）TreeNodeExpanded 事件和 TreeNodeCollapsed 事件。

TreeNodeExpanded 事件是在 TreeView 控件中展开了一个节点时触发，TreeNodeCollapsed 事件是在 TreeView 控件中折叠了一个节点时触发。

w8-2.aspx 说明了如何处理 TreeNodeCollapsed 事件和 TreeNodeExpanded 事件，以及如何访问折叠或展开的 TreeNode 对象。

程序代码 w8-2.aspx

```
protected void TreeView1_TreeNodeCollapsed(object sender, TreeNodeEventArgs e)
{
    MyLabel.Text = "您折叠了：　" + e.Node.Value + " 节点。";
}
protected void TreeView1_TreeNodeExpanded(object sender, TreeNodeEventArgs e)
{
    MyLabel.Text = "您展开了：　" + e.Node.Value + "节点。";
}
```

8.1.3　在 TreeView 控件中显示关系数据

下面说明 TreeView 控件如何显示数据表中的数据，使其形成树状结构。

1．创建数据表

由于本例的 TreeView 控件采用递归方式建立树状结构，所以数据表的建立有两个特殊的字段要求：一个字段是节点 ID 号（NoteID），用于说明本记录的节点号；另一个字段是父节点 ID 号（ParentID），用于指明本记录的父节点号，ParentID 属性值为 0 的表示根节点。另外还有一些字段是 TreeView 控件使用所必需的属性说明，其结构及示例数据如图 8-3 所示。

NoteId	ParentId	sText	sValue	sURL	sTarget	Chger	ChgTime
3	0	足球	足球				
4	0	羽毛球	羽毛球				
5	0	乒乓球	乒乓球				
6	3	男足	男足				
7	3	女足	女足				
8	4	男单	男单				
9	4	女单	女单				
10	4	男双	男双				
11	5	男团	男团				
12	5	女团	女团				
13	6	巴萨	巴萨				
14	6	皇马	皇马				
15	6	阿森纳	阿森纳				

图 8-3　TreeView 控件所要显示的数据表结构及其记录

在图 8-3 中，有 3 个 ParentID 属性值为 0 的根节点：足球、羽毛球和乒乓球，而男足的 NoteID 值为 6，是巴萨、皇马和阿森纳的父节点。

另外，图 8-3 中的 sText 字段是 TreeView 控件的节点文本属性 text；sValue 字段是 TreeView 控件的节点返回值属性 value；sURL 字段是 TreeView 控件的节点导航属性 URL；sTarget 字段是 TreeView 控件的节点导航目标属性 target。

2．TreeView 控件

（1）新建一个 ASP.NET 网页（Web 窗体页）添加至网站，并且在"工具箱"中从"导航"组中将 TreeView 控件拖动到页面上，把该控件的 ID 号改为 treeMenu，ShowLines 属性设置为 true，该属性是让父节点与子节点之间使用连线连接。

（2）双击 Web 窗体页的空白处，进行 Web 窗体页的代码编制。需要增加对数据库操纵的命名空间，本例使用 namespace mySqlServer，mySqlServer 是自定义的数据库操纵名，然后添加 w8-3.aspx 中的代码，运行结果如图 8-4 所示。

程序代码 w8-3.aspx

```
        private DataTable dt = null;                      //创建数据表对象 dt
        protected void Page_Load(object sender, EventArgs e)
        {
            if (!IsPostBack)
            {
                dt = new DataTable();                              //初始化数据表对象
                GetMenuToDataTable("select * from sysMenuTree ");  //查询数据表
                BindTree(null, "0");                               //将数据表绑定到 TreeView 控件
            }
        }
        private void GetMenuToDataTable(string query)             //获取数据表 sysMenuTree
        {
            string myConnStr = System.Configuration.ConfigurationManager
            .ConnectionStrings["LbSqlConnectionString"].ConnectionString;
            sqlServerClass SqlServer = new sqlServerClass(myConnStr);
            dt = SqlServer.ExecuteDataTable(query);
        }
    private void BindTree( TreeNode parentNode, string parentID)      //递归方式形成树形菜单
        {
            DataRow[] rows = dt.Select(string.Format("ParentID={0}", parentID));  //从表中筛选
```

```
            foreach (DataRow row in rows)
            {
                TreeNode node = new TreeNode();                    //新建一个节点
                node.Text = row["sText"].ToString();               //设置新节点的文本
                node.Value = row["sValue"].ToString();             //设置新节点的值
                BindTree(node, row["NoteId"].ToString());          //递归调用
                if (parentNode == null)
                {
                    treeMenu.Nodes.Add(node);                      //增加根节点
                }
                else
                {
                    parentNode.ChildNodes.Add(node);               //增加子节点
                }
            }
        }
```

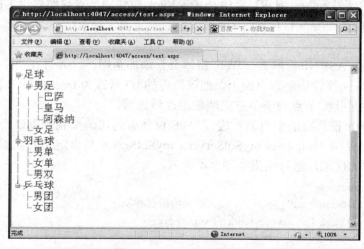

图 8-4   TreeView 显示结果

8.2   网站主题

当制作一个网站时，可能会包括几十甚至上千个网页，网站中各网页的外观设计与维护就成了网站开发者的一项艰苦任务。在 ASP.NET 中大部件控件都支持样式对象模型（包含一些扩展样式属性），其可用于设置字体、颜色、高度等样式属性，并且大部分控件也完全兼容级联样式表（CSS）。

ASP.NET 在网站设计中提供了一种"主题"（Theme）的新方法，使网站设计者能够更容易地保持网站外观的一致性和独立性，最大的好处是只需要为控件定义一次样式属性，就能够方便地应用到网站的所有页面。

主题是指页面和控件外观属性设置的集合。使用这些设置可以定义页面和控件的外观，然后在某个 Web 应用程序中的所有页、整个 Web 应用程序或服务器上的所有 Web 应用程中一致地应用此外观。主题由一组元素组成，包括外观、级联样式表（CSS）、图像和其他资源。

主题将至少包含外观，并且在网站或 Web 服务器上的特殊目录中定义。

外观文件的文件扩展名为.skin，其包含各个控件（如 Button、Label、TextBox 或 Calendar 控件）的属性设置。控件外观设置类似于控件标记本身，但只包含要作为主题的一部分来设置的属性。例如，下面是 Button 控件的控件外观：

```
<asp:button runat="server" BackColor="lightblue" ForeColor="black" />
```

在主题文件夹中创建 .skin 文件。一个.skin 文件可以包含一个或多个控件类型的一个或多个控件外观。可以为每个控件在单独的文件中定义外观，也可以在一个文件中定义所有主题的外观。有两种类型的控件外观：默认外观和已命名外观。

当向网页应用主题时，默认外观自动应用于同一类型的所有控件，如果控件外观没有 SkinID 属性，则是默认外观。

已命名外观是设置了 SkinID 属性的控件外观。已命名外观不会自动按类型应用于控件，而应当通过设置控件的 SkinID 属性将已命名外观显式应用于控件。通过创建已命名外观，可以为应用程序中同一控件的不同实例设置不同的外观。

8.2.1 创建主题的方法

系统为创建主题制定了一些规则，但没有提供什么特殊的工具。这些规则是：对控件显示属性的定义必须放在以.skin 为后缀的外观文件中，而外观文件必须放在"主题"目录下，主题目录又必须放在专用目录 App_Themes 的下面；每个专用目录下可以放多个主题目录，每个主题目录下可以放多个皮肤文件。只有按照这些规定去建立目录和文件，在外观文件中定义的显示属性才能够起作用。

1. 创建页主题

（1）在解决方案资源管理器中，右击要为其创建页主题的网站名称，在弹出的快捷菜单中选择"添加 ASP.NET 文件夹→主题"命令，如图 8-5 所示。

（2）单击"主题"。如果 App_Themes 文件夹不存在，Visual Web Developer 会自动创建该文件夹。Visual Web Developer 即为主题创建一个新文件夹，该文件夹的默认名是"主题 1"，作为 App_Themes 文件夹的子文件夹，如图 8-6 所示。

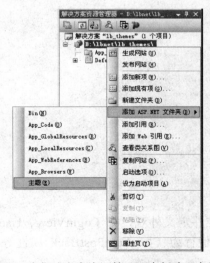

图 8-5 在解决方案资源管理器中新建"主题"

图 8-6 新建的主题目录

（3）键入新文件夹的名称。在"主题 1"上右击并重新重命名该主题，例如输入主题的名称为 FirstTheme，作为一个子文件夹。

（4）可将构成主题的控件外观、样式表和图像的文件添加到新文件夹 FirstTheme 中。

2．将外观文件和外观添加到页主题

（1）在解决方案资源管理器中，右击主题 FirstTheme，在弹出的快捷菜单中选择"添加新项"命令（如图 8-7 所示），弹出如图 8-8 所示的对话框。

（2）单击"外观文件"，在"名称"文本框中输入 .skin 文件的名称，默认文件名称是SkinFile.skia，然后单击"添加"按钮。

图 8-7　快捷菜单

图 8-8　"添加新项"对话框

通常的做法是为每个控件创建一个 .skin 文件，如 Button.skin 或 Calendar.skin。但是，也可以根据需要创建任意数量的 .skin 文件。

（3）在 .skin 文件中添加标准控件定义，但仅包含要为主题设置的属性。控件定义必须包含 runat="server"属性，但不能包含 ID=""属性。例如在新建的外观文件 SkinFile.skin 中定义对文本框和按钮的显示语句，代码如下：

```
<asp:Button
    BackColor="red"
    ForeColor="DarkGreen"
    Font-Bold="true"
    Runat="server"
/>
<asp:Textbox
    BackColor="red"
    ForeColor="DarkGreen"
    Runat="server"
/>
```

需要特别强调的是，有些控件不能用 skin 文件定义外观，如 LoginView、User Control等。能够定义的控件也只能定义其外观属性，其他行为（如 AutoPostBack 属性等）不能在这里定义。

另外，在同一个主题目录下，不管定义了多少个外观文件，系统都会自动将其合并成为一个文件。

本网站中的页面，如果需要使用本主题，都需要在网页的定义语句中增加"Theme=[主题目录]"，例如：

```
<%@ Page Theme="firstThemes"  Language="C#" AutoEventWireup ="true" CodeFile= "Default.aspx.cs"
Inherits="_Default" %>
```

这样在该页上的所有按钮和文本框服务器控件都会按照 SkinFile.skin 文件中定义的方式去显示，如图 8-9 所示。

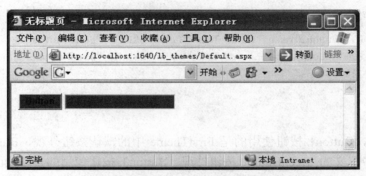

图 8-9　用外观文件定义的控件显示

8.2.2　同一控件的多种定义方法

在一个网页或网站中，有时需要让同一种控件以不同的风格进行显示，此时就需要在外观文件中在控件的显示定义中用 SkinID 属性来区别。例如在 Button.skin 文件中对 Button 的显示定义了 3 种显示风格：

```
<asp:Button
    BackColor="red"
    Runat="server"
/>
<asp:Button
    SkinID="BlueButton"
    BackColor="Blue"
    Runat="server"
/>
<asp:Button
    SkinID="GreenButton"
    BackColor="Green"
    Runat="server"
/>
```

上例中第一个 Button 中没有设定 SkinID 属性，该定义将用于所有不注明 SkinID 属性的 Button 控件；在第二个和第三个定义中都包括 SkinID 属性，这些定义只能用于 SkinID 属性相同的 Button 控件。

w8-4.aspx 说明了如何在一个网页中使用上面所定义的主题。

程序代码 w8-4.aspx

```
<%@ Page    Theme ="FirstTheme" Language="C#" AutoEventWireup="true"    CodeFile=
                "Default.aspx.cs"    Inherits="_Default" %>
<html xmlns="http://www.w3.org/1999/xhtml" >
<head runat="server">
    <title>无标题页</title>
</head>
<body>
<form id="form1" runat="server">
<div>
  <asp:Button ID="Button1" runat="server" Text="Button" />
  <asp:Button ID="Button2" runat="server" Text="Button" SkinID="greenButton" />
  <asp:Button ID="Button3" runat="server" Text="Button" SkinID="blueButton" />
</div>
    </form>
</body>
</html>
```

在该网页中，Button1 按钮使用的是 FirstTheme 中的默认按钮外观，Button2 按钮使用的是 FirstTheme 中定义的 greenButton 按钮外观，Button3 按钮使用的是 FirstTheme 中定义的 blueButton 按钮外观。该网页在浏览器中 3 个 Button 控件以 3 种不同的风格进行显示，如图 8-10 所示。

图 8-10　用外观文件显示 3 种不同风格的按钮

如果需要在每个网页都使用上面的外观定义，按照上面的方法则需要在每个网页中都添加引用外观文件的 Theme ="FirstTheme"语句，这种引用方法显得非常麻烦。在 ASP.NET 中如果要将主题文件应用于整个网站中的所有 Web 页面时，可以在该网站根目录下的 Web.config 文件中进行定义。例如，将上面定义的 FirstTheme 主题目录应用于所有网站的具体操作步骤如下：

（1）建立 Web.config 文件。

在"解决方案资源管理器"中，右击网站名称，在弹出的快捷菜单中选择"添加新项"命令，弹出如图 8-11 所示的对话框，在其中选择"Web 配置文件"，在"名称"文本框中输入配置文件的文件名称，如果该网站中没有建立过 Web 配置文件，则默认给出的文件名是 Web.config，这里选择这个默认文件名，单击"添加"按钮，这样就生成了 Web.config 文件。

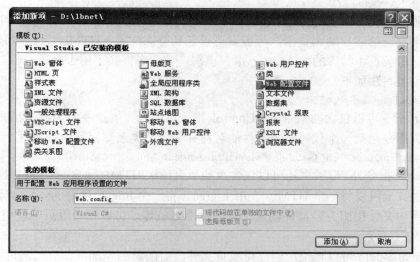

图 8-11 "添加新项"对话框

（2）在 Web.config 文件中输入如下代码：

```
<?xml version="1.0"?>
<configuration>
    <appSettings/>
    <connectionStrings/>
    <system.web>
        <compilation debug="true"/>
        <authentication mode="Windows"/>
        <pages theme ="FirstTheme" />
    </system.web>
</configuration>
```

（3）在 w8-4.aspx 中删除 Theme ="FirstTheme"，即：

```
<%@ Page Language="C#" AutoEventWireup="true" CodeFile="Default.aspx.cs" Inherits="_Default" %>
```

这样则不需要在每个网页中定义使用的外观文件。

8.3　母版页和内容页

8.3.1　概述

1．母版页

使用 ASP.NET 母版页（Master Page）可以为应用程序中的页创建一致的布局。单个母版页可以为应用程序中的所有页（或一组页）定义所需的外观和标准行为，再创建包含要显示内容的各个内容页。当用户请求内容页时，这些内容页将与母版页合并，从而产生将母版页的布局与内容页中的内容组合在一起的 Web 页面输出。

母版页中可以包括一个或多个 ContentPlaceHolder 控件，而在普通.aspx 文件中是不能包含该控件的。ContentPlaceHolder 控件起到一个占位符的作用，能够在母版页中标识出某个区域，该区域将由内容页中的特定代码代替。母版页和内容页有着严格的对应关系。母版页中包含多少个 ContentPlaceHolder 控件，那么内容页中也必须设置与其相对应的 Content 控件。当客户端浏览器向服务器发出请求,要求浏览某个内容页时,引擎将同时执行内容页和母版页的代码,并将最终结果发送给客户端浏览器。母版页可以包括静态文本、HTML 元素和服务器控件的预定义布局。母版页由特殊的@ Master 指令识别,该指令替换了用于普通.aspx 页的@ Page 指令。该指令类写法如下:

<%@ Master Language="C#" %>

@Master 指令可以包含的指令与@Control 指令可以包含的指令大多数是相同的。例如,下面的母版页指令包括一个代码隐藏文件的名称并将一个类名称分配给母版页。

<%@ Master Language="C#" CodeFile="MasterPage.master.cs" Inherits="MasterPage" %>

除@ Master 指令外,母版页还可以包含页的所有顶级 HTML 元素,如 html、head 和 form。例如,在母版页上可以将一个 HTML 表用于布局、将一个 img 元素用于公司徽标、将静态文本用于版权声明并使用服务器控件创建站点的标准导航等,可以在母版页中使用任何 HTML 元素和 ASP.NET 元素。

　　使用 Visual Studio 可以轻松地创建母版页文件,对网站的全部或部分页面进行样式控制。通过 Visual Studio 的"网站"→"添加新项"命令打开如图 8-12 所示的对话框,在其中选择"母版页"选项,在"名称"文本框中输入母版页的文件名,该文件名的后缀一定要是.master,单击"添加"按钮。

图 8-12　创建母版页

　　当 Web 应用程序中的很多页面的布局都相同,甚至用户控件、自定义控件、样式表也都相同时,则可以使用母版页来进行一个统一的定义,对一组页面进行样式控制。编写母版页的方法非常简单,与编写 HTML 页面一样就可以编写母版页。在编写网站页面时,需要确定通用的结构和要使用的控件或 CSS 页面。w8-5.master 说明了如何创建母版页,该实例母版页布局的通用结构如图 8-13 所示。

　　在 w8-5.master 中,使用 DIV 块进行布局,在布局的时候需要定义若干样式。

图 8-13 母版页布局的通用结构

程序代码 w8-5.master

```
<%@ Master Language="C#" AutoEventWireup="true" CodeFile="MasterPage.master.cs" Inherits=
"_1_MasterPage" %>
<!DOCTYPE html PUBLIC "-//W3C//DTD XHTML 1.0 Transitional//EN" "http://www.w3.org/TR/xhtml1/
DTD/xhtml1-transitional.dtd">
<html xmlns="http://www.w3.org/1999/xhtml">
<head runat="server">
 <title></title>
  <asp:ContentPlaceHolder id="head" runat="server">
  </asp:ContentPlaceHolder>
  <style type="text/css">
      body
      {
          font-size:xx-large;
            text-align:center ;
      }
      div.left                  /*定义内容的左边部分*/
      {
          float:left;
          width:19%;
          height:200px;
          margin:0;
          padding:0;
          background-color:GrayText;
      }
      div.content               /*定义内容的中间部分*/
      {
          float:left;
          width:60%;
          border-left:1px solid gray;
          height:200px;
          padding:0;
      }
      div.right                     /*定义内容的右边部分*/
      {
          float:left;
          width:19%;
          border-left:1px solid gray;
          height:200px;
```

```
                padding:0;
                background-color:Yellow;
            }
            .header_footer          /*定义页的页眉和页脚*/
            {
                padding:0.5em;
                color:white;
                background-color:gray;
                clear:left;
            }
    </style>
</head>
<body>
    <form id="form1" runat="server">
    <div class="header_footer">
        页眉
        <asp:ContentPlaceHolder id="ContentPlaceHolder1" runat="server">
        </asp:ContentPlaceHolder>
    </div>
    <div class="left">
        左侧
        <asp:ContentPlaceHolder id="ContentPlaceHolder2" runat="server">
        </asp:ContentPlaceHolder>
    </div>
    <div class="content">
        中间
        <asp:ContentPlaceHolder id="ContentPlaceHolder3" runat="server">
        </asp:ContentPlaceHolder>
    </div>
    <div class="right">
        右侧
        <asp:ContentPlaceHolder id="ContentPlaceHolder4" runat="server">
        </asp:ContentPlaceHolder>
    </div>
    <div class ="header_footer">
        页脚
        <asp:ContentPlaceHolder id="ContentPlaceHolder5" runat="server">
        </asp:ContentPlaceHolder>
    </div>
    </form>
</body>
</html>
```

上述代码对页面进行了布局并定位了头部、中部和底部 3 个部分，而中部又分为左侧、中间和右侧 3 个部分，布局完成后的效果如图 8-14 所示。

母版页具有传统方式定义页面结构的方法，这些传统方式包括重复复制现有代码、文本和控件元素；使用框架集；对通用元素使用包含文件；使用 ASP.NET 用户控件等。另外，母版页还具有以下优点：

- 使用母版页可以集中处理页的通用功能，以便可以只在一个位置上进行更新。
- 使用母版页可以方便地创建一组控件和代码，并将结果应用于一组页。例如，可以在母版页上使用控件来创建一个应用于所有页的菜单。
- 通过允许控制占位符控件的方式，母版页可以在细节上控制最终页的布局。
- 母版页提供一个对象模型，使用该对象模型可以从各个内容页自定义母版页。

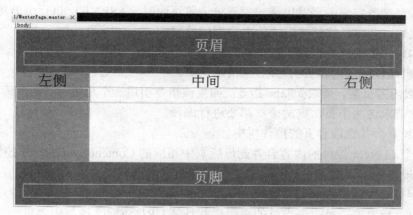

图 8-14　母版页布局结果

2. 内容页

前面介绍了母版页的一些基础知识，下面来说明 ASP.NET 页面如何使用母版页。把引用母版页的页面称为内容页。内容页与一般的 ASP.NET 页面在以下几个方面有所区别：

- 一般的 ASP.NET 页面表示一个完整的页面，包括 HTML、body 和 form 标记，而内容页不包含这些标记，因为这些标记一般是在母版页中定义的（内容页可能有 form 标记，也可能没有）。
- 内容页必须至少包含一个与母版页中 ContentPlaceHolder 服务器控件对应的 Content 服务器控件，而一般的 ASP.NET 页面不包含这个控件。
- 一般的 ASP.NET 页面不使用母版页，而内容页依赖母版页控制页面的整体结构和布局。

虽然内容页与一般的 ASP.NET 页面有许多不同之处，但仍然使用.aspx 文件扩展名。内容页的代码一般分为两个部分：代码头声明和 Content 控件。内容页的代码头声明与普通.aspx文件很相似，只是增加了属性 MasterPageFile 和 Title 设置。其中，要在内容页中引用母版页，可以使用 Page 指令的 MasterPageFile 属性。MasterPageFile 属性中定义的路径应以 Web 应用程序的根目录开始，这样，如果页面移动到网站文件夹结构的另一级上，仍包含指向母版页的正确路径。"~"字符可以用于确保路径从网站的根目录开始。属性 Title 用于设置页面 title 属性值。例如，将一个内容页绑定到 Master1.master 母版页，其程序代码如下：

```
<%@ Page Language="C#" MasterPageFile="~/MasterPages/Master1.master" Title="Content Page"%>
```

另外，在内容页中还可以包括一个或多个 Content 控件。页面中所有非公共内容都必须包含在 Content 控件中。每一个 Content 控件通过属性 ContentPlaceHolderID 与母版页中的 CotentPlaceHolder 控件相对应，即用 Content 控件中的内容替换母版页中的 CotentPlaceHolder 控件所占的位置。

在控件应用方面，母版页和内容页有着严格的对应关系。母版页中包含多少个 ContentPlace-

Holder 控件，那么内容页中也必须设置与其相同数目的 Content 控件，并且 Content 控件的属性 ContentPlaceHolderID 的设置必须与 ContentPlaceHolder 控件相对应。如果将母版页的 ContentPlaceHolder 控件看做是页面中的占位符，那么占位符所对应的具体内容就包含在内容页的 Content 控件中。二者的对应关系是通过设置 Content 控件中的 ContentPlaceHolderID 属性来完成的。

当客户端浏览器向服务器发出请求，要求浏览页面时，ASP.NET 执行引擎将执行内容页和母版页的代码，并将最终结果发送给客户端浏览器。

母版页和内容页的运行过程可以概括为以下 5 个步骤：

（1）用户通过键入内容页的 URL 来请求某页。

（2）获取内容页后，读取@Pape 指令。如果该指令引用一个母版页，则也读取该母版页。如果是第一次请求这两个页，则两个页都要进行编译。

（3）母版页合并到内容页的控件树中。

（4）各个 Content 控件的内容合并到母版页中相应的 ContentPlaceHolder 控件中。

（5）呈现得到结果页。

整个过程具有很强的逻辑性，并且母版页和内容页配合得非常巧妙。从用户角度来看，合并后的母版页和内容页是一个完整的页面，并且其 URL 访问路径与内容页的路径相同。从开发人员角度来看，控件的巧妙应用和配合是实现的关键。注意，在运行时，母版页成为了内容页的一部分。实际上，母版页与用户控件的作用方式大致相同，即作为内容页的一个子级，并作为该页中的一个容器。然而，当前母版页是所有呈现到浏览器中的服务器控件的容器，如图 8-15 所示。

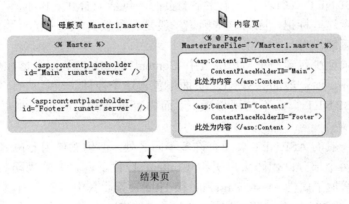

图 8-15　替换占位符内容

ASP.NET 提供的母版页功能允许开发人员创建真正意义上的页面模板，整个应用过程可以总结为"两个包含，一个结合"。

"两个包含"是指将页面内容分为公共部分和非公共部分，并且二者被分别包含在两个文件中。公共部分被包含在母版页中，非公共部分被包含在内容页中。开发人员可以根据所定义的公共内容使用母版页来封装静态文本、HTML 元素、ASP.NET 服务器控件等多种 Web 元素。需要注意的是，即使公共内容处于页面中的不同位置，仍然可以使用母版页功能将其内容整合到一个母版页文件中。对于页面内容中的非公共部分，只需在母版页中使用一个或多个 ContentPlaceHolder 控件来占位即可。ContentPlaceHolder 控件主要用于在母版页中作为代替非公共部分的占位符出现，而具体内容则被放置在内容页中。内容页的创建相对简单，只需将非公共内容包含在不同的 Content 控件中即可。

"一个结合"是指通过控件应用以及属性设置等行为将母版页和内容页有机结合。例如，母版页中 ContentPlaceHolder 的 ID 属性必须与内容页中 Content 控件的 ContentPlaceHolderID 属性绑定。

通过 Studio .NET 创建内容页的方法如下：

（1）在 Visual Studio 中单击"网站→添加新项"命令，弹出如图 8-16 所示的对话框，在其中选择"Web 窗体"选项，在"名称"文本框中输入内容页的文件名，该文件名的后缀一定要是.aspx，然后选择右下角的"选择母版页"复选框，单击"添加"按钮。

图 8-16 添加内容页

（2）弹出如图 8-17 所示的对话框，在其中选中需要引用的母版页，单击"确定"按钮。

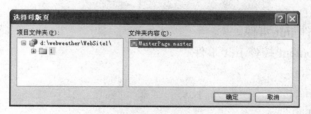

图 8-17 选择引用母版页

添加了内容页之后，Visual Studio 会根据所引用的母版页自动生成相应的内容页，在母版页中有多少个 ContentPlaceHolder 控件，则在内容页中就会自动生成相应个数的 Content 控件。本例中根据 MasterPage.master 文件自动生成的内容页代码如下：

```
<%@ Page Title="" Language="C#" MasterPageFile="~/1/MasterPage.master" AutoEventWireup="true"
CodeFile="Use_Master.aspx.cs" Inherits="_1_Use_Master" %>
<asp:Content ID="Content1" ContentPlaceHolderID="head" Runat="Server">
</asp:Content>
<asp:Content ID="Content2" ContentPlaceHolderID="ContentPlaceHolder1" Runat="Server">
</asp:Content>
<asp:Content ID="Content3" ContentPlaceHolderID="ContentPlaceHolder2" Runat="Server">
</asp:Content>
```

```
<asp:Content ID="Content4" ContentPlaceHolderID="ContentPlaceHolder3" Runat="Server">
</asp:Content>
<asp:Content ID="Content5" ContentPlaceHolderID="ContentPlaceHolder4" Runat="Server">
</asp:Content>
<asp:Content ID="Content6" ContentPlaceHolderID="ContentPlaceHolder5" Runat="Server">
</asp:Content>
```

8.3.2 母版页和内容页事件顺序

通常情况下，母版页和内容页中的事件顺序对于页面开发人员来说并不重要。但是，如果所创建的事件处理程序取决于某些事件的可用性，那么了解母版页和内容页中的事件顺序会很有帮助。本节就来对母版页和内容页的事件顺序进行简要说明，以便加深对母版页和内容页的理解。

当访问结果页时，实际访问的是内容页和母版页。作为有着密切关系的两个页面，二者都要执行各自的初始化和加载等事件，具体过程如图 8-18 所示。

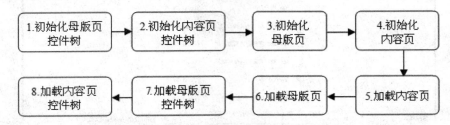

图 8-18　母版页和内容页的事件加载过程

加载母版页和内容页共需要经过 8 个过程。这 8 个过程显示初始化和加载母版页及内容页是一个相互交叠的过程。基本过程是，初始化母版页和内容页控件树，然后初始化母版页和内容页，接着加载母版页和内容页，最后加载母版页和内容页控件树。以上 8 个过程对应着11 个具体事件，如下：

- 母版页中控件 Init 事件
- 内容页中 Content 控件 Init 事件
- 母版页 Init 事件
- 内容页 Init 事件
- 内容页 Load 事件
- 母版页 Load 事件
- 内容页中 Content 控件 Load 事件
- 内容页 PreRender 事件
- 母版页 PreRender 事件
- 母版页控件 PreRender 事件
- 内容页中 Content 控件 PreRender 事件

实际上，8 个过程或者是 11 个事件都用于说明母版页和内容页中的具体事件顺序。内容页和母版页中会引发相同的事件。例如，两者都引发 Init、Load 和 PreRender 事件。引发事件的一般规律是，初始化 Init 事件从最里面的控件（母版页）向最外面的控件（Content 控件及内容页）引发，所有其他事件则从最外面的控件向最里面的控件引发。需要牢记，母版页会合并到内容页中，并被视为内容页中的一个控件，这一点十分有用。

在创建应用程序时，必须注意以上事件顺序。例如，当在内容页中访问母版页的属性或服务器控件时，如果按照过去的处理思路，可能会在内容页的 Page-Load 事件处理程序中加以实现。由前文可知，在母版页 Load 事件引发之前，内容页 Load 事件已经引发，那么过去的思路显然是不正确的。

8.3.3　嵌套母版页

母版页和内容页包含着不同类型的内容，实现着不同的功能，开发人员可以将母版页和内容页这样的"积木块"拼成结果页。应用程序中的任何页面，只要功能需要，完全可以使用"拼积木"的思想将相关母版页和内容页等模块拼接在一起，母版页也是利用这种拼积木的思想。

母版页与母版页之间能够嵌套运行，让一个母版页作为另一个母版页的子母版能够方便地将页面进行模块化。当编写 Web 应用时，可以使用母版页进行较大型的框架布局，对一个页面进行整体的样式控制。同样可以使用母版页进行嵌套，对细节的地方进行细分。

母版页的结构和 Web 窗体的结构十分相似，与任何 Web 窗体一样，母版页也可以包含母版页，被包含的母版页称为子母版。子母版通常会包含一些控件，这些控件将映射到父母版上的内容占位符。无论母版页如何嵌套构建页面，都必须包含一个内容页。原因是不允许客户端浏览器访问扩展名为 .master 的母版页。主母版页嵌套子母版页，内容页绑定子母版页，三者之间保持着紧密的嵌套关系。

从页面内容和结构角度来讲，Web 页面最为公共的部分基本都包含在主母版页中，而其他部分则包含在子母版页中。子母版页与主母版页相同，都是扩展名为 .master 的文件。通常情况下，子母版页中包含一些 Content 控件，这些控件将映射到主母版页中的 ContentPlaceHolder 控件，因此子母版页具有一定的占位功能。就这方面而言，子母版页的布局方式与所有内容页类似。然而，子母版页还有自己的 ContentPlaceHolder 控件（包含在 Content 控件中），用于显示它所绑定的内容页提供的内容。

从模块化的角度来讲，在构建 Web 页面过程中，主母版页起到了类似页面框架的作用。通过采用占位方式，子母版页和内容页将页面分割为不同的模块，为开发和应用提供了便利。利用这种设计和实现思想，可以首先将页面分成不同的模块，然后利用主母版页、子母版页和内容页来实现页面模块。例如，大型网站可能包含一个用于定义站点内容的主母版页。不同的网站内容合作伙伴又可以定义各自的子母版页，这些子母版页嵌套在主母版页中，并通过自身及绑定内容页来定义合作伙伴的内容。

主母版页、子母版页和内容页中的 ContentPlaceHolder、Content 控件属性设置有着严格的对应关系。从左至右，主母版页中的控件 ContentPlaceHolder1 起着"占位"作用，具体内容位于子母版页 Content 控件中。Content 控件中除包含部分普通 Web 元素之外，还包含一个 ContentPlaceHolder 控件。该控件同样起着"占位"作用，具体内容位于内容页的 Content 控件中。通过以上分析可以发现，只有在创建过程中建立严格的对应关系，才能够正确创建嵌套母版页及其相关文件。

下面是一个建立母版页嵌套的实例，其中包括主母版页 Main_Master.master、子母版页 Child_Master.master 和内容页 lbform.aspx，如图 8-19 所示。

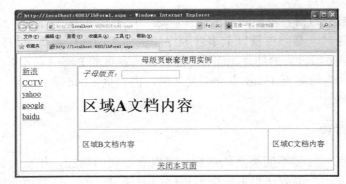

图 8-19　母版页嵌套实例

（1）创建主母版页 Main_Master.master，程序代码如下：

```
<%@ Master Language="C#" AutoEventWireup="true" CodeBehind="Main_Master.master.cs" Inherits=
"WebApplication1.Main_Master" %>

<!DOCTYPE html PUBLIC "-//W3C//DTD XHTML 1.0 Transitional//EN" "http://www.w3.org/TR/xhtml1/
DTD/xhtml1-transitional.dtd">

<html xmlns="http://www.w3.org/1999/xhtml">
<head runat="server">
    <title></title>
    <asp:ContentPlaceHolder ID="head" runat="server">
    </asp:ContentPlaceHolder>
</head>
<body>
    <form id="form1" runat="server">

    <table border="1" cellpadding="0" cellspacing="0" width="100%">
        <tr>
            <td colspan="2" align="center" >母版页嵌套使用实例</td>
        </tr>
        <tr>
            <td valign="top" width="150" class="nav" >
                <table border="0" width="100%" cellpadding="4" cellspacing="0">
                    <tr>
                        <td><a href="http://www.sina.com.cn/">新浪</a></td>
                    </tr>
                    <tr>
                        <td><a href="http://www.cctv.com.cn/">CCTV</a></td>
                    </tr>
                    <tr>
                        <td><a href="http://www.yahoo.com.cn">yahoo</a></td>
                    </tr>
                    <tr>
                        <td><a href="http://www.google.com">google</a></td>
                    </tr>
                    <tr>
```

```html
                            <td><a href="http://www.baidu.com">baidu</a></td>
                        </tr>
                    </table>
                </td>
                <td valign="top" align="center">
                    <asp:contentplaceholder id="ChildMaster" runat="server" />
                </td>
            </tr>
            <tr>
                <td colspan="2" align="center" >
                    <a href="#" onclick="window.close();">关闭本页面</a>
                </td>
            </tr>
        </table>

    </form>
</body>
</html>
```

（2）创建子母版页，程序代码如下：

```html
<%@ Master Language="C#" MasterPageFile="~/Main_Master.Master" AutoEventWireup="true" CodeBehind="ChildMaster.master.cs" Inherits="WebApplication1.ChildMaster" %>
<asp:content id="ChildMaster" contentplaceholderid="ChildMaster" runat="Server">
    <table border="1" cellpadding="10" cellspacing="0" width="100%">
    <tr>
        <td align="left" colspan="2" style="font-style: italic;">子母版页：
            <asp:TextBox ID="TextBox1" runat="server"></asp:TextBox>
        </td>
    </tr>
    <tr>
        <td align="left" colspan="2" >
            <asp:contentplaceholder id="ContentTitle" runat="Server" />
        </td>
    </tr>
    <tr>
        <td align="left" valign="top" >
            <asp:contentplaceholder id="ContentText" runat="Server" />
        </td>
        <td align="left" width="150" valign="top" >
            <asp:contentplaceholder id="ContentNav" runat="Server" />
        </td>
    </tr>
    </table>
</asp:content>
```

（3）创建内容页，程序代码如下：

```html
<%@ Page Title="" Language="C#" MasterPageFile="~/ChildMaster.master" AutoEventWireup="true" CodeBehind="lbForm1.aspx.cs" Inherits="WebApplication1.lbForm1" %>
<asp:content id="ContentTitle" contentplaceholderid="ContentTitle" runat="Server">
```

```
        <h1>区域 A 文档内容</h1>
    </asp:content>

    <asp:content id="ContentText" contentplaceholderid="ContentText" runat="Server">
        <p>区域 B 文档内容</p>
    </asp:content>

    <asp:content id="ContentNav" contentplaceholderid="ContentNav" runat="Server">
        <p>区域 C 文档内容</p>
    </asp:content>
```

母版页嵌套完毕后，使用母版页的页面也应该进行相应的修改，在使用嵌套后，子母版页应该被声明到需要使用的页面，而不是主母版页面。简单地说，需要使用的页面应该声明的是子页面，而不是主母版页。

习题八

1．主体可以包括＿＿＿＿＿＿、样式表文件和＿＿＿＿＿＿。

2．母版页由特殊的＿＿＿＿＿＿指令识别，该指令替换了用于普通.aspx 网页的@Page 指令。

3．母版页中可以包含一个或多个可替换内容占位符＿＿＿＿＿＿。

4．如果用户想在网站运行时动态地添加或删除 WebPart 控件，则需要添加＿＿＿＿＿＿控件。

第9章 ASP.NET 网络技术开发

本章主要介绍 ASP.NET 的常见网络开发技术，以使读者通过这些技术来掌握某一类实际应用所需要的开发方法和手段。通过对本章的学习，读者应该掌握：

● 文件上传的方法
● Web Service 引用方法
● 网络组件的安装与使用

9.1 文件上传

9.1.1 文件夹的操作

在 ASP.NET 中对文件的访问采用一种文件系统对象（File System Object，FSO）模型的方式。这种文件系统对象提供一个基于对象的工具，用来处理文件夹和文件，使得程序员可以用熟悉的"对象.方法"语法与一组丰富的属性、方法和事件一起使用来处理文件夹和文件。

FSO 模型使应用程序能够创建、更改、移动和删除文件夹，或者确定特定文件夹是否存在以及存在于服务器硬盘的什么地方。这个模型使程序员可以十分方便地获取有关文件夹的信息，如文件夹的名称、文件夹的创建日期或上次修改日期。

当处理文件时，程序员的主要目的是以高效的易于访问的格式存储数据，并能够创建文件、插入和更改数据，以及输出（读取）数据。虽然程序员可以把数据存储在数据库中，但那样做会给应用程序带来相当数量的系统开销。如果程序员不希望有这种系统开销，或者数据访问要求可能不需要与功能完善的数据库关联时，那么在文本文件或二进制文件中存储数据是最有效的解决方案。

在 ASP.NET 中是通过 Directory 类或一些函数来创建、复制、删除文件夹。表 9-1 列出了 Directory 类的常用方法，可以用这些方法对文件夹进行操作。

表 9-1 Directory 类的方法

方法	说明
CreateDirectory	按 path 路径创建指定的文件夹或子文件夹
Delete	删除指定文件夹及其中的文件
Exists	返回指定路径的文件夹是否存在
GetCreationTime	获取文件夹的创建日期和时间

续表

方法	说明
GetCurrentDirectory	获取应用程序的当前工作目录
GetDirectories	获取指定文件夹中子文件夹的名称
GetDirectoryRoot	返回指定路径的卷信息、根信息，或者两者同时返回
GetFiles	返回指定文件夹中文件的名称
GetFileSystemEntries	返回指定文件夹中所有文件和子文件夹的名称
GetLastAccessTime	返回上次访问指定文件或目录的日期和时间
GetLastWriteTime	返回上次写入指定文件或目录的日期和时间
GetLogicalDrives	返回此计算机上格式为"<驱动器号>:\"的逻辑驱动器的名称
GetParent	返回指定路径的父目录，包括绝对路径和相对路径
Move	将文件或目录及其内容移到新位置
SetCreationTime	为指定的文件或目录设置创建日期和时间
SetCurrentDirectory	将应用程序的当前工作目录设置为指定的目录
SetLastAccessTime	设置上次访问指定文件或目录的日期和时间
SetLastWriteTime	设置上次写入目录的日期和时间

1. 获取目录

可以使用 Directory 类的 GetCurrentDirectory 方法来获取应用程序的当前工作目录，这种方法的返回值是包含当前工作目录路径的字符串。下面通过 w9-1.aspx 来说明，其在浏览器中的运行结果如图 9-1 所示。

图 9-1　获取当前工作目录

代码清单 w9-1.aspx

```
<%@ Page Language="C#" %>
<%@ Import Namespace="System.IO"%>
<!DOCTYPE html PUBLIC "-//W3C//DTD XHTML 1.0 Transitional//EN" "http://www.w3.org/TR/xhtml1/
DTD/xhtml1-transitional.dtd">
<script runat="server">
    protected void Page_Load(object sender, EventArgs e)
    {
        Label1.Text = Directory.GetCurrentDirectory();
    }
</script>
<html xmlns="http://www.w3.org/1999/xhtml" >
```

```
<head runat="server">
    <title>获取当前目录</title>
</head>
<body>
<form id="form1" runat="server"> 
<div>
<asp:Label ID="Label1" runat="server" Text="Label" Width="156px"></asp:Label>
    </div>
    </form>
</body>
</html>
```

另外，还可以使用 Server 对象的 MapPath 方法来获取 Web 服务器上的指定虚拟路径相对应的物理文件路径，其调用语法如下：

```
Server.MapPath(Path)
```

其中，参数 Path 是 Web 服务器上的虚拟路径，而这个方法的返回值是与 Path 相对应的物理文件路径。例如在图 9-1 所示浏览器窗口的地址栏中，其地址是 http://localhost:4340/lbsqlserver/9-1.aspx，在这个地址中，w9-1.aspx 是文件名，localhost 表示的是本地主机，4340 是端口号，lbsqlserver 就是虚拟目录。而 w9-1.aspx 这个文件存储在 Web 服务器中的物理路径是 D:\lbsql\lbsqlserver。下面通过 w9-2.aspx 来说明 Server 对象获取物理路径的方法，其在浏览器中的运行结果如图 9-2 所示。

图 9-2　获取文件的物理路径

程序代码 w9-2.aspx

```
<%@ Page Language="C#" %>
<%@ Import Namespace="System.IO"%>
<!DOCTYPE html PUBLIC "-//W3C//DTD XHTML 1.0 Transitional//EN" "http://www.w3.org/TR/xhtml1/
DTD/xhtml1-transitional.dtd">
<script runat="server">
    protected void Page_Load(object sender, EventArgs e)
    {
        Label1.Text = Server.MapPath("~/upload/");
    }
</script>
<html xmlns="http://www.w3.org/1999/xhtml" >
<head runat="server">
    <title>获取指定目录的实际物理路径</title>
</head>
<body>
```

```
        <form id="form1" runat="server"> 
            <div>
                <asp:Label ID="Label1" runat="server" Text="Label" Width="156px"></asp:Label>
        </div>
        </form>
</body>
</html>
```

如果使用 Server.MapPath("")则可直接获取当前运行程序所在的物理路径。例如，在 w9-2.aspx 中，把 Server.MapPath("~/upload/")换成 Server.MapPath("")，则在浏览器中显示的结果是 D:\lbsql\lbsqlserver。

2. 获取目录或文件夹是否存在

可以使用 Directory 类的 Exists 方法来判断在 Web 服务器上某一个特定目录或文件夹是否存在。如果目录存在，返回值为 True；否则返回值为 False。其使用语法如下：

Directory.Exists (Path)

这个方法可使程序员在删除一个特定目录、拷贝一个文件到一个特定目录、创建一个特定目录之前，都可以使用此方法来判断特定目录是否存在。下面通过 w9-3.aspx 来说明其用法，其在浏览器中的运行结果如图 9-3 所示。

图 9-3　Directory 类 Exists 方法的应用

程序代码 w9-3.aspx

```
<%@ Page Language="C#" %>
<%@ Import Namespace="System.IO"%>
<!DOCTYPE html PUBLIC "-//W3C//DTD XHTML 1.0 Transitional//EN"
 "http://www.w3.org/TR/xhtml1/DTD/xhtml1-transitional.dtd">
<script runat="server">
    protected void Page_Load(object sender, EventArgs e)
    {
        if (Directory.Exists(Server.MapPath("~/upload/")))
            Label1.Text = "Yes，在当前文件夹中存在 upload 子文件夹";
        else
            Label1.Text = "No，在当前文件夹中没有 upload 子文件夹";
    }
</script>
<html xmlns="http://www.w3.org/1999/xhtml" >
<head id="Head1" runat="server">
    <title>测试指定文件夹是否存在</title>
</head>
```

```
<body>
    <form id="form1" runat="server"> 
<div>
<asp:Label ID="Label1" runat="server" Text="Label" Width="156px"></asp:Label>
        </div>
    </form>
</body>
</html>
```

3．创建新的目录或文件夹

使用 Directory 类的 CreateDirectory 方法可以在 Web 服务器上创建目录或文件夹，其使用语法如下：

Directory. CreateDirectory (Path) ;

参数 Path 指定欲创建的目录和子目录。例如，若当前目录是 C:\Users\User1，要创建目录 C:\Users\User1\Public\Html，则可以使用以下 3 种方法之一来创建：

- Directory.CreateDirectory("Public\Html") ;
- Directory.CreateDirectory("\Users\User1\Public\Html") ;
- Directory.CreateDirectory("c:\Users\User1\Public\Html");

如果 Public 子目录和 Html 子目录都没有，则上述命令会先创建 Public 子目录，并在 Public 子目录中创建 Html 子目录。

4．删除目录或文件夹

使用 Directory 类的 Delete 方法可以在 Web 服务器上删除指定的目录及其任何子目录，其使用语法如下：

Directory. Delete (Path, recursive);

参数 Path 为要删除目录的完整路径名，并且允许 Path 参数指定相对或绝对路径信息，相对路径信息被解释为相对于当前工作目录，另外 Path 参数不区分大小写；参数 recursive 是一个布尔值，当要删除 Path 中的目录、子目录不为空，即子目录中含有文件需要强行删除该子目录时，recursive 参数值设为 true；否则为 false。例如：

Directory.Delete(Server.MapPath("~/upload/"),true) ;

9.1.2　文件的操作

在 ASP.NET 中是通过 File 类来创建、复制、删除、移动和打开文件。

1．判断文件是否存在

通过 File 类的 Exists 方法可以确定指定的文件是否存在，其使用语法如下：

File.Exists(Path)

参数 Path 是要检查文件的完整路径。该参数的返回值是，当调用者有访问权限并且该文件存在时，返回值为 true；否则，返回值为 false。下面通过 w9-4.aspx 来说明其用法，其在浏览器中的运行结果如图 9-4 所示。

代码清单 w9-4.aspx

```
<%@ Page Language="C#" %>
<%@ Import Namespace="System.IO"%>
<!DOCTYPE html PUBLIC "-//W3C//DTD XHTML 1.0 Transitional//EN" "http://www.w3.org/TR/xhtml1/
DTD/xhtml1-transitional.dtd">
```

```
<script runat="server">
    protected void Page_Load(object sender, EventArgs e)
    {
        if (File.Exists(Server.MapPath("~/upload/")+"/a.txt"))
            Label1.Text = "Yes，在当前文件夹的 upload 子文件夹中有 a.txt 文件";
        else
            Label1.Text = "No，在当前文件夹的 upload 子文件夹中没有 a.txt 文件";
    }
</script>
<html xmlns="http://www.w3.org/1999/xhtml" >
<head runat="server">
    <title>测试指定文件是否存在</title>
</head>
<body>
    <form id="form1" runat="server"> 
        <div>
            <asp:Label ID="Label1" runat="server" Text="Label" Width="156px"></asp:Label>
        </div>
    </form>
</body>
</html>
```

2. 文件的复制

通过 File 类的 Copy 方法可以将指定的文件复制成一个新的文件，如果所指定的新文件已经存在，通过参数设置可覆盖原来的文件。其使用语法如下：

File.Copy(sourceFileName, destFileName,overwrite)

参数 sourceFileName 为要复制的文件名称；destFileName 为目标文件的名称；如果指定的目标文件已经存在，并允许覆盖原来的文件，则参数overwrite 设为 True，否则设为 False。

允许 sourceFileName 和 destFileName 参数指定相对或绝对路径信息，相对路径信息被解释为相对于当前工作目录。例如：

图 9-4　文件是否存在

File.Copy("lb\第一章.doc", "kk\备份.doc" ,True)

本实例使用相对路径 lb 和 kk，实现把当前目录的 lb 子目录中的"第一章.doc"文件复制到当前目录的 kk 子目录下，并且文件被命名为"备份.doc"，如果 kk 子目录中存在这个文件，则把它覆盖。

3. 文件的删除

通过 File 类的 Delete 方法删除由完全限定路径指定的文件。如果指定的文件不存在，不会引发异常。其使用语法如下：

File.Delete(Path)

参数 Path 是指要删除的文件名称，其在程序中的应用方法如下：

if (File.Exists(Server.MapPath("~/upload/")+"/a.txt"))

```
            { File.Delete(Server.MapPath("~/upload/")+"/a.txt")）；
                    Label1.Text = "当前文件夹的 upload 子文件夹中的 a.txt 文件已被删除";
            }
        else
            Label1.Text = "当前文件夹的 upload 子文件夹中没有 a.txt 文件";
```

　　该示例是首先判断当前文件夹的 upload 子文件夹中是否存在 a.txt 文件，如果存在则删除该文件，并告知用户；如果该文件不存在，则提示用户"当前文件夹的 upload 子文件夹中没有 a.txt 文件"。

　　4．文件的移动

　　通过 File 类的 Move 方法将指定文件移到新位置，并可提供指定新文件名的选项。其使用语法如下：

```
File. Move (sourceFileName,destFileName)
```

　　参数 sourceFileName 为要移动的文件的名称，destFileName 为文件的新路径。

　　此方法可对 Web 服务器的整个磁盘工作，如果源路径和目标路径相同，不会引发异常错误提示。另外，还允许 sourceFileName 和 destFileName 参数指定相对或绝对路径信息。

9.1.3　文件上传控件

　　1．文件上传概述

　　在 ASP.NET 中提供了文件上传服务器控件——FileUpload 控件，该服务器控件为用户提供一种将文件从客户计算机发送到服务器的方法，并允许用户上传图片、文本文件或其他文件。

　　FileUpload 控件会有一个文本框显示，在此文本框中用户可以键入希望上传到服务器的文件路径和名称；该控件还显示一个"浏览"按钮，当单击该按钮后，会显示一个文件导航对话框（显示的对话框取决于用户计算机的操作系统）。出于安全方面的考虑，不能将文件名预加载到 FileUpload 控件中。

　　用户通过在 FileUpload 控件的文本框中输入本地计算机上文件的完整路径（如 C:\MyFiles\TestFile.txt）来指定要上载的文件；也可以通过单击"浏览"按钮，然后在"选择文件"对话框中定位文件来选择文件。

　　用户选择要上传的文件后，FileUpload 控件不会自动将该文件上传到 Web 服务器，用户必须再增加其他控件，在增加控件的事件处理函数中调用 FileUpload 控件提供的 SaveAs 方法在 Web 服务器端进行文件保存，这样才能保存用户提交的文件，例如，如果提供一个 Button 按钮，则可以将文件保存操作的代码放在 Button 按钮的单击事件处理函数中。

　　在调用 SaveAs 方法将文件保存到服务器之前，需要使用 HasFile 属性来判断 FileUpload 控件是否包含文件。若 HasFile 属性返回 true，则调用 SaveAs 方法；如果返回 false，则向用户显示消息，指示控件不包含文件。不要通过检查 PostedFile 属性来确定要上传的文件是否存在，因为默认情况下该属性包含 0 字节，因此即使 FileUpload 控件为空，PostedFile 属性仍返回一个非空值。

　　调用 SaveAs 方法时，还必须指定用来保存上传文件的完整路径。如果没有在应用程序代码中明确指定路径，则当用户试图上传文件时将引发异常。该行为可防止用户在应用程序目录结构的任意位置进行写操作，防止用户访问敏感的根目录，有助于确保服务器上文件的安全。

　　使用 FileName 属性来获取客户端上使用 FileUpload 控件上传的文件名称，此属性返回的文件名不包含此文件在客户端上的路径。

　　FileContent 属性获取指向要上传文件的 Stream 对象，使用该属性以字节方式访问文件内容。例如，可以使用 FileContent 属性返回的 Stream 对象以字节方式读取文件内容并可存储在一个字节数组中，也可以使用 FileBytes 属性来检索文件中的所有字节。

　　另外，PostedFile 属性获取要上传文件的 HttpPostedFile 对象，通过该对象访问文件的其他属性，主要包括：

- ContentLength 属性：获取文件的长度。
- ContentType 属性：获取文件的 MIME 内容类型。

　　此外，还可以访问 FileName 属性、InputStream 属性和 SaveAs 方法。

　　防止拒绝服务攻击的方法之一是限制可以使用 FileUpload 控件上传文件的大小。应当根据要上传文件的类型设置与类型相适应的大小限制。FileUpload 控件默认上传文件大小限制为 4096 KB（4MB）。若要增加整个应用程序所允许上传的最大文件大小，需要设置 Web.config 文件中的 maxRequestLength 属性；若要增加指定页所允许的最大文件大小，需要设置 Web.config 中 location 元素内的 maxRequestLength 属性。

　　2. 文件上传指定目录

　　使用 FileUpload 服务器控件很容易就能将文件上传到服务器，下面通过 w9-5.aspx 来说明 FileUpload 控件的一些属性和上传方法，其在浏览器中的运行结果如图 9-5 和图 9-6 所示。

图 9-5　选择上传文件

图 9-6　上传文件的相关属性值

程序代码 w9-5.aspx

```
<%@ Page Language="C#" %>
<%@ Import Namespace="System.IO"%>
<!DOCTYPE html PUBLIC "-//W3C//DTD XHTML 1.0 Transitional//EN" "http://www.w3.org/TR/xhtml1/
DTD/xhtml1-transitional.dtd">
<script runat="server">
    protected void Button1_Click(object sender, EventArgs e)
    {
        if (FileUpload1.HasFile)
        {
            try
            {
                //文件上传到当前虚拟目录，并使用原文件名
                FileUpload1.SaveAs(Server.MapPath("~/upload/") + "\\" + FileUpload1.FileName);
                Label1.Text = "客户端路径：" + FileUpload1.PostedFile.FileName + "<br>" +
                    "文件名：" + System.IO.Path.GetFileName(FileUpload1.FileName) +
```

```
                    "<br>" +文件扩展名: " + System.IO.Path.GetExtension(FileUpload1.FileName)
                    + "<br>" + "文件大小: " + FileUpload1.PostedFile.ContentLength + " B<br>"
            +"文件 MIME 类型: " + FileUpload1.PostedFile.ContentType + "<br>" +
            "保存路径: " + Server.MapPath("~/upload/") + "\\" + FileUpload1.FileName;
                }
            catch (Exception ex)
            {
                Label1.Text = "发生错误: " + ex.Message.ToString();
            }
        }
        else
        {
            Label1.Text = "没有选择要上传的文件! ";
        }
    }
</script>
<html xmlns="http://www.w3.org/1999/xhtml" >
<head runat="server">
    <title>使用 FileUpload 控件进行文件上传</title>
</head>
<body>

    <form id="form1" runat="server">
      <div>
        <asp:FileUpload ID="FileUpload1" runat="server" />
        <asp:Button ID="Button1" runat="server"    Text="上传文件" OnClick="Button1_Click" />
        <br /> <asp:Label ID="Label1" runat="server" Text="Label" Width="156px"></asp:Label>
      </div>
      </form>
</body>
</html>
```

3. 同时上传多个文件

要一次上传多个文件，可以像传单个文件那样对每个文件单独进行处理。除此之外，还可以使用 HttpFileCollection 类捕获从 Request 对象发送来的所有文件，然后再单独对每个文件进行处理，参见 w9-6.aspx 中的代码，其在浏览器中的运行结果如图 9-7 和图 9-8 所示。

图 9-7　选择多个上传文件　　　　　　　　　　图 9-8　上传成功

代码清单 w9-6.aspx

```
<%@ Page Language="C#" %>
<%@ Import Namespace="System.IO"%>
<!DOCTYPE html PUBLIC "-//W3C//DTD XHTML 1.0 Transitional//EN" "http://www.w3.org/TR/xhtml1/
DTD/xhtml1-transitional.dtd">
<script runat="server">
    protected void Button1_Click(object sender, EventArgs e)
    {
        string filepath = Server.MapPath("upload") + "\\";
        HttpFileCollection uploadFiles = Request.Files;
        for (int i = 0; i < uploadFiles.Count; i++)
        {
            HttpPostedFile postedFile = uploadFiles[i];
            try
            {
                if (postedFile.ContentLength > 0)
                {
                    Label1.Text += "文件 #" + (i + 1) + ": "
                            + System.IO.Path.GetFileName(postedFile.FileName) + "<br/>";
                    postedFile.SaveAs(filepath + System.IO.Path.GetFileName(postedFile.FileName));
                }
            }
            catch (Exception Ex)
            {
                Label1.Text += "发生错误：  " + Ex.Message;
            }
        }
    }
</script>
<html xmlns="http://www.w3.org/1999/xhtml" >
<head runat="server">
    <title>多文件同时上传</title>
</head>
<body>

    <form id="form1" runat="server">
      <div>
        <asp:FileUpload ID="FileUpload1" runat="server" /><br />
        <asp:fileupload runat="server" ID ="FU1"></asp:fileupload><br />
        <asp:Button ID="Button1" runat="server"   Text="上传文件" OnClick="Button1_Click" />
       <br /> <asp:Label ID="Label1" runat="server" Text="Label" Width="156px"></asp:Label>
      </div>
     </form>
</body>
</html>
```

4．上传文件类型控制

控制上传到服务器的文件类型有两种方法：一种是使用 ASP.NET 提供的 ASP.NET 验证控件，这些控件可以对正在上载的文件进行正则表达式检查，看看文件的扩展名是否在允许上载的扩展名之列；另一种是在 Web 服务器端进行控制。

先来说明 ASP.NET 页使用验证控件控制文件上传类型，在 w9-7.aspx 中用户只能将.mp3、.mpeg 或 .m3u 文件上传到服务器，如果文件类型不是以上可选的文件类型，则 Validation 控件将在 Web 页上显示一些提示信息。w9-7.aspx 在浏览器中的运行结果如图 9-9 和图 9-10 所示。

程序代码 w9-7.aspx

```
<%@ Page Language="C#" %>
<%@ Import Namespace="System.IO"%>
<!DOCTYPE html PUBLIC "-//W3C//DTD XHTML 1.0 Transitional//EN" "http://www.w3.org/TR/xhtml1/
DTD/xhtml1-transitional.dtd">
<script runat="server">
    protected void Button1_Click(object sender, EventArgs e)
    {
            try
            {
                    FileUpload1.SaveAs(Server.MapPath("~/upload/") + "\\" + FileUpload1.FileName);
            }
            catch (Exception ex)
            {
                    Label1.Text = "发生错误：" + ex.Message.ToString();
            }
    }
</script>
<html xmlns="http://www.w3.org/1999/xhtml" >
<head runat="server">
    <title>客户端上传文件类型的控制</title>
</head>
<body>

    <form id="form1" runat="server">
      <div>
        <asp:FileUpload ID="FileUpload1" runat="server" /><br />
        <asp:Button ID="Button1" runat="server"    Text="上传文件" OnClick="Button1_Click" />
        <br /> <asp:Label ID="Label1" runat="server" Width="156px"></asp:Label>
        <ASP:RegularExpressionValidator
                id="RegularExpressionValidator1" runat="server"
                ErrorMessage="选择的文件类型仅允许 mp3, m3u or mpeg !"
                ValidationExpression="^(([a-zA-Z]:)|(\\{2}\w+)\$?)(\\(\w[\w].*))
                +(.mp3|.MP3|.mpeg|.MPEG|.m3u|.M3U)$"
                ControlToValidate="FileUpload1"></ASP:RegularExpressionValidator>
      <br />
        <ASP:RequiredFieldValidator
```

```
                id="RequiredFieldValidator1" runat="server"
            ErrorMessage="不能上传，因为您没有选择文件，另外必须选择的文件类型是 mp3, m3u or mpeg！"
                ControlToValidate="FileUpload1"></ASP:RequiredFieldValidator>
        </div>
        </form>
    </body>
    </html>
```

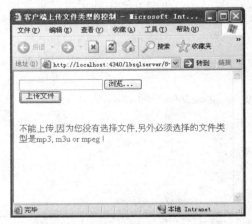

图 9-9　客户端没有选择上传文件的提示

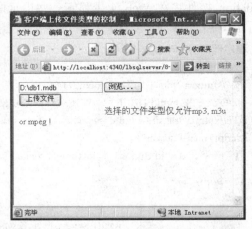

图 9-10　客户端上传文件类型选择错误提示

　　程序代码 w9-8.aspx 说明在服务器端进行文件类型控制的方法。首先取出上传文件的后缀，然后判断该文件后缀是否在要求的范围内，如果是，就保存在服务器中；如果不是，就提示出错。

程序代码 w9-8.aspx

```
<%@ Page Language="C#" %>
<%@ Import Namespace="System.IO"%>
<!DOCTYPE html PUBLIC "-//W3C//DTD XHTML 1.0 Transitional//EN" "http://www.w3.org/TR/xhtml1/
DTD/xhtml1-transitional.dtd">
<script runat="server">
    protected void Button1_Click(object sender, EventArgs e)
    {
        if (FileUpload1.HasFile)
        {
            //fileExt 用来获取上传文件的后缀，即文件类型
            String fileExt = System.IO.Path.GetExtension(FileUpload1.FileName);
            if (fileExt == ".mp3" || fileExt == ".mpeg" || fileExt == ".m3u")
            {
                try
                {
                    FileUpload1.SaveAs(Server.MapPath("upload") + "\\" + FileUpload1.FileName);
                    Label1.Text = "上传文件成功！";
                }
                catch (Exception ex)
                {
                    Label1.Text = "发生错误：" + ex.Message.ToString();
```

```
                }
            }
            else
            {
                Label1.Text = "只允许上传 mp3、mpeg、m3u 文件！";
            }
        }
        else
        {
            Label1.Text = "没有选择要上传的文件！";
        }
    }
</script>
<html xmlns="http://www.w3.org/1999/xhtml" >
<head runat="server">
    <title>客户端上传文件类型的控制</title>
</head>
<body>

    <form id="form1" runat="server">
      <div>
        <asp:FileUpload ID="FileUpload1" runat="server" /><br />
        <asp:Button ID="Button1" runat="server"    Text="上传文件" OnClick="Button1_Click" />
        <br /> <asp:Label ID="Label1" runat="server" Width="156px"></asp:Label>
      </div>
      </form>
</body>
</html>
```

5. 解决文件大小限制

在 ASP.NET 中 FileUpload 控件默认上传文件最大为 4MB，超过上传文件大小，就会出错。如果需要改变上传文件大小，可以在 web.cofig 中修改相关节点来更改这个默认值，相关节点如下：

```
<system.web>
    <httpRuntime maxRequestLength="40690" executionTimeout="600" />
</system.web>
```

其中，maxRequestLength 表示可上传文件的最大值，executionTimeout 表示 ASP.NET 关闭之前允许发生的上载秒数。

9.2　Web Service

9.2.1　Web Service 概念

1. 概述

Internet 的高速发展，为 Web 服务技术的诞生与成长奠定了良好的基础。在传统的所谓"胖客户"开发模式下，为增加应用程序的功能，需要不断地往客户端添加各种模块，最终导致客户端"臃肿不堪",而发布了客户端应用程序之后的安装和维护也会给软件企业和开发人员带来不少额外开销和工作。因而,"瘦客户"模式逐渐受到人们的青睐,在这种模式下,更多的功能模块运行于服务器端,客户端负载得到精简,通常只需要一个浏览器即可。而 Web 服务器的职能也相应发生了质的变化,由仅仅给客户端浏览器提供一些用户界面变成了能通过网络提供各种智能化的服务。

另一方面,在软件系统开发过程中,系统集成主要实现系统各模块之间的通信和整合,将相对分散的子系统从逻辑上组成一个统一的整体,实现系统之间的互操作。目前基于网络的系统集成技术已有很多,如 DCOM、CORBA 和 Java RMI 等。但是这些传统的集成技术在很大程度上受到网络环境的限制,大多使用专有协议通过特别的端口进行远程通信,不能很好地支持客户端和服务器通过 Internet 进行通信,大部分应用系统都通过防火墙连接 Internet,为了提高安全性,很多防火墙设置为只允许基于 HTTP 协议的通信方式,因此基于 HTTP 协议的通信成为 Internet 上的主流通信方式。此外,DCOM、CORBA、RMI 等要求服务客户端与系统提供的服务本身之间必须进行紧密耦合,这样就不适用于异构的 Internet 环境,无法扩展到互联网上。并且这种系统往往十分脆弱:如果一端的执行机制发生变化,那么另一端便会崩溃。要实现 Internet 环境下的松散耦合,需要有一种适合 Internet 环境的消息交换协议,由此引出了目前相当流行的 Web 服务方法。Web 服务的特点是:

- Web 服务是 Web 服务器通过 Internet 提供的服务,服务的实现部分都在服务器端完成,客户端负担很小。
- Web 服务使用的基本通信协议是 HTTP。

Web 服务提供标准的服务描述方式,异构环境下的系统之间可以方便地通过这种被广泛接受的协议进行通信和互操作。

2. Web 服务及其相关技术

简单地说,Web 服务就是一种应用程序,使用标准的互联网协议(如 HTTP 和 XML)为互联网和企业内部网的用户提供相应的服务。可以把开发 Web 服务看做是在 Web 上进行组件化编程,Web 服务向外界暴露出一个能够通过 Web 进行调用的 API(应用程序接口),开发人员可以通过这个 API 将 Web 服务集成到自己的应用程序中,就像调用本地服务一样,不同的是 Web API 调用可通过互联网发送给位于远程系统中的某一服务。

从更高层面上来看,Web 服务提出了一种新的面向服务的体系结构(SOA),可以跨越应用系统的对象体系、运行平台、开发语言等界限,以服务的形式封装应用并对外发布,供用户或其他企业调用,从而形成一个基于 Web 的服务共享平台。

可以用任何语言在任何平台上写 Web 服务,只要开发过程遵循具体的技术规范,这些规范使得 Web 服务能与其他兼容的组件进行互操作。

例如,可以创建一个 Web 服务,其功能是查询学校内学生某课程的成绩。该 Web 服务接受学生的学号和课程名作为入口参数,调用结果将返回该学生的成绩信息。可以在浏览器的地址栏中直接输入 HTTP 请求来调用 Web 服务的页面,得到要求的结果,这就是一次简单的 Web 调用。

Web 服务是自包含、自描述、模块化的应用,可以在 Web 上进行 Web 服务的描述、发布、查找以及调用,图 9-11 所示是 Web 服务的协议栈。其中,HTTP 是 Web 服务的消息传输机制,

| UDDI(服务发现) |
| SOAP(消息封装) |
| WSDL(服务描述) |
| XML(消息表示) |
| HTTP(消息传输) |

图 9-11   Web 服务协议栈

XML 是数据的组织形式，SOAP 是调用 Web 服务的协议，WSDL 是描述 Web 服务的格式，而 UDDI 是 Web 服务发布、查找和使用的组合。这 5 个方面组成了整个 Web 服务架构的核心技术。

9.2.2 使用 Web Service 实现天气预报

1. 天气预报 Web Service 说明

本节所使用的天气预报 Web Service 是由中国气象局 http://www.cma.gov.cn/提供的，数据每 2.5 小时左右自动更新一次，准确可靠。包括 340 多个中国主要城市和 60 多个国外主要城市三日内的天气预报数据。中国气象局提供的天气预报 Web 服务地址是 http://www.webxml.com.cn/WebServices/WeatherWebService.asmx。

（1）getSupportCity：查询本天气预报 Web Services 支持的国内外城市或地区信息。

输入参数：byProvinceName = 指定的洲或国内的省份，若为 ALL 或空则表示返回全部城市。

返回数据：一个一维字符串数组 String()，结构为：城市名称（城市代码）。

（2）getSupportDataSet：获得本天气预报 Web Services 支持的洲、国内外省份和城市信息。

输入参数：无。

返回数据：DataSet，主要包括：

- DataSet.Tables(0)：支持的洲和国内省份数据。
- DataSet.Tables(1)：支持的国内外城市或地区数据。
- Tables(0)：ID = ID 主键，Zone = 支持的洲、省份。
- Tables(1)：ID 主键，ZoneID = 对应 Tables(0)ID 的外键，Area = 城市或地区，AreaCode = 城市或地区代码。

（3）getSupportProvince：获得本天气预报 Web Services 支持的洲、国内外省份和城市信息。

输入参数：无。

返回数据：一个一维字符串数组 String()，内容为洲或国内省份的名称。

（4）getWeatherbyCityName：根据城市或地区名称查询获得未来三天内的天气情况、现在的天气实况、天气和生活指数。

输入参数：theCityName = 城市中文名称（国外城市可用英文）或城市代码（不输入默认为上海市），如：上海或58367，如果有城市名称重复请使用城市代码查询（可通过 getSupportCity 或 getSupportDataSet 获得）。

返回数据：是一个一维数组 String(22)，共有 23 个元素：

- String(0)～String(4)：省份、城市、城市代码、城市图片名称、最后更新时间。
- String(5)～String(11)：当天的气温、概况、风向和风力、天气趋势开始图片名称（以下称图标一）、天气趋势结束图片名称（以下称图标二）、现在的天气实况、天气和生活指数。
- String(12)～String(16)：第二天的气温，概况，风向和风力，图标一，图标二。
- String(17)～String(21)：第三天的气温、概况、风向和风力、图标一、图标二。
- String(22)：被查询的城市或地区的介绍。

2. 调用天气预报 Web Service

（1）打开 Visual Studio，添加一个新的 Web 窗体页，起名为 Weather Web Service，并设

为起始页。

（2）选择"网站→添加 Web 引用"命令，弹出"添加 Web 引用"对话框（如图 9-12 所示），在 URL 后的组合框中输入地址：http://www.webxml.com.cn/ WebServices/Weather-WebService.asmx。

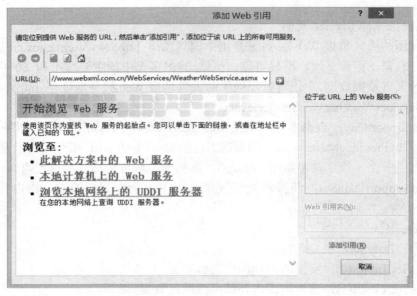

图 9-12　添加 Web 引用

（3）单击"前往"按钮，这时会进行搜索，找到所需要的 Web 引用，如图 9-13 所示。

图 9-13　Web 服务的引用名

（4）单击"添加引用"按钮，此时网站的根目录下多了一个 App_WebReferences 目录，用来保存添加的 Web 引用。添加 Web 引用后的"解决方案资源管理器"如图 9-14 所示。

（5）在 Weather Web Service 窗体中设计用户界面，如图 9-15 所示。

图 9-14   添加引用后的"解决方案资源管理器"

国内外主要城市　3天天气预报		
选择省/洲 未绑定 ∨ 选择城市 未绑定 ∨		
		[Label8]
今日实况	[Label1]	
天气预报(今天)	[Label2]	
天气预报(明天)	[Label3]	
天气预报(后天)	[Label4]	
	预报时间：[Label7]	

图 9-15   界面设计

Weather Web Service.aspx 页面中的代码如下：

```
<%@ Page Language="C#" AutoEventWireup="true" CodeFile="Weather Web Service.aspx.cs" Inherits
    ="Weather_Web_Service" %>

    <!DOCTYPE html PUBLIC "-//W3C//DTD XHTML 1.0 Transitional//EN" "http://www.w3.org/TR/xhtml1/
DTD/xhtml1-transitional.dtd">

    <html xmlns="http://www.w3.org/1999/xhtml">
    <head id="Head1" runat="server">
      <meta name="keywords" content="Weather,WebService,Web,天气,预报,服务," />
      <meta name="description" content="www.webxml.com.cn Weather Forecast WebService" />
      <title>Weather Forecast</title>
</head>
<body>
    <form id="form1" runat="server">
      <table width="680" border="0"    cellpadding="0" cellspacing="0">
        <tr>
            <td height="60" align="center" style="width: 945px">
            <asp:Label Font-Bold="true" ID="Title" runat="server" Text="国内外主要城市
                3 天天气预报" /></td>
        </tr>
```

```
<tr>
    <td style="width: 945px">
        <table width="100%" border="0" cellspacing="0" cellpadding="0">
            <tr>
                <td width="25%">
                    <strong>选择省/洲</strong>
                    <asp:DropDownList   ID="Province" runat="server"
                        AutoPostBack="true" OnSelectedIndexChanged=
                        "Province_SelectedIndexChanged">
                    </asp:DropDownList></td>
                <td>
                    <strong>选择城市</strong>
                    <asp:DropDownList ID="City" runat="server"
                        AutoPostBack="true" OnSelectedIndexChanged=
                        "City_SelectedIndexChanged">
                    </asp:DropDownList></td>
            </tr>
        </table>
    </td>
</tr>
<tr>
    <td style="width: 945px">
        <table width="100%" border="0" cellspacing="2" cellpadding="0">
            <tr>
<td height="30" style="width: 147px">  </td>
<td align="right"><asp:Label CssClass="bredfont" ID="Label8" runat="server" /> </td>
            </tr>
            <tr>
                <td valign="top" style="width: 147px">
                    <strong>今日实况</strong></td>
                <td class="hfont">
                    <asp:Label ID="Label1" runat="server" /></td>
            </tr>
            <tr>
                <td valign="top" style="width: 147px">  </td>
                <td>  </td>
            </tr>
            <tr>
                <td valign="top" style="width: 147px">
                <strong>天气预报</strong><font color="#FF0033">(今天)</font></td>
                <td class="hfont"><asp:Label ID="Label2" runat="server" /> </td>
            </tr>
            <tr>
                <td valign="top" style="width: 147px">
                <strong>天气预报</strong><font color="#3333FF">(明天)</font></td>
                <td class="hfont"> <asp:Label ID="Label3" runat="server" /></td>
            </tr>
            <tr>
```

```
                              <td valign="top" style="width: 147px">
                              <strong>天气预报</strong><font color="#006633">(后天)</font></td>
                              <td class="hfont">
                                  <asp:Label ID="Label4" runat="server" />
                                  </td>
                            </tr>
                            <tr>
                             <td height="30" colspan="2" align="right" valign="bottom">
                              <strong>预报时间</strong>
                                 <asp:Label ID="Label7" runat="server" /></td>
                            </tr>
                        </table>
                    </td>
                </tr>
            </table>
    </form>
</body>
</html>
```

Weather Web Service.aspx.cs 页面中的代码如下（该页面的运行结果如图 9-16 所示）：

```csharp
using System;
using System.Data;
using System.Configuration;
using System.Collections;
using System.Web;
using System.Web.Security;
using System.Web.UI;
using System.Web.UI.WebControls;
using System.Web.UI.WebControls.WebParts;
using System.Web.UI.HtmlControls;
using cn.com.webxml.www;
public partial class Weather_Web_Service : System.Web.UI.Page
{
    protected void Page_Load(object sender, EventArgs e)
    {
        if (!IsPostBack)
        {
            try
            {
                WeatherWebService mWeatherWebService = new WeatherWebService();
                string[] mArea = mWeatherWebService.getSupportProvince();
                int mCount = mArea.Length - 1;
                Province.Items.Clear();
                for (int mI = 0; mI <= mCount; mI++)
                {
                    Province.Items.Add(mArea[mI].ToString());
                }
                Province.SelectedIndex = 0;
                string[] mCity = mWeatherWebService.getSupportCity(Province.Text);
                mCount = mCity.Length - 1;
```

```
                        City.Items.Clear();
                        for (int mI = 0; mI <= mCount; mI++)
                        {
                                City.Items.Add(mCity[mI].Remove(mCity[mI].IndexOf("(")));
                        }
                        City.SelectedIndex = 0;
                }
                catch
                {
                }
        }
}
protected void Province_SelectedIndexChanged(object sender, EventArgs e)
{
        try
        {
                WeatherWebService mWeatherWebService = new WeatherWebService();
                string[] mCity = mWeatherWebService.getSupportCity(Province.Text);
                int mCount = mCity.Length - 1;
                City.Items.Clear();
                for (int mI = 0; mI <= mCount; mI++)
                {
                        City.Items.Add(mCity[mI].Remove(mCity[mI].IndexOf("(")));
                }
                City.SelectedIndex = 0;
        }
        catch
        {
        }
}
public string[] GetWeather(string xCity)
{
        WeatherWebService mWeatherWebService = new cn.com.webxml.www.WeatherWebService();
        string[] WeatherOfCity = mWeatherWebService.getWeatherbyCityName(xCity);
        return WeatherOfCity;
}

protected void City_SelectedIndexChanged(object sender, EventArgs e)
{
    string[] WeatherOfCity = GetWeather(City.Items[City.SelectedIndex].ToString());
    Label1.Text = WeatherOfCity[10].ToString ();
    Label2.Text = WeatherOfCity[6].ToString() + "   " + WeatherOfCity[5].ToString()
        + "   "+ WeatherOfCity[7].ToString();
    Label3.Text = WeatherOfCity[13].ToString() + "   " +
        WeatherOfCity[12].ToString()+ "   " +WeatherOfCity[14].ToString();
    Label4.Text = WeatherOfCity[18].ToString() + "   " +
        WeatherOfCity[17].ToString() +"   " + WeatherOfCity[19].ToString();
//Label5.Text = WeatherOfCity[11].Replace(Convert.ToChar(10).ToString(), "<br />");
//Label6.Text = WeatherOfCity[22].Replace(Convert.ToChar(10).ToString(), "<br />");
    Label7.Text =Convert.ToDateTime (WeatherOfCity[4]).ToString("yyyy 年 MM 月 dd 日  dddd
```

```
            HH:mm");
        Label8.Text = WeatherOfCity[0].ToString() + " / " + WeatherOfCity[1].ToString ();
    }
}
```

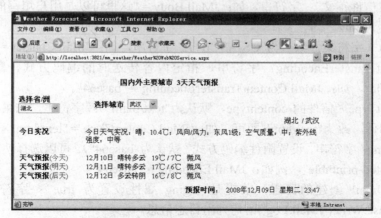

图 9-16 Web Service 天气预报实例

9.3 组件应用

组件技术就是利用某种编程手段，将一些人们所关心的，但又不便于让最终用户去直接操作的细节进行了封装,同时对各种业务逻辑规则进行了实现,用于处理用户的内部操作细节,甚至于将安全机制和事物机制进行了有效融合。而这个封装体就常常被称为组件。在这个封装的过程中，编程工具仅仅是充当了一个单纯的工具，没有什么实际的意义，也就是说为了完成某一规则的封装，可以用任何支持组件编写的工具来完成，而最终完成的组件与语言本身已经没有了任何关系，甚至可以实现跨平台。对程序员而言就是实现了某些功能的、有输入输出接口的模块。

使用组件技术的目的是实现各种规则的实现，而且组件对象能将一个大型的分布式系统进行统一的规划，并能合理的地理冗余、安全、平衡负载等单纯的编程手段不能实现的功能，这就是应用组件的一个很重要的原因。另外，组件对象不是普通的可执行文件，更不是将各种规则封装在其内部，可以很平滑地实现自身的升级、扩展（前提：不大量地更改接口）。本节通过 JMail 组件进行邮件发送的程序设计来说明组件的使用方法。

1. JMail 的优点

JMail 是一套收发邮件组件，可以应用于多种语言环境。该组件被广泛应用，主要原因是其功能强大，其主要优点如下：

● 支持 HTML 文本的发送。
● 支持多收件人。
● 可实现抄送、暗送等功能。
● 支持需要发信认证的 STMP 服务器（现在多数邮箱都需要 SMTP 发信认证）。
● 当服务器支持 SMTP 发信时，JMail 可以将信件加入到 SMTP 发信队列。
● 支持在 HTML 邮件中嵌入附件中的图片。
● 支持 POP3 收信。

- 支持 PGP 加密邮件。
- 支持邮件合并和群发。

2. JMail 组件的主要参数

- Body（信件正文）：字符串，如：JMail.Body = "这里可以是用户填写的表单内容，可以取自 From。"。
- Charset（字符集，默认为"US-ASCII"）：字符串，如：JMail.Charset = "GB2312"。
- ContentTransferEncoding：字符串，指定内容传送时的编码方式，默认为"Quoted-Printable"，如：JMail.ContentTransferEncoding = "base64"。
- ContentType（信件的 contenttype，默认为"text/plain"）：字符串，如果以 HTML 格式发送邮件，改为"text/html"即可。如：JMail.ContentType = "text/html"。
- Encoding：字符串，设置附件编码方式（默认为"base64"）。可以选择使用的有"base64"和"quoted-printable"，例如：JMail.Encoding = "base64"。
- Log（Jmail 创建的日志，前提是 loging 属性设置为 true）：字符串，例如使用Response.Write(JMail.Log)语句列出日志信息。
- Logging（是否使用日志）：布尔型，如：JMail.Logging = true。
- Recipients：字符串，只读属性，返回所有收件人。如：Response.Write("" + JMail.Recipients + "");。
- ReplyTo（指定别的回信地址）：字符串，如：JMail.ReplyTo = "lbliubing@sina.com"。
- Sender（发件人的邮件地址）：字符串，如：JMail.Sender = "lbmm2009@sina.com"。
- SenderName（发件人的姓名）：字符串，如：JMail.SenderName = "刘兵"。
- ServerAddress（邮件服务器的地址）：字符串，可以指定多个服务器，用分号隔开，可以指定端口号。如果 serverAddress 保持空白，JMail 会尝试远程邮件服务器，然后直接发送到服务器上去。如：JMail.ServerAddress = "smtp.sina.com"。
- Subject（设定邮件的标题，可以取自 From）：字符串，如：JMail.Subject = "Web 程序设计及应用"。
- AddAttachment：添加文件附件到邮件，如：JMail.AddAttachment("c:\anyfile.zip")。
- AddCustomAttachment(FileName,Data)：添加自定义附件。如：JMail.AddCustom-Attachment("anyfile.txt", "Contents of file");。
- AddHeader(Header,Value)：添加用户定义的信件标头。如：JMail.AddHeader ("Originating-IP","192.158.1.10");。
- AddRecipient（收件人）：字符串，如：JMail.AddRecipient("lb@whpu.edu.cn");。
- AddRecipientBCC(Email)：密件收件人，如：JMail.AddRecipientBCC("lblyd@hotmail.com");。
- AddRecipientCC(Email)：抄送收件人，如：JMail.AddRecipientCC("")。
- AddURLAttachment(URL,文档名)：下载并添加一个来自 URL 的附件，第二个参数"文档名"用来指定信件收到后的文件名。如：JMail.AddURLAttachment("http://www.aspxboy.com/jmail.zip", "jmail")。
- AppendBodyFromFile(文件名)：将文件作为信件正文，如：JMail.AppendBodyFromFile ("c:\anyfile.txt")。
- AppendText(Text)：追加信件的正文内容，例如增加问候语或者其他信息。如：

JMail.AppendText("这是一封测试邮件！！！ ")。

- Close()：强制 JMail 关闭缓冲的与邮件服务器的连接，如：JMail.Close()。
- Execute()：执行邮件的发送，如：JMail.Execute()。

3. JMail 安装

JMail 组件可以从 http://www.dimac.net 下载最新版本，但 JMail 组件的免费版本目前只提供发送邮件功能，不支持接收邮件。

（1）使用下载的 JMail 压缩包中自带的安装程序 JMail44_pro.exe。

（2）安装过程中全部选用默认选项，默认安装在 C:\Program Files\Dimac Development\ JMail 目录下。

另外，要使用 JMail 组件来发送邮件，还必须在邮件服务器上进行设置，即开启 POP3 服务器和 SMTP 服务器，例如在图 9-17 所示的"新浪邮箱"中开启相关服务器并保存设置。

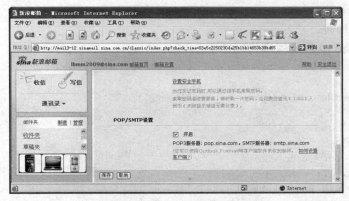

图 9-17 在"新浪邮箱"的管理设置下开启相关服务器

4. JMail 组件的使用方法

（1）新建一个名为 JMail_Send 的 Web 窗体页，并设其为起始页。

（2）在 Visual Studio 中选择"网站→添加引用"命令，弹出如图 9-18 所示的对话框。

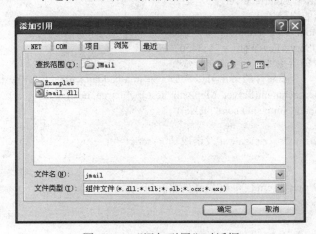

图 9-18 "添加引用"对话框

（3）选择"浏览"选项卡，查找到 C:\Program Files\Dimac Development\ JMail 目录，选中 jmail.dll 并单击"确定"按钮，此时在解决方案中多了一个 Bin 目录，目录下包含添加的引用 JMail.dll 文件。

（4）在 Web 窗体中添加一个 Button 按钮，该按钮用来启动发送邮件，其单击事件代码如下：

```
protected void Button1_Click(object sender, EventArgs e)
{
    sendMail("liubing", "lbmm2009@sina.com", "lbmm2009@sina.com", "Hello!!", "这是一个测试
    邮件，收到后不用回复!!!");
}
```

自定义 sendMail 函数说明如下：

- sender：发件人姓名。
- senderMail：发件人邮箱地址。
- receiver：收件人邮箱地址。
- subject：主题。
- content：内容。

自定义 sendMail 函数的程序代码如下：

```
void sendMail(String sender, String senderMail, String receiver, String subject, String content)
{
    jmail.MessageClass jmMessage = new jmail.MessageClass();
    //设置字符集
    jmMessage.Charset = "gb2312";
    //发件人邮箱地址
    jmMessage.From = senderMail;
    //发件人姓名
    jmMessage.FromName = sender;
    //设置主题
    jmMessage.Subject = subject;
    //设置内容
    jmMessage.Body = content;
    //设置收件人邮箱
    jmMessage.AddRecipient(receiver, "", "");
    //设置登录邮箱的用户名和密码
    jmMessage.MailServerUserName = "lbmm2009";
    jmMessage.MailServerPassWord = "1234567890";
    //设置 SMTP 服务器地址
    //邮件添加附件，若多附件的话，可以再加一条 jmail.addattachment( "c:\\test.jpg",true,null);)
    jmMessage.AddAttachment(Server .MapPath("test.jpg"), true, null);
    if (jmMessage.Send("smtp.sina.com", false))
    {
        Response.Write("<script>alert('发送成功')</script>");
    }
    else
        Response.Write("<script>alert('发送失败')</script>");
    jmMessage.Close();
}
```

需要说明的是，如果添加附件，则要把上面的 jmail.contenttype="text/html"删掉，否则会在邮件里出现乱码。

验体会及改进设想。

5．用户使用说明

说明用户如何使用所编写的程序，详细列出每一步的操作步骤。

6．测试结果

列出测试结果，包括输入的数据和相应的输出数据。这里的测试数据应该完整和严格，最好多于需求分析中所列。

7．大作业小结

四、成绩评定标准

理论设计方案，演示所设计的系统，占总成绩50%。

设计报告，占总成绩20%。

回答教师所提出的问题，占总成绩20%。

考勤情况，占总成绩10%。

考核成绩分为优、良、中、及格和不及格。

参考文献

[1] 樊月华. Web 技术应用基础（第 3 版）. 北京：清华大学出版社，2014.

[2] 冯艳玲. 中小型 Web 项目开发实战. 北京：清华大学出版社，2013.

[3] 金旭亮. ASP.NET 程序设计教程. 北京：高等教育出版社，2009.

[4] 祁长兴. ASP.NET Web 程序设计. 北京：机械工业出版社，2013.

[5] 郭文夷. Web 程序设计案例教程. 北京：机械工业出版社，2012.

[6] 吴志祥. 高级 Web 程序设计. 北京：科学出版社，2013.